中等职业教育通用基础教材系列

计算机应用基础

Windows 7＋Office 2010

主　编　金　航　陈　窕
副主编　陈　飞　梁学海
陈俊浩　菅　娜　黄巧霞
范宇侠　周伟慧　叶盛航
王永宏

中国人民大学出版社
·北京·

图书在版编目（CIP）数据

计算机应用基础：WINDOWS 7＋OFFICE 2010/金航，陈窕主编．—北京：中国人民大学出版社，2016.8

中等职业教育通用基础教材系列

ISBN 978-7-300-23254-6

Ⅰ.①计… Ⅱ.①金…②陈… Ⅲ.①Windows操作系统-中等专业学校-教材②办公自动化-应用软件-中等专业学校-教材 Ⅳ.①TP316.7②TP317.1

中国版本图书馆CIP数据核字（2016）第186472号

中等职业教育通用基础教材系列

计算机应用基础 Windows 7＋Office 2010

主　编　金　航　陈　窕

副主编　陈　飞　梁学海　陈俊浩　菅　娜　黄巧霞　范宇侠　周伟慧　叶盛航　王永宏

Jisuanji Yingyong Jichu Windows 7＋Office 2010

出版发行　中国人民大学出版社

社　　址　北京中关村大街31号　　　**邮政编码**　100080

电　　话　010－62511242（总编室）　　010－62511770（质管部）

010－82501766（邮购部）　　010－62514148（门市部）

010－62515195（发行公司）　　010－62515275（盗版举报）

网　　址　http://www.crup.com.cn

经　　销　新华书店

印　　刷　北京市鑫霸印务有限公司

规　　格　185 mm×260 mm　16开本　　**版　　次**　2016年8月第1版

印　　张　19　　**印　　次**　2021年7月第7次印刷

字　　数　390 000　　**定　　价**　42.80元

前　言

信息化是当今世界经济和社会发展的趋势，以计算机为代表的信息技术已经成为拓展人类能力不可或缺的工具，因此掌握计算机应用基础知识和基本技能是至关重要的。

本教材以 Windows 7 操作系统、Office 2010 办公软件和 Internet 网络应用三部分安排教学内容，内容围绕计算机应用基础课程教学目标，强调运用计算机技术获取、加工、表达与交流信息的能力，增强学生的计算机文化意识，教材内容包括：计算机基础知识、Windows 7 操作系统、Word 2010 文字处理、Excel 2010 电子表格、PowerPoint 2010 演示文稿、畅游网络世界等，可以完全适于具有一定设备条件的中等职业学校作为文化基础课程教材。

本教材学时安排建议见下表（仅供参考）。

名称	教学内容	学时
项目一	计算机基础知识	9
项目二	Windows 7 操作系统	12
项目三	Word 2010 文字处理	30
项目四	Excel 2010 电子表格	30
项目五	PowerPoint 2010 演示文稿	12
项目六	畅游网络世界	12
合计		105

本教材结合中职学校学生特点，从强调实用性和操作性出发，采用项目教学、

任务驱动的编排方式，将每一项目的知识点分解成若干个任务，然后以此为中心设计出相应的任务实例，案例经过精心挑选和组织，从中体现实际生活中计算机的典型应用，强调学生的动手操作和主动探究，在实践学习中不仅掌握计算机应用基础的知识与技能，更是提高了运用计算机基础知识解决实际生活问题的能力。

本教材的编写体现“做中学，做中教”的教学理念，设定教师讲授和学生学习操作的教学环境以计算机机房为主，体现计算机教学的特点，有利于学生模仿教师对计算机进行操作，同时加大了知识与技能传授的信息量，保证课堂教学有较高的效率。

由于计算机技术的发展速度迅猛，计算机教材的内容相比传统学科更要求不断改革，及时更新，因此我们真诚希望使用本教材的广大教师和学生对教材中存在的问题提出批评、建议和意见，以便我们进一步地完善。

目 录

项目一　计算机基础知识

项目情景：马上毕业的中职生小张刚刚结束了实习，他开始忙着张罗就业的事情了。刚好今天学校召开一个大型的招聘会，他在众多企业中物色到自己喜欢的工作职位，可是同时竞争的人很多，小张觉得，自己虽然和其他毕业生一样，但是在学校里他可是电脑学的最好的，打字、文件操作、办公软件、多媒体制作、上网样样精通，在企业里精通电脑操作，竞争力肯定比其他人强。面试的时候，招聘人员听小张介绍自己时特意提到自己电脑水平很高，也想看看他到底有多厉害，但这些操作无法在招聘现场演练一番，于是招聘人员问小张："请说说计算机是由什么组成的？为什么计算机能进行复杂的计算？如果我们录用了你，给你配备一台 4 000 元的计算机，你会如何进行配置？"小张一听，彻底傻眼了，虽然自己操作电脑很在行，但是这些知识却并不了解。上计算机课时小张只顾着研究各类操作，认为这些理论学起来枯燥无味，以后也不会用到，老师讲解理论知识的时候他尽开小差了。既然这次碰了钉子，小张决定努力补习计算机基础知识，书到用时方恨少，只要学好了，以后总有机会能用上。

任务一　计算机原理与组成

📖任务引领

从计算机的诞生到计算机的普及，计算机越来越"聪明"，让我们来了解计算机的发展，了解其工作原理，理解计算机的组成。

任务目标

掌握计算机的概念；了解计算机起源与发展过程；了解计算机发展趋势；了解计算机的应用领域；了解计算机的工作特点；了解计算机的工作原理；掌握计算机系统的组成。

任务实施

一、计算机的起源和发展

1946年2月，世界上第一台电子计算机 ENIAC（Electronic Numerical Integrator And Computer，电子数字积分计算机）在美国的宾夕法尼亚大学诞生，每秒能执行5 000次加法或400次乘法运算，是手工计算的20万倍，这台“笨重”的计算机（见图1—1）使人们从繁杂的计算中解放出来。

图1—1　第一台电子计算机

随着科技的进步，计算机的主要元件也从最早的电子管发展到现在主要使用的大规模集成电路，依据电子器件的发展历程，我们把计算机的发展分为四个阶段，如表1—1所示。

表1—1　计算机的发展历程

发展阶段	器件	运算速度（每秒）	软件	应用领域
第一代 （1946—1957年）	电子管	几千次到几万次	机器语言和汇编语言	军事研究 科学计算
第二代 （1958—1964年）	晶体管	几十万次	高级语言	数据处理 事务处理 工业控制

续前表

发展阶段	器件	运算速度（每秒）	软件	应用领域
第三代 （1965—1971 年）	中小规模集成电路	几十万次到几百万次	操作系统、编辑系统、应用程序	文字处理 图形处理
第四代 （1971—至今）	越大规模集成电路	上千万次到十万亿次	操作系统、数据库系统、应用软件系统	社会的各个领域

如图 1—2 至图 1—5 所示为四种具有代表性的逻辑元件。

图 1—2 电子管

图 1—3 晶体管

图 1—4 中小规模集成电路

图 1—5 大规模集成电路

二、计算机的发展趋势

计算机技术是世界上发展最快的科学技术之一，产品不断升级换代。当前计算机正朝着巨型化、微型化、智能化、网络化等方向发展，计算机技术的发展将表现为高性能化、网络化、大众化、智能化与人性化、功能综合化，计算机网络将呈现出全连接的、开放的、传输多媒体信息的特点。

计算机本身的性能越来越优越，应用范围也越来越广泛。未来将会出现量子计算机、神经网络计算机、光子计算机等，将会打破计算机现有的体系，使计算机能够具有像人那样的思维、推理和判断能力。

三、计算机的工作特点

计算机具有程序存储和程序控制的特点，其整个工作过程具有以下特点：

（1）运算速度快。计算机运算速度已由早期每秒的几千次发展到现在的最高可达每秒几千亿次乃至万亿次。

（2）计算精度高。计算机内部采用二进制运算，精度可达到十几位、几十位有效数位。

（3）存储容量大。计算机的存储器可以存储大量数据，普通计算机就可以达到几 TB，使得计算机具有了“记忆”功能。

（4）具有逻辑判断功能。计算机的运算器除能够完成基本的算术运算外，还具有进行比较、判断等逻辑运算的功能。

（5）自动化程度高。由于计算机的工作方式是将程序和数据存储在计算机中，工作时按程序规定的操作，一步一步地自动完成，一般无须人工干预，因而自动化程度高，这一特点是一般计算工具所不具备的。

四、计算机的应用领域

进入 20 世纪 90 年代以来，计算机技术改变了人们使用计算机的方式，从而使计算机几乎渗透到人类生产和生活的各个领域，对工业和农业都有极其重要的影响。计算机的应用范围归纳起来主要有以下 5 个方面：

1. 科学计算

也叫数值计算，是指用计算机完成科学研究和工程技术中所提出的数学问题。在科学技术和工程设计中存在着大量的各类数字计算，如在导弹实验、卫星发射、灾情预测等领域，其特点是数据量大、计算公式复杂。使用计算机则只需要几天、几小时甚至几分钟就可以精确地解决。

2. 数据处理

数据处理又称信息处理，是指信息的收集、分类、整理、加工、存储等一系列活动的总称。目前在计算机应用中，数据处理所占的比重最大，应用领域十分广泛，如人口统计、办公自动化、企业管理、邮政业务、机票订购、情报检索、图书管理等。

3. 计算机辅助技术

计算机辅助设计（CAD）指使用计算机的计算、逻辑判断等功能，帮助进行产品和工程设计；计算机辅助制造（CAM）是指利用计算机通过各种数值控制生产设备，完成产品的加工、装配、检测、包装等生产过程的技术；计算机辅助教学（CAI）是指将教学内容、教学方法以及学生的学习情况等存储在计算机中，轻松地学习所需要知识。

除了上述计算机辅助技术外，还有计算机辅助教育（CBE）、计算机管理（CMI）、计算机辅助测试（CAT）等。

4. 过程控制

亦称实时控制，是用计算机及时采集数据，将数据处理后，按最佳值迅速地对控制对象进行控制或调节。利用计算机进行过程控制，提高了控制的自动化水平，提升及时性和准确性。

5. 人工智能

人工智能（AI）是用计算机模拟人类的智能活动，如判断、理解、学习、图像识别、问题求解等。人工智能是计算机应用研究的前沿科学。

6. 计算机网络

把计算机的超级处理能力与通信技术结合起来就形成了计算机网络，人们熟悉的信息查询、邮件传送、电子商务等都是依靠计算机网络来实现的。

五、计算机的工作原理

1. 冯·诺依曼计算机工作原理

从第一台计算机诞生到现在，虽然计算机系统从性能指标、运算速度、工作方式、应用领域等方面发生了巨大变化，但基本原理和体系结构没有改变，都属于冯·诺依曼计算机。

冯·诺依曼计算机具有如下特点：（1）计算机硬件设备由五个部分组成：运算器、控制器、存储器、输入设备和输出设备；（2）程序和数据以二进制表示；（3）程序存储和程序控制。

2. 计算机的基本工作原理

计算机开机后，CPU首先执行固化在只读存储器（ROM）中的一小部分操作系统程序，这部分程序称为基本输入输出系统（BIOS），它启动操作系统的装载过程，先把一部分操作系统从磁盘中读入内存，然后再由读入的这部分操作系统装载其他操作系统程序。装载操作系统的过程称为自举或引导。操作系统被装载到内存后，计算机才能接收用户的命令，执行其他的程序，直到用户关机。

至此，有一个问题必须要回答，就是程序是如何执行的？知道了程序的执行过程，也就基本上了解了计算机的工作原理。

3. 指令和程序的概念

指令就是让计算机完成某个操作所发出的命令，即计算机完成某个操作的依据。一条指令通常由两个部分组成：操作码和操作数。操作码指明该指令要完成的操作，如加、减、乘、除等。操作数是指参加运算的数或者数所在的单元地址。一台计算机的所有指令的集合，称为该计算机的指令系统。

使用者根据解决某一问题的步骤，选用一条条指令进行有序地排列，计算机执行了这一指令序列，便可完成预定的任务，这一指令序列就称为程序。因此，程序是由一系列命令所组成的有序集合。程序中的每一条指令必须是所用计算机的指令系统中的指令，因此指令系统是提供给使用者编制程序的基本依据。指令系统反映了计算机的基本功能，不同的计算机其指令系统也不相同。

4. 计算机执行指令的过程

计算机执行指令一般分为两个阶段。首先将要执行的指令从内存中取出送入CPU，然后由CPU对指令进行分析译码，判断该指令要完成的操作，向各部件发出完成该操作的控制信号，完成该指令的功能。当一条指令执行完后就处理下一条指令。一般将第一阶段称为取指周期，第二阶段称为执行周期。

5. 程序的执行过程

计算机在运行时CPU从内存读出一条指令到CPU内执行，指令执行完，再从内存中读出下一条指令到CPU内执行。CPU不断地取指令、执行指令，这就是程序的执行过程。

总之，计算机的工作就是执行程序，即自动连续地执行一系列指令，而程序开发人员的工作就是编制程序。一条指令的功能虽然有限，但是精心编制下的一系列指令组成的程序可完成的任务是无限多的。

六、微型计算机的组成

微型计算机也称微机、电脑（更多的用户将“电脑”作为微型计算机的代名词）、个人计算机或PC（Personal Computer）等，是计算机家族中的一员。普通用户日常所见到的和接触的大多都是微型计算机，如图1—6所示是典型的微型计算机。

图1—6　微型计算机

微型计算机和其他计算机一样，也是由运算器、控制器、存储器、输入设备和输出设备5大部件组成的。随着大规模和超大规模集成电路的迅猛发展，将运算器和控制器集成在一片很小的半导体芯片上，这种芯片叫作微处理器（CPU）。以微处理器为基础，配以存储器、I/O设备、连接各部件的总线和足够多的软件就构成了微型计算机系统。

一个完整的计算机系统是由硬件系统和软件系统两大部分组成（见图1—7）。计算机硬件与软件互相依存，缺一不可。没有软件的计算机称为裸机，不能做任何有意义的工作（平时所说的“计算机”是指含有硬件和软件的计算机系统）。硬件系统主要包括CPU、主板、存储器和输入输出设备等；软件系统主要包括系统软件和应用软件。微型计算机系统组成如下：

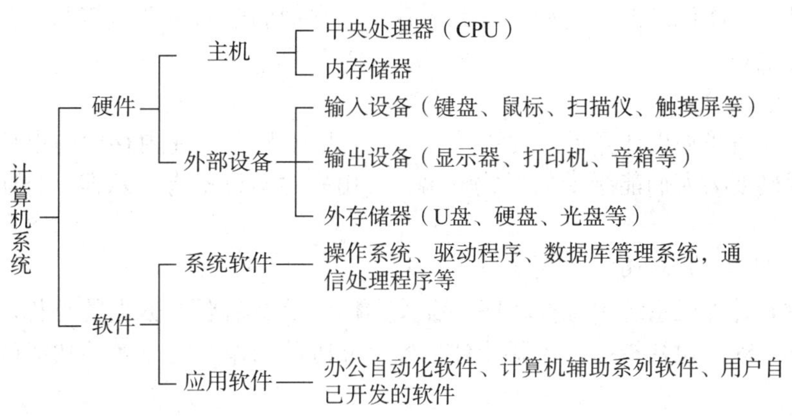

图 1—7　微型计算机系统组成

1. 硬件（hardware）

硬件是指计算机的物理设备，包括主机及其外部设备。具体地说，硬件系统由运算器、控制器、存储器、输入设备和输出设备五大部件组成。

（1）控制器。

控制器是对输入的指令进行分析，并统一控制计算机的各个部件完成一定任务的部件。它一般由指令寄存器、状态寄存器、指令译码器、时序电路和控制电路组成，是协调指挥计算机各部件工作的元件，其功能是从内存中依次取出命令，产生控制信号，向其他部件发出指令，指挥整个运算过程。控制器是统一指挥、协调其他部件的中枢。

（2）运算器。

运算器又称算术逻辑单元（Arithmetic Logic Unit 简称 ALU），是进行算术、逻辑运算的部件。运算器的主要作用是执行各种算术运算和逻辑运算，对数据进行加工处理。

控制器、运算器和寄存器等组成硬件系统的核心——中央处理器（Central Processing Unit，简称 CPU）。CPU 用大规模集成电路工艺集成在一块芯片上，是计算机系统的核心设备。

（3）存储器。

存储器是计算机记忆或暂存数据的部件。计算机中的全部信息，包括原始的输入数据，经过初步加工的中间数据以及最后处理完成的有用信息都存放在存储器中。而且，指挥计算机运行的各种程序，即规定对输入数据如何进行加工处理的一系列指令也都存放在存储器中。存储器分为内存储器（简称内存或主存）、外存储器（简称外存或辅存，如硬盘）。

（4）输入设备。

输入设备是重要的人机接口，用来接受用户输入的原始数据和程序，并将它们变为计算机能识别的二进制存入到内存中。常用的输入设备有键盘、鼠标、扫描仪、光笔等。

（5）输出设备。

输出设备是输出计算机处理结果的设备，用于将存入在内存中的由计算机处理的结果转变为人们能接受的形式输出。常用的输出设备有显示器、打印机、绘图仪等。

2. 软件（software）

软件是计算机系统中各类程序、有关文档以及所需要的数据的总称。软件是计算机的灵魂，包括指挥、控制计算机各部分协调工作并完成各种功能的程序和数据。

计算机系统的软件极为丰富，丰富的软件是对硬件功能强有力的扩充，使计算机系统的功能更强，可靠性更高，使用更方便。软件通常分为系统软件和应用软件两大类。

（1）系统软件。

系统软件是管理、监控和维护计算机硬件资源和扩充计算机功能，提高计算机效率的名种程序，包括各种语言的汇编程序、编译程序、解释程序、操作系统、数据库管理系统等。

（2）应用软件。

应用软件是针对某一专门目的而开发的软件，如文字处理软件、表格处理软件、图形处理软件、财务管理系统、辅助教学软件、图形处理软件、计算机辅助设计软件等。

🕮任务实训

1. 冯·诺依曼计算机的特点可以简要地概括为哪三点？
2. 举例说明计算机的工作过程。
3. 一个完整的计算机系统由哪两大部分组成？
4. 计算机硬件由哪五大部分组成？各部分的功能分别是什么？
5. 软件系统主要哪两大类？第一类又包括哪些？

任务二　计算机信息与进制

🕮任务引领

计算机中为什么采用二进制表示信息和数据？信息和数据在计算机内部是如何表示的？如何来衡量信息的大小？这些内容都需要我们了解和掌握。

📖任务目标

了解常见进制及数制间的转换；了解 ASCII 码的基本概念；掌握计算机中的数据单位；了解常见编码和汉字编码的概念。

📖任务实施

一、计算机采用二进制

二进制数的基数为 2，每个二进制数由数码 0、1 表示，且逢二进一。计算机内部采用二进制，有以下几个方面的原因：

1. 电路简单，易于表示

计算机是由逻辑电路组成的，逻辑电路通常只有两个状态，例如开关的接通和断开，晶体管的饱和和截止，电压的高与低等。这两种状态正好用来表示二进制的两个数码 0 和 1。若采用十进制，则需要有十种状态来表示，实现起来比较困难。

2. 可靠性高，运算简单

两种状态表示两个数码，数码在传输和处理中不容易出错，因而电路实现更可靠，而且二进制数的运算规则简单，无论是算术运算还是逻辑运算都容易实现。

3. 逻辑性强

计算机不仅能进行数值运算还能进行逻辑运算。二进制的两个数码 0 和 1，恰好代表逻辑运算中的“真”（True）和“假”（False）。

二、进位计数制

数制也称计数制，是指计数的方法，日常生活中最常用计数制是十进制（逢十进一）。在计算机中常用的数制有十进制、二进制、八进制和十六进制。在计算机内部无论是指令还是数据都以二进制代码的形式出现。

1. 十进制数

人们习惯于采用十进位计数制，简称十进制。十进制数的基本特点是基数为 10，用 0、1、2、3、4、5、6、7、8、9 共十个数字来表示，“逢十进一”，因此对于十进制数，各位的位权是以 10 为底的幂。

如十进制数 $(2045)_{10}$ 表示为：$(2045)_{10}=2\times10^3+0\times10^2+4\times10^1+5\times10^0$。

2. 二进制数

二进制数的基本特点是基数为 2，用 0、1 共两个数字来表示，“逢二进一”，因此，各位的位权是以 2 为底的幂。

3. 八进制数

八进制数的基本特点是基数为 8，用 0、1、2、3、4、5、6、7 共八个数字来表示，“逢八进一”，因此，各位的位权是以 8 为底的幂。

4. 十六进制数

十六进制数的基本特点是基数为 16，用 0、1、2、3、4、5、6、7、8、9、A、B、C、D、E、F 共十六个数字来表示，“逢十六进一”。其中符号 A、B、C、D、E、F 分别代表十进制数 10、11、12、13、14、15。因此，各位的位权是以 16 为底的幂。

为区分不同数制的数，用括号及下标的数来表示，比如 $(543.21)_{16}$ 这个数就表示是 16 进制的数。默认情况下为十进制。人们也习惯在一个数的后面加字母 D（十进制）、B（二进制）、Q（八进制）、H（十六进制）来表示其前面的数用的是什么进制，比如 AE05H 表示十六进制数 AE05。

表 1—2 提供了二进制、八进制、十六进制数的基数对照表。

表 1—2 进制数之间转换对照表

十进制	二进制	八进制	十六进制
0	0	0	0
1	1	1	1
2	10	2	2
3	11	3	3
4	100	4	4
5	101	5	5
6	110	6	6
7	111	7	7
8	1000	10	8
9	1001	11	9
10	1010	12	A
11	1011	13	B
12	1100	14	C
13	1101	15	D
14	1110	16	E
15	1111	17	F
16	10000	20	10

三、进制转换

1. 二进制数转换为十进制数

按照进制数的位权展开式将二进制数转化为十进制数。

【例 1】将 $(1011)_2$、$(26)_8$、$(3E)_{16}$ 转化为十进制数。

$(1011)_2=1\times 2^3+0\times 2^2+1\times 2^1+1\times 2^0=11$

$(26)_8=2\times 8^1+6\times 8^0=22$

$(3E)_{16}=3\times 16^1+E\times 16^0=48+14=62$

2. 十进制整数转化为二进制数

将十进制整数转化为二进制数的方法，对整数部分除以基数 2，得到一个商数和余数，判断商数是否为零，如果不为零，再将商除以基数 2，直到商等于 0 为止。所得的各余数，就是所求二进制的各位数字，首次取得的余数排在最右边。

【例 2】将 $(69)_{10}$ 转化为二进制数。

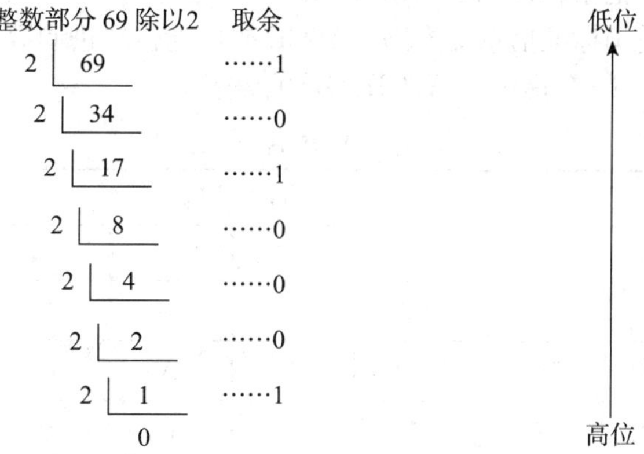

所以：69D=1000101B 或 $(69)_{10}=(1000101)_2$

用类似将十进制数转换成二进制数方法可将十进制数转换成十六进制数和八进制数，只是使用的除数以 16 或 8 代替 2 而已。

四、计算机的数据单位

计算机内所有的信息都以二进制的形式存放。其中，一个二进制是数据的最小单位，称为位（bit）。计算机处理信息时，一般以一组二进制数作为一个整体，这组二进制数称为一个字（Word）。一个字的二进制位数自然数为字长。不同计算机系统内部的字长不同。计算机中常用的字长有 8 位、16 位、32 位、64 位等。字长是衡量计算机性能的一个重要指标。

一般用字节（Byte）作为基本单位来度量计算机存储容量。一个字节由 8 位二进制数组成。在计算机内部，一个字节可以表示一个数据，也可以表示一个英文字母或其他特殊字符；一个或几个字节还可以表示一条指令；两个字节可以表示一个汉字等。

有关存储的常用度量单位及其换算关系如下：

1KB=1024B（Byte）

1MB=1024KB=1024×1024B

1GB=1024MB=1024×1024KB=1024×1024×1024B

1TB＝1024GB＝1024×1024MB＝1024×1024×1024KB＝1024×1024×1024×1024B

为了便于对计算机内的数据进行有效的管理和存取，需要对内存单元进行编号，即给每个存储单元一个地址。每个存储单元存放一个字节的数据。如果需要对某一个存储单元进行存储，必须先知道该单元的地址，然后才能对该单元进行信息的存取。应当注意，存储单元的地址和存储单元的内容是不同的。

五、计算机字符编码

1. 西文字符编码

计算机中的信息用二进制编码表示，用以表示字符的二进制编码称为字符编码。计算机中常用的字符编码是 ASCII 码。

ASCII 码是美国标准信息交换码，ASCII 码由七位二进制数进行编码，可以表示 128 个字符，表 1—3 提供了 ASCII 字符编码表。

表 1—3 **ASCII 码**

低 4 位码	高 3 位码							
	000	001	010	011	100	101	110	111
0000	NUL	DC0	SP	0	@	P	`	P
0001	SOH	DC1	!	1	A	Q	a	q
0010	STX	DC2	"	2	B	R	b	r
0011	ETX	DC3	#	3	C	S	c	s
0100	EOT	DC4	$	4	D	T	d	t
0101	ENQ	NAK	%	5	E	U	e	u
0110	ACX	SYN	&	6	F	V	f	v
0111	BEL	ETB	′	7	G	W	g	w
1000	BS	CAN	(	8	H	X	h	x
1001	HT	EM	)	9	I	Y	i	y
1010	LF	SUB	*	：	J	Z	j	z
1011	VT	ESC	+	；	K	[	k	{
1100	FF	FS	′	<	L	\	l	|
1101	CH	GS	—	=	M	]	m	}
1110	SO	RS	.	>	N	↑	n	～
1111	SI	US	/	?	O	←	o	DEL

2. 汉字编码

ASCII 码是西文的编码，只对英文字符、数字和标点符号进行编码。要用计算机处理汉字，同样也需要对汉字进行编码。汉字编码主要有下面一些编码方式：

（1）汉字信息交换码（国标码）。

汉字信息交换码是用于汉字信息处理系统之间或者与通信系统之间进行信息交换的汉字代码，也称国标码。它是为使系统、设备之间信息交换时采用统一的形式而制定，我国于 1981 年颁布了国家标准《信息交换用汉字编码字符集——基本集》，代号“GB2312—80”，即国标码。

国标码规定了进行一般汉字信息处理时所用的 7 445 个字符编码，其中 682 个为非汉字图形字符（如序号、数字、罗马字母、英文字母、日文假名、俄文字母、汉字拼音等）。汉字代码中又有一级常用字 3 755 个，二级常用字 3 008 个，一级常用字按汉语拼音字母顺序排列，二级汉字按笔画顺序排序。

由于一个字节只能表示 256 种编码，显然一个字节不可能表示汉字的国标码，因此一个汉字必须用二个字节来表示。

（2）汉字输入码。

汉字输入码是为了将汉字输入计算机而编制的代码，又叫外码。目前，汉字主要通过标准键盘输入计算机，所以汉字输入码都是由键盘上的字符或数字组合而成的。如用全拼输入法输入汉字“中”，就要输入代码“zhong”，再选字。汉字输入码是根据汉字的发音及字形结构等多种属性和汉字有关规则而编制。目前流行的输入法编码方案已经有很多，如全拼输入法、双拼输入法、五笔字型输入法等。对于同一汉字，其汉字输入码可以不同，但它们都通过输入字典转换成统一标准的国标码。

（3）机内码。

在计算机内部对汉字进行存储、处理和传输而编制的汉字代码称为机内码。它应能满足存储、处理和传输的要求，当一个汉字输入计算机后就变成了内码，然后才能在机器内流动、处理。机内码最高位恒为 1，以此来区别是 ASCII 字符还是汉字字符。

（4）字形码。

计算机在处理汉字时，先根据汉字的机内码，取出对应的汉字字形码，得到该汉字的点阵字形，再由点阵字形来输出该汉字。点阵字形就是以点阵方式来表示的汉字字形，是一种以网格来描画字形的方法。由于汉字是方形的，所以点阵都是正方形的。

显示一个汉字一般采用 16×16 点阵、24×24 点阵、48×48 点阵等。例如16×16 点阵也就是将一个正方形分为横向的 16 格与纵向 16 格，从而在相应的网格上描画汉字，16×16 点阵表示一个汉字，每个汉字字形占用 32 个字节。点阵的大小影响着汉字字形的质量，点阵越大，即点阵越密，汉字的笔画表示得就越清晰，质量就越高，但所占用的存储空间也就越大。

任务实训

1. 把 $(1101001)_2$ 转换成十进制数。
2. 把 $(57)_{10}$ 转换成二进制数。
3. 一个汉字采用 24×24 点阵显示，10 个这样的汉字占用多大的空间？
4. 在 ASCII 编码表中，查找 B、a、1 的值，并比较其大小。

任务三　计算机硬件性能指标

任务引领

要了解计算机如何工作，衡量计算机的性能指标有哪些，就要了解计算机的基本结构，掌握相关部件的作用和性能。

任务目标

理解计算机常见硬件的性能指标；了解计算机硬件的基本功能与作用。

任务实施

一、计算机性能指标

计算机功能与性能的好坏，不是由某项指标决定的，而是由它的系统结构、指令系统、硬件组成、软件配置等多方面的因素综合决定的，对用户来说，可以从以下几个指标来评价计算机的性能。

1. 运算速度

运算速度是衡量计算机性能的一项重要指标。通常所说的计算机运算速度（平均运算速度）是指每秒钟所能执行的指令条数，一般用 MIPS（百万次/秒）来描述。同一台计算机，执行不同的运算所需时间可能不同，因而对运算速度的描述常采用不同的方法，常用的有 CPU 时钟频率（主频）、每秒平均执行指令数等。微型计算机一般采用主频来描述运算速度，例如 Intel 酷睿 i3－2100 的主频为 3.1GHz。一般来说，主频越高运算速度就越快。

2. 字长

计算机在同一时间内处理的一组二进制数称为一个计算机的“字”，而这组二进制数的位数就是“字长”。在其他指标相同时，字长越大计算机处理数据的速度就越快。早期的微型计算机的字长一般是 8 位和 16 位，现在的 Core i5、i7 是 64 位。

3. 内存储器容量

内存储器，也称为主存，是 CPU 可以直接访问的存储器，计算机需要执行的程序与需要处理的数据就是存放在主存中的。内存储器容量的大小反映了计算机即时存储信息的能力。随着操作系统的升级，应用软件的不断丰富及其功能的不断扩展，人们对计算机内存容量的需求也不断提高。理论上说，运行 WindowsXP 至少需要 128M 以上的内存容量，Windows 7 至少需要 512MB 内存，内存容量越大，系统功能就越强大，能处理的数据量就越庞大。

4. 外存储器容量

外存储器容量通常是指硬盘容量（包括内置硬盘和移动硬盘）。外存储器容量越大，可存储的信息就越多，可安装的应用软件就越丰富，目前硬盘容量一般为 1TB 以上。

5. 存取周期

存储器进行一次“读”或“写”操作所需的时间称为存储器的访问时间（或读写时间），而连续启动两次独立的“读”或“写”操作（如连续的两次“读”操作）所需的最短时间，称为存取周期（或存储周期）。内存储器的存取周期也是影响整个计算机系统性能的主要指标之一。

以上只是一些主要性能指标。除了上述这些主要性能指标外，计算机的可靠性、可维护性、平均无故障时间和性能价格比也都是计算机的技术指标。各项指标之间也不是彼此孤立的，在实际应用时，应该把它们综合起来考虑，而且还要遵循“性价比”的原则。

二、认识微型计算机

普通用户最常用的计算机是微型计算机，图 1—8 是一套微型计算机系统，下面介绍常见计算机硬件。

图 1—8 微型计算机系统组成部件

1. 主板

电脑中的重要部件基本都集中在主机箱中的主板上，打开机箱盖板，就可以看到主机结构，如图 1—9 所示。

机箱内部件都是通过主板连接的，主板还提供了许多扩展插槽用来插入其他板卡。

图 1—9　主机内部结构

主板是微型计算机主机中的核心部件，主板的性能影响着整个微机系统的性能。主板上集成了各种电路系统，一般有 BIOS 芯片、I/O 控制芯片、键盘和面板控制开关接口、指示灯插接件、扩充插槽 、主板及插卡的直流电源供电接插件等元件。主板为 CPU、内存和各种功能卡提供安装插槽，为各种磁、光存储设备、打印机和扫描仪等 I/O 设备以及数码相机、摄像头、调制器等多媒体设备和通信设备提供接口，如图 1—10 所示为主板结构及主要接口。

主板上的 CPU 插槽和 CPU 的封装一定要配套，否则无法使用，其他的一些芯片、芯片组和电子元器件起到了控制、驱动、加速、缓冲等作用，现在越来越多的主板上集成了声音、显示、网络的功能。

图 1—10　主板结构

2. CPU

CPU（Central Processing Unit）又叫中央处理器，是整个计算机系统的核心，CPU 内部集成了几千万甚至上亿个晶体管，主要由逻辑运算单元、控制单元和存储单元组成。运算器主要完成算术运算和逻辑运算；控制器是计算机运行的指挥中心，它按照程序指令的要求，有序地向各个部件发出控制信号，使计算机有条不紊地运行。

CPU 芯片如图 1—11 所示，现在市场上主要是 Intel 和 AMD 公司生产的 CPU，两者的结构不尽相同，在购买时一定要配合主板选择合适的 CPU。

图 1—11　CPU

CPU 的主要指标有主频、缓存、封装方式等，因为 CPU 的性能直接影响计算机的性能，所以选购时要尽可能选取性价比高的。

主频，也称为时针频率，单位是 MHZ，用来表示 CPU 的运算速度。

外频，是 CPU 的基准频率，决定着整块主板的运行速度。

倍频，是主频与外频之间的相对比例关系，主频＝外频×倍频。此外还有位、字长、缓存、封装形式、核技术指标。

3. 内存

内存即主存储器，又叫作内存储器（简称内存），是计算机的核心部件之一，它由内存颗粒、多层 PBC 电路板、金手指组成，如图 1—12 所示。

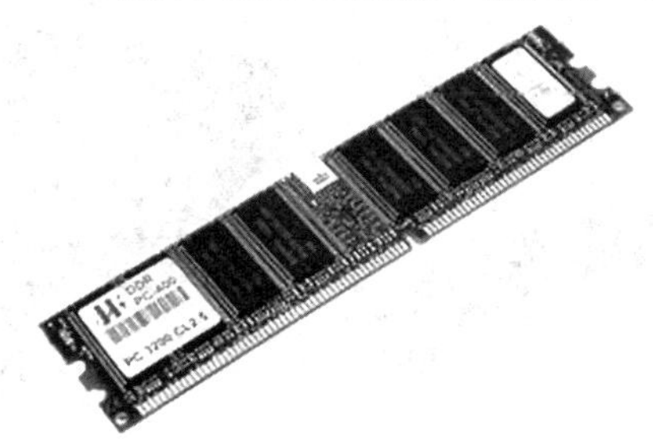

图 1—12　内存

由于中央处理器需要处理的所有数据都来自于内存，同时 CPU 运行的所有程序也都是在内存上进行的，所以计算机性能与内存质量的好坏、容量的大小有着很大的关系。当 CPU 需要运算硬盘上的某些数据时，会提前将硬盘上的数据暂存于内存中，排队等待 CPU 进行运算，运算后的结果又会通过内存缓冲后再传送回硬盘或其他设备。

内存又分成只读存储器（ROM）和随机存储器（RAM）。

只读存储器：通常存放硬件启动所必需的数据，数据被封装在只读存储器中，这些数据往往都是固定不变的，即便是停电，其中的数据也不会丢失，常见的只读存储器如主板 BIOS 存储器，它存储了主板等硬件启动时所必需运行规则。

随机存储器：通常存放 CPU 或外接设备需要的数据，数据来自于硬盘或其他磁盘，这些数据不固定。随机存储器随时可能被读取或写入，初始状态随机存储器为空，一旦随机存储器失去供电，内部的数据就会丢失。

4. 外存

辅助存储器又称外存储器（简称外存），外存通常是磁性介质或光盘，如硬盘、软盘、磁带、CD/DVD 等，外存能长期保存信息，断电后仍能保存信息，但速度较慢，常用的外存储器是硬盘、光盘和移动硬盘，如图 1—13 所示为常见的外存储器。

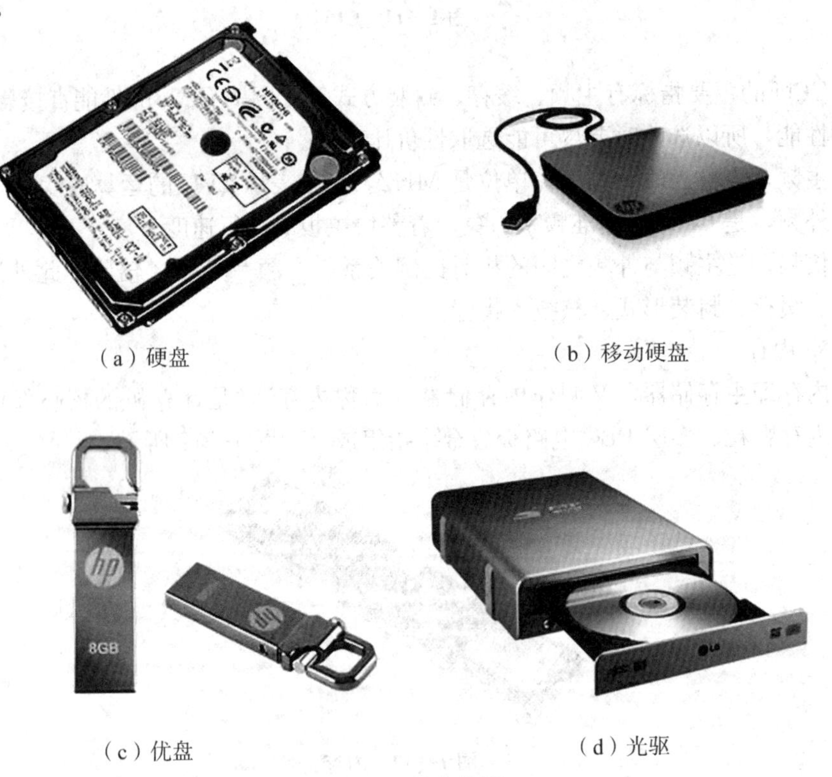

（a）硬盘　（b）移动硬盘

（c）优盘　（d）光驱

图 1—13　外存储器

硬盘一般固定在计算机的主机箱内，如图 1—13（a）所示。硬盘是电脑最重要的外存储器，存储容量大，速度慢，价格低，在停电时能永久地保存信息，使用时要注意防尘、防震，并且不要随意拆卸。

硬盘是计算机最主要的存储介质之一，存储容量用字节来表示，由于容量较大，现在的硬盘一般为 1TB 左右。硬盘在读写时，如果受到震动，会造成磁头划伤硬盘盘片，导致数据损坏丢失，因此一定要注意防震防磁。

硬盘的主要指标有容量、读写速度、接口类型、缓存以及转速等。

移动硬盘把硬盘装入特殊的硬盘盒内，多使用 USB 接口，最大特点是支持热插拔，不需安装驱动程序即可使用，容量大，携带方便，成为最流行的大容量存储设备，如图 1—13（b）所示。

U 盘全称 USB 闪存盘，如图 1—13（c）所示。采用闪存芯片为存储介质，通过 USB 接口与电脑连接，实现即插即用，支持热插拔，是一种可移动的存储设备。

光盘驱动器即光驱（CD/DVD—ROM），读取光盘信息的设备，是多媒体电脑不可缺少的硬件配置。光盘存储容量大，价格便宜，保存时间长，适宜保存大量的数据，如声音、图像、动画、电影等多媒体信息，如图 1—13（d）所示。

此外还有使用在手机、数码相机上的闪存卡，包括 SD 卡、CF 卡等，具有价格低，容量大，使用方便等优势。

5. 键盘和鼠标

键盘与鼠标是计算机最重要的输入工具，如图 1—14（a）是 PS/2 接口的键盘和鼠标。

根据工作方式的不同，鼠标有光电式、机械式等。鼠标接口也有两种类型：PS/2 和 USB，如图 1—14（b）、（c）所示。

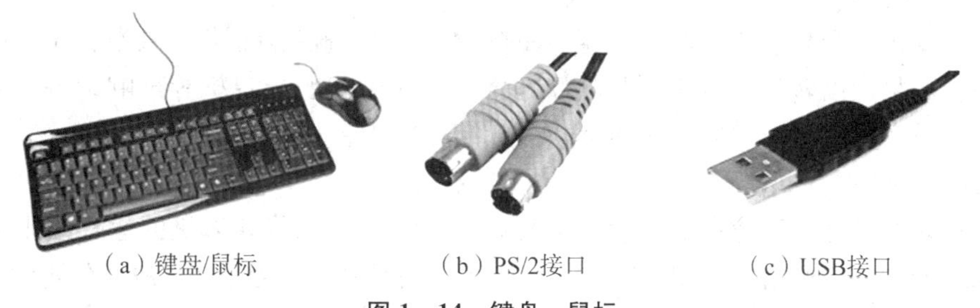

（a）键盘/鼠标　　（b）PS/2接口　　（c）USB接口

图 1—14　键盘、鼠标

6. 显示器与显卡

（1）显示器。

如图 1—15 所示，显示器又称监视器，是计算机的基本输出设备。按显示器的工作原理可分为 CRT、LED、LCD 显示器，现在主要使用的是 LED 显示器。

LED 是发光二极管的英文缩写，通过控制半导体发光二极管的显示方式，用来显示文字、图形、图像、动画、视频等各种信息显示屏幕。

显示器的主要参数有屏幕尺寸、分辨率、点距、刷新频率等。

图 1—15　显示器

图 1—16　独立显卡

（2）显卡。

显卡又称为显示适配器，用途是将计算机系统所需要的显示信息进行转换驱动，并向显示器提供扫描信号，控制显示器的正确显示，是连接显示器和个人电脑主板的重要元件，是“人机对话”的重要设备之一。显卡作为电脑主机里的一个重要组成部分，承担输出显示图形的任务。

显卡分为集成显卡和独立显卡。集成显卡是将显示芯片、显存及其相关电路都做在主板上，与主板融为一体，集成显卡的优点是功耗低、发热量小、部分集成显卡的性能已经可以媲美入门级的独立显卡。

如图 1—16 所示，独立显卡需占用主板的扩展插槽。独立显卡的优点是单独安装有显存一般不占用系统内存，比集成显卡能够得到更好的显示效果和性能。

7. 声卡

声卡也叫音频卡（声效卡），声卡的基本功能是把来自话筒、磁带、光盘的原始声音信号加以转换，输出到耳机、扬声器、扩音机、录音机等声响设备，或通过音乐设备数字接口（MIDI）使乐器发出美妙的声音。

8. 打印机

打印机是办公环境中最常用的输出设备之一，它能将计算机的运算结果或中间结果依照规定的格式打印在纸上，满足使用纸张保存或传送信息的办公要求。

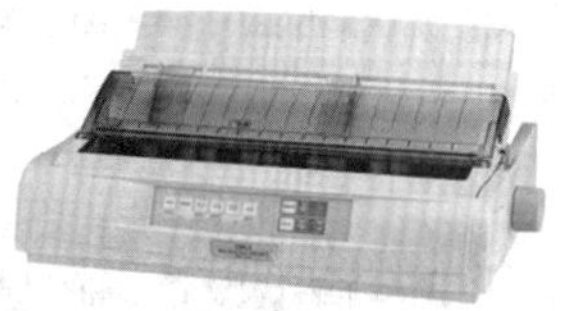

（a）针式打印机

（b）喷墨打印机

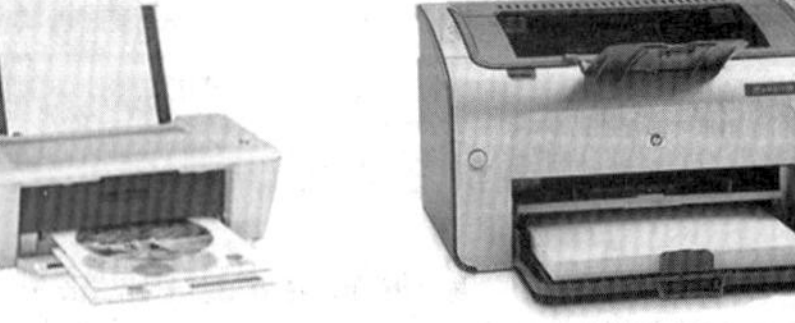

（c）激光打印机

图 1—17　打印机

目前计算机系统中常用的打印机有针式打印机（见图 1—17（a））、喷墨打印机（见图 1—17（b））、激光打印机（见图 1—17（c））三大类。

📖任务实训

1. 找一台计算机，观察由哪些硬件组成。
2. 你能辨认并指出计算机常见硬件的名称与功能吗？
3. 你知道常见计算机硬件的主要性能参数及使用注意事项吗？

任务四　计算机选购与组装

📖任务引领

学习了计算机的各种硬件知识后，可以尝试进行组装一台计算机。

📖任务目标

了解各配件选购的原则；尝试在网上进行硬件搭配；进一步理解硬件的组成。

📖任务实施

一、计算机选购的原则

选购电脑的关键是适合使用者的需求，对于个人电脑的选择，应该首先考虑用途，从事什么方面的工作。如果进行简单的文本编辑只需要较低配置的电脑就可以胜任，如果是从事图形图像或 3D 处理的话相对就需要更高的配置，经常玩大型 3D 游戏的玩家对电脑的配置要求也很高。购买电脑满足现实需求就可以了，不要花大价钱去选那些配置高档、功能强大的机器。

其次要考虑选择品牌机还是兼容机。品牌机各部分外观比较协调统一，注重外形的设计和附加功能的开发，有较好的售后服务，但价格偏高。兼容机的性能、外观都可以根据需要自行搭配，价格比品牌机要低。

二、计算机硬件选购

1. 主板的选购

确定平台，选择适合的芯片组。芯片组绝对是选择主板时第一个要考虑到的，不同的主板芯片组之间所提供的支持不同，同时价格也不同，不能片面的选择一款高端而自己完全用不上其高端功能的主板，也不能因为贪图便宜选择一款并不适合自己需要的主板。H61、H67、P67、Z68 芯片组都是 Intel 的芯片组，支持 32nm 的酷睿 2CPU。从价格上来看，H61 最便宜，Z68 的价格最高。AMD 平台的整合芯片组有 780G、785G、790GX，非整合芯片组有 770、790X、790FX。

确定需求，结合预算选择板型。很多主板都整合了显示芯片，集成显示芯片或者集成多种显示接口的主板可以省掉独立显卡。因此，整合主板具有较高的性价比，在与非整合主板价格相差不大甚至是没有价格差距的情况下，用户可以考虑集成显示核心，很好地利用CPU集成的显示，对于那些不玩游戏或者是偶尔玩玩小游戏的用户来说，整合主板已经足够用了。

对比主板接口、插槽及做工。选择主板时，还要注意内存插槽的规格和数量、CPU供电系统、I/O插槽及集成的声卡、网卡的型号等。I/O接口部分，很多时候反映了一款主板的定位以及所提供的功能，虽然对于多数用户来说，I/O接口提供的双网卡、1394接口等未必能够用上，不过对于有需要的用户来说，这一点就显得较为重要。同时，USB接口的数量有时也会影响使用的感受。

主板是故障率相对较高的部件之一，是整体稳定性的基础，因此，选择具有好的售后服务的品牌和经销商，可以得到良好的质量保证。

2. 选购CPU

购买计算机主要用于办公、上网、家庭娱乐、游戏等。一般来说，Intel赛扬、奔腾系列、AMD的AthlonⅡ双核、闪龙系列都是中低价位的CPU，完全能够胜任办公和上网学习。对于游戏应用或者图形图像处理高端用户，可以四核及以上的CPU。

不同系列的CPU引脚接口也不同，对应的主板接口只能适应某一个接口类型，所以在选择时要注意主板和CPU接口的适应。比如：Intel I3 380是LGA1156封装的，而I3 2120是LGA1155封装，虽然只差一针，但接口完全不通用。

对于主频来说，同一系列会陆续推出主频越来越高的CPU，可以根据需要选择。

缓存容量越大，CPU的速度就越快，选购时，尽量选择缓存容量相对较大的CPU。

当新的架构出现时，最新的产品可能会是过渡性的，对于同一架构不同核心的要选择最新的改进型。

3. 选购内存条

内存条常见容量有1G、2G、4G等，确定需要选购的内存大小，只用于一般办公可选择2G，需要处理3D或大型游戏，可选择4G以上的内存。

选购的内存条引脚数必须与主板上槽口的针数相匹配。

内存条的一个重要指标是速度，以纳秒（ns）表示，一般有60ns、70ns、80ns、120ns等几种，相应在内存条上标有“－6”“－7”“－8”“－12”等字样。这个数值越小，表示内存条速度越快。只有当内存与主板速度相匹配时才能发挥最大效率，内存慢而主板快，影响CPU速度，还可能造成系统崩溃。

微机要求内存有奇偶校验，但没有奇偶校验也能运行。鉴别内存条是否带奇偶校验比较简单，装好内存条开机后，执行BIOS SETUP程序，选择允许奇偶校验，如果机器可正常引导，则说明内存条带奇偶校验，如果屏幕出现奇偶校验错的提示后死机，则内存不带奇偶校验。

速率高、带奇偶校验的名牌内存条比速率低、无奇偶校验、非名牌内存条的质量要好，价格要高。

4. 选购硬盘

用户通常在购买硬盘时首先考虑硬盘容量。硬盘内每张盘片的容量大小即为硬盘单碟容量，如果单碟容量越大，实现同样大小的容量可以用更少的碟片数，这样可以有效地降低硬盘成本，同时，相同容量的硬盘所使用的盘片数越少，其相对的平均寻道时间也就越短，这样硬盘的数据传输速率也较高。速度快、容量又大的硬盘，稳定性相对要差一些，所以在选购之前最好了解相关硬盘的评测数据。

由于硬盘读写操作比较频繁，所以保修问题更是突出。现在一般的情况下，硬盘提供的保修服务是 3 年质保（1 年包换、2 年保修）。所以买硬盘一定要通过正规的渠道购买，这样在出了问题的时候才有保障。

随着硬盘主轴电机转速的越来越快，硬盘的发热量也越来越大。若硬盘散发的热量不能及时地散掉，硬盘中的热量就会越积越多，使硬盘的温度急剧升高。这会使硬盘的电路工作不稳定，在高温下，硬盘的盘片与磁头长时间工作也容易使盘片出现读写错误和坏道，这对硬盘使用寿命也有极大的影响。

当用户拿到一块硬盘时，想知道这块硬盘的容量有多大、转速是多少和缓存有多大，可以通过硬盘上的铭牌获取。

5. 显卡与显示器的选购

常见的品牌显卡有：蓝宝石（SAPPHIRE）、华硕（ASUS）、丽台（Leadtek）、讯景（XFX）、映众（Inno3D）、微星（MSI）、艾尔莎（ELSA）、富彩（FORSA）、同德（Palit）、捷波（Jetway）、升技（Abit）、磐正（EPOX）、影驰（GALAXY）、盈通（YESTON）、七彩虹（Colorful）、斯巴达克（SPARK）、昂达（onda）、小影霸（HASEE）等。作为一般办公电脑，使用主板集成显卡就已够用了，若需要进行图像、影视设计制作或大型游戏的需要可考虑购买独立显卡。

在选购显示器时应注意：开箱时检查包装、给新显示器加电、测试显示器的聚集能力、观察显示器的会聚能力、观察显示器是否有呼吸效应、观察显示器的色彩是否均匀、观察显示器是否有磁化现象、观察显示器的失真程度等。

6. 声卡、音箱的选购

对音质要求不高的用户不必花钱单独购买声卡，使用主板集成的声卡就够了，只要选择一款相对较好的音箱，也能达到比较满意的音响效果。

由于需要经常使用 PHOTOSHOP 等非常占用系统资源的软件或者复杂的 3D 游戏，不能满足于集成 AC97 音效运算所占用的 CPU 资源，这时就需要考虑选择配置一块比较便宜的声卡。

3D 音效不能满足于 2 声道的立体声输出，而现在一般都使用 4 声道或 5.1 声道来达到 3D 的效果，这种用户可选择一块 4 声道的声卡。

选购音箱时应注意以下几项：

选购信誉高、售后服务好的企业的产品；选购时注意音箱所标称的额定阻抗应与所使用的功率放大器相匹配；选购额定功率高、失真小、信噪比高、频率范围宽的产品；选购家庭影院用音箱时，中置音箱一定要防磁，前方左、右主音箱如果放置在距显示器较近处，也要有防磁处理，不然显示器会受到磁化而影响显示器的正常工作；选购时最好带一张有自己比较熟悉的曲目的 CD 唱片到现场试听，好音箱的音质应清晰、明亮，高、中、低音均衡。

三、计算机组装

1. 装机前的准备

在组装计算机前，应先了解必要的装机知识并准备相应的装机工具，如螺丝刀、尖嘴钳、镊子、万用表等。

在组装计算机时，要注意以下事项：

（1）防止静电。由于气候干燥、衣物相互摩擦等原因，很容易产生静电，而这些静电可能损坏设备，这是非常危险的。因此，在装机前可用手触摸地板或洗手，以释放掉身上携带的静电。此外，还可以戴上防止静电的静电手套，或者使用可以防止产生静电的工作台。

（2）防止液体进入计算机内部。计算机硬件由电子元器件组成，若有水分将引起短路，造成元器件损坏，所以在组装计算机时应避免在工作区内出现带有液体的水杯等物品。

（3）安装硬件时注意接口位置，做到轻拿轻放，避免发生碰撞。

（4）装机时应确保电源已断开。

（5）装机时不要先连接电源线，通电后不要触摸机箱内部的部件。

2. 组装计算机的一般过程

在装机之前，准备好所需的配件：CPU、内存、硬盘、主板、显卡、光驱、机箱、电源、鼠标、键盘、显示器等。

虽然计算机配件的品牌与型号不尽相同，也有可能会多一些或少一些配件，但是基本安装过程是相似的。只要掌握了一般的安装步骤，就能顺利地进行计算机组装。

计算机的组装过程大致如下：

（1）在主板上安装 CPU 及风扇。

（2）在主板上安装内存条。

（3）安装电源。

（4）配置机箱内部的挡板和卡钉位，把主板安装到机箱内。

（5）安装硬盘、光驱。

（6）安装显卡、声卡和网卡等板卡。

（7）连接机箱与主板间的线路（主要包括各种指示灯线路和 PC 喇叭线路），

将电源线接到硬件供电接口上。

（8）插好键盘、鼠标、显示器等连接线。

（9）进行通电测试，若无法点亮，按报警音提示排除故障，如表 1—4 和表 1—5 提供了主要两种板卡的提示音。

（10）安装机箱的侧面板。

表 1—4　　AWARD BIOS 故障分析

故障音	故障分析
1 短	系统正常启动。
2 短	常规错误，请进入 CMOS Setup，重新设置不正确的选项。
1 长 1 短	RAM 或主板出错。换一条内存试试，若还是不行，只好更换主板。
1 长 2 短	显示器或显示卡错误。
1 长 3 短	键盘控制器错误。
1 长 9 短	主板 Flash RAM 或 EPROM 错误，BIOS 损坏。
不断地响（长声）	内存条未插紧或损坏。
不停地响	电源、显示器未和显示卡连接好。检查一下所有的插头。
重复短响	电源问题。
无声音无显示	电源问题。

表 1—5　　AMI BIOS 故障分析

故障音	故障分析
一短声	内存刷新失败。内存损坏比较严重，恐怕非得更换内存不可。
二短声	内存奇偶校验错误。可以进入 CMOS 设置，将内存 Parity 奇偶校验选项关掉。
三短声	系统基本内存（第 1 个 64Kb）检查失败。更换内存。
四短声	系统时钟出错。维修或更换主板。
五短声	CPU 错误。但未必全是 CPU 本身的错，也可能是 CPU 插座或其他什么地方有问题。
六短声	键盘控制器错误。
七短声	系统实模式错误，不能切换到保护模式。这也属于主板的错。
八短声	显存读/写错误。显卡上的存贮芯片可能有损坏的。
九短声	ROM BIOS 检验出错。
十短声	寄存器读/写错误。
十一短声	高速缓存错误。

3. 组装计算机

(1) 安装CPU及其风扇。拉起主板上CPU插座的压杆，如图1—18所示；对齐处理器上印有三角标识的角与主板上印有三角标识的角，如图1—19所示；慢慢地将处理器轻放到位，最后扣下处理器的压杆。

图1—18 安装CPU

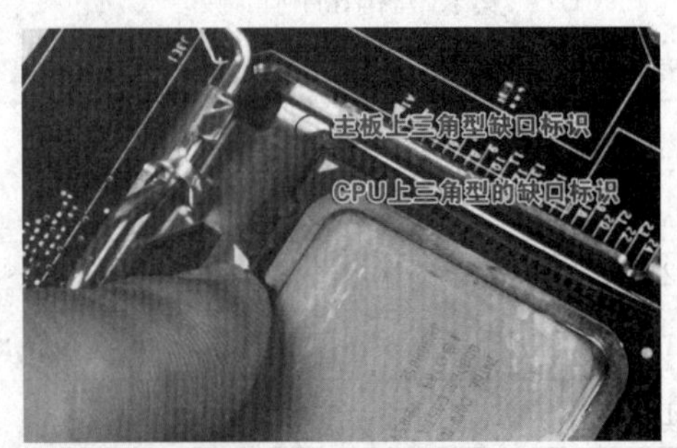

图1—19 安装CPU

CPU风扇是CPU必不可少的配件，先在CPU表面均匀地涂上一层导热硅脂，将风扇的四角对准主板相应的位置，然后用力压下四角扣具即可，如图1—20所示；将风扇电源线连接到主板上，如图1—21所示。

图1—20 安装CPU风扇

图1—21 安装CPU风扇

(2) 安装内存。先将内存插槽两端的扣具打开，然后将内存平行放入内存条插槽中（安装时应将内存底面的缺口与插槽上的凸起对应），用两拇指按住内存条两端轻微向下压，听到“啪”的一声后，即说明内存安装到位，如图1—22所示。

(3) 安装电源。将电源放入机箱相应位置后，拧紧螺丝即可，如图1—23所示。

图 1—22　安装内存

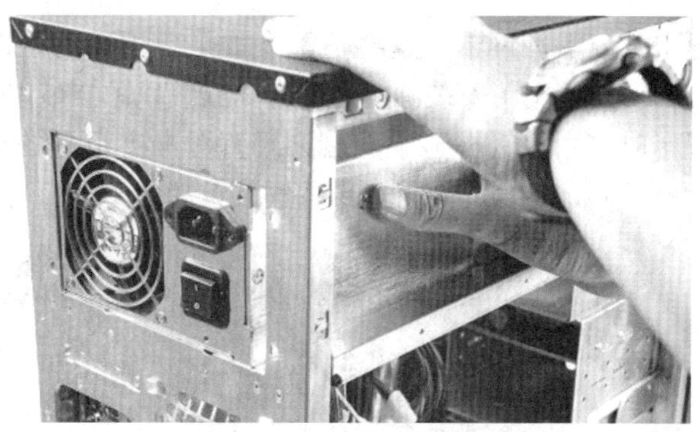

图 1—23　安装电源

（4）安装主板到机箱内。双手平行托住主板，将主板放入机箱中，通过机箱背部的主板挡板确定安放到位，拧紧螺丝，固定好主板，如图 1—24 所示。

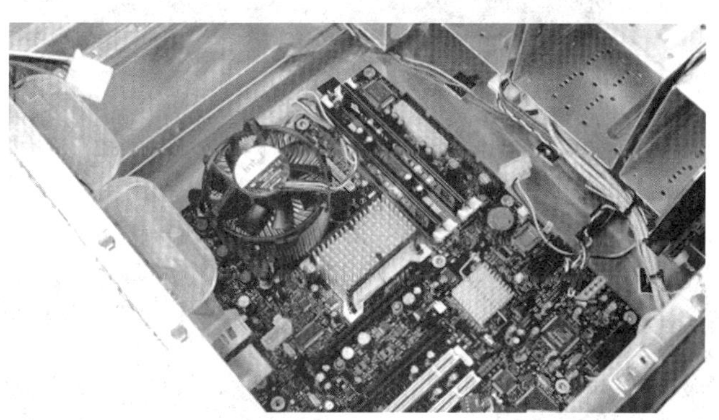

图 1—24　安装主板

（5）安装硬盘、光驱。将硬盘放入机箱的硬盘托架上，拧紧螺丝使其固定即可，如图 1—25 和图 1—26 所示。

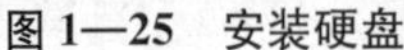
图 1—25　安装硬盘

图 1—26　安装光驱

（6）安装显卡、声卡和网卡。这些适配卡如果要求不高可以用主板集成不需要安装，只有在需要的情况下安装独立适配卡，这里以独立显卡的安装为例。

安装独立显卡时，用手轻握显卡两端，垂直对准主板上的显卡插槽，向下轻压到位后，再用螺丝固定，即完成了显卡的安装，如图 1—27 所示。

图 1—27　安装独立显卡

（7）连接机箱内部连线。完成数据线、电源控制线的连接，如图 1—28 和图 1—29 所示。

图 1—28　数据连线

图 1—29　数据连接

(8) 再次检查机箱内、外部所有的连线情况，确认无误后通电检测，并根据报警声音排除故障。

(9) 安装机箱侧面板。

4. 安装 Windows 7 操作系统

(1) 操作系统和驱动程序的作用。

操作系统是管理计算机硬件资源，控制其他程序运行，并为用户提供交互操作界面的系统软件的集合。用户通过操作系统来使用计算机，换句话说，操作系统依靠着计算机硬件并在其基础上运行，从而使用户能够方便、可靠、安全、高效地运用计算机。

操作系统还是计算机系统的资源管理者，合理组织计算机的工作流程，协调各个部件有效工作，为用户提供一个良好的运行环境，使用户可以直接调用操作系统提供的许多功能，而无须了解软硬件的运行过程。驱动程序是硬件厂商根据操作系统编写的配置文件，是添加到操作系统中的一小块代码。其中包含有关硬件设备的信息，它能使特定的硬件和软件与操作系统建立联系，让操作系统能够正常启用并运行该设备，使硬件的功能得到较好的体现。若未安装驱动程序，操作系统无法识别该硬件，发挥不了其功能。

(2) 安装操作系统的步骤。

给计算机安装操作系统有多种方式，下面以光盘启动安装 Windows 7 系统为例：

1) 在 BIOS 中将光驱设置为第一启动项。

A. 把系统光盘放入光驱中去。

B. 重启电脑，台式机按 DEL 键，如果是笔记本一般按 F1（或 F2 或 F11）等。如图 1—30 所示。

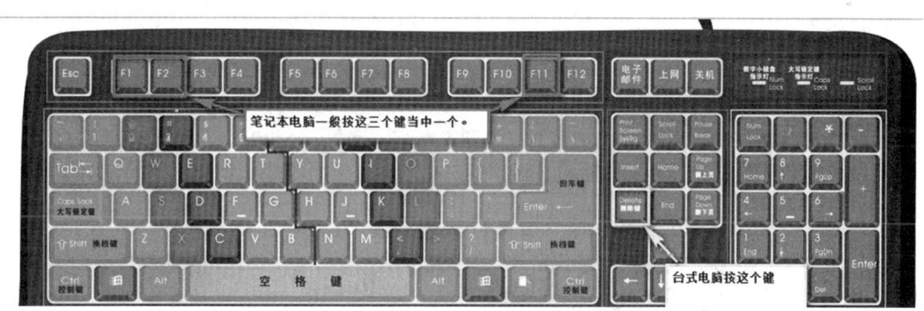

图 1—30　进入 BIOS 方法

C. 把第一启动项的 1st Boot Device 的 Hard Drive 改成 CDROM（有些是 DVD）。如图 1—31 所示。

D. 保存 BIOS，如图 1—32 所示。

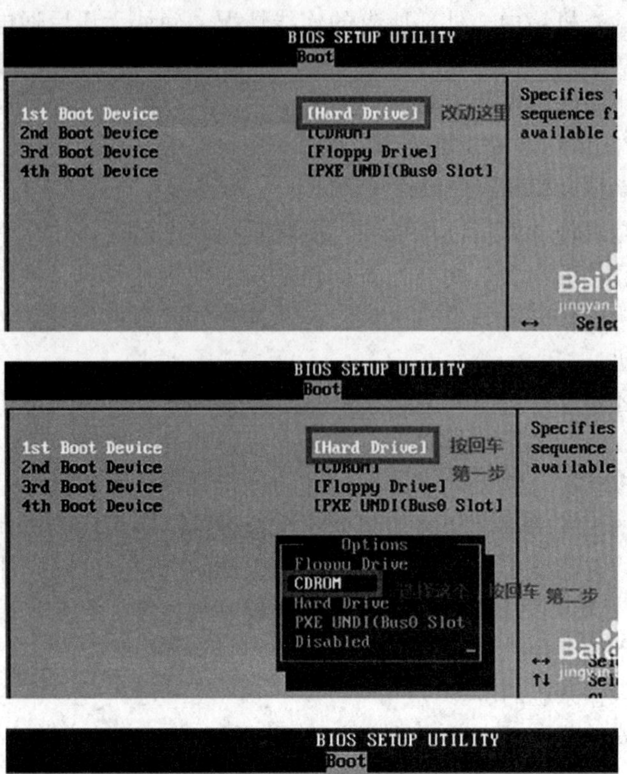

图 1—31　BIOS 设置

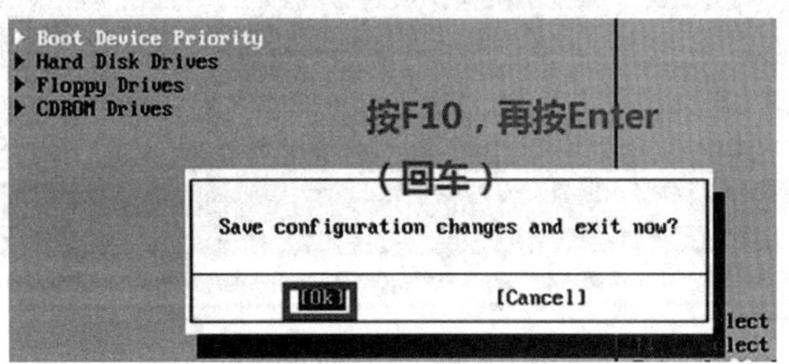

图 1—32　保存

2）光盘引导进入安装程序。

A. 出现 Windows 7 安装界面，首先依次选择为中文（简体），中文（简体，中国），中文（简体）-美式键盘，选择好了点击下一步，如图 1—33 所示。

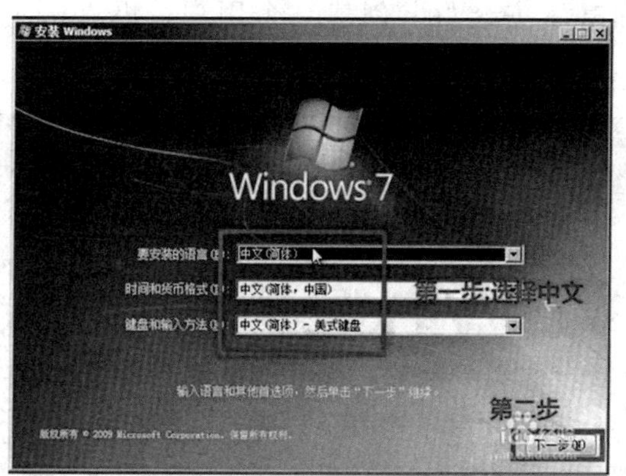

图 1—33　进入安装程序

B. 同意许可条款，如图 1—34 所示。

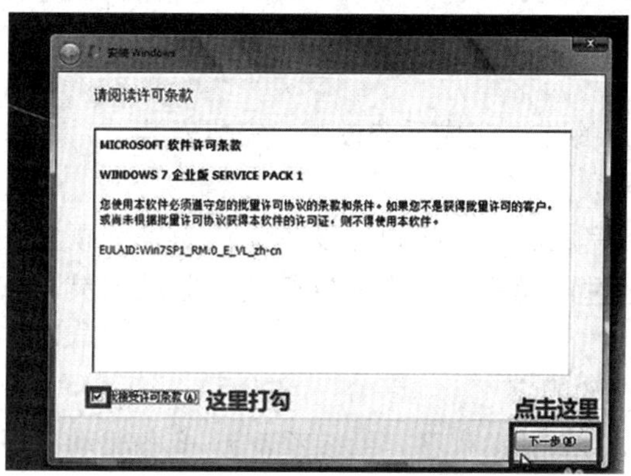

图 1—34　同意协议

C. 这里选择第一个分区，类型为系统，再点击下一步，如图 1—35 所示。

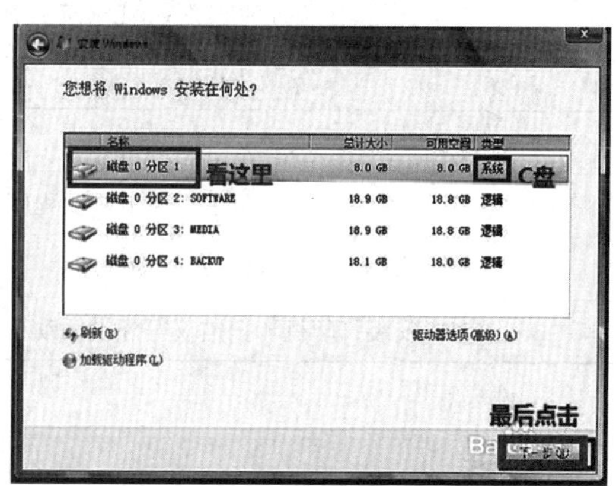

图 1—35　选择系统安装分区

D. 到这个界面基本安装好，创建一个用户；再点击下一步，如图 1—36 所示。

图 1—36 创建用户

3）根据屏幕提示操作，完成系统设置，完成安装。

5. 识别硬件型号

Windows 7 安装完成后，有些硬件设备无法识别和正常使用，需要安装相应的驱动程序。可以通过产品手册，产品铭牌或“驱动精灵”软件等来识别这些硬件型号。

6. 安装驱动程序的顺序

安装各种硬件设备的驱动程序，可参考表 1—6 各驱动程序的安装顺序。

表 1—6 各驱动程序的安装顺序

步骤	操作
第一步	安装操作系统的 SERVICE（SP）补丁
第二步	安装主板驱动程序
第三步	安装 DIRECT 驱动
第四步	安装网卡、显卡、声卡驱动程序
第五步	安装显示器驱动程序
第六步	安装打印机、扫描仪等外设驱动程序

任务实训

利用网络，或到店咨询，选配一台适合自己的电脑，并填写下表。

计算机硬件清单

品名	型号	参数	单价
CPU			
主板			
显卡			
内存			
硬盘			
机箱			
电源			
风扇			
显示器			
光驱			
键盘			
鼠标			
音箱			
合计			

思考练习

一、单项选择题

1. 世界上第一台电子数字计算机取名为（　　）。
   A. UNIVAC　B. EDSAC　C. ENIAC　D. EDVAC
2. 操作系统的作用是（　　）。
   A. 把原程序翻译成目标程序　B. 进行数据处理
   C. 控制和管理系统资源的使用　D. 实现软硬件的转换
3. 个人计算机简称 PC 机，这种计算机属于（　　）。
   A. 微型计算机　B. 小型计算机　C. 超级计算机　D. 巨型计算机
4. 在计算机内部，采用（　　）来表示指令和数据。
   A. 二进制　B. 八进制　C. 十六进制　D. 十进制
5. 微机中的 1KB 表示的二进制位数是（　　）。
   A. 1000　B. 8×1000　C. 1024　D. 8×1024
6. 目前微型计算机上用的外存储器组是（　　）。

A. RAM 和 ROM　　B. RAM 和磁盘　　C. ROM 和磁盘
D. 磁盘和光驱

7. 计算机包括运算器、(　　)、存储器、输入输出设备。
A. 分析器　　B. 控制器　　C. CPU　　D. 内存

8. 运算器和控制器简称为(　　)。
A. 中央处理器　　B. 存储器　　C. 计算机系统　　D. 硬盘

9. 下列叙述不是计算机特点的是(　　)。
A. 运算速度快　　B. 存储容量大
C. 可以完全脱离人的控制　　D. 具有逻辑判断能力

10. 断电以后会使存储数据丢失的存储器是(　　)。
A. ROM　　B. RAM　　C. 光盘　　D. 硬盘

11. 负责 I/O 接口及 IDE 设备控制的主板芯片是(　　)。
A. 南桥芯片　　B. 北桥芯片　　C. BIOS　　D. 中央处理器

12. 在下列存储器中，访问速度最快的是(　　)。
A. 硬盘　　B. 光盘　　C. RAM　　D. Cache

13. 应用软件是指(　　)。
A. 能够使用的软件　　B. 专门为某一应用目的而编写的软件
C. 所有微机上都能够使用的软件　D. 管理计算机硬件的软件

14. 目前，各种计算机都是基于(　　)提出的工作原理。
A. 爱因斯坦　　B. 冯·诺依曼　　C. 比尔·盖茨　　D. 约翰·凯梅尼

15. 存放电脑硬盘、光驱及其他系统参数的是(　　)。
A. BIOS　　B. CMOS　　C. RAM　　D. AMR

16. 80486 是 32 位的微处理器，这里 32 位表示的是(　　)的技术指标。
A. 字节　　B. 容量　　C. 字长　　D. 速度

17. 下列叙述中错误的是(　　)。
A. 计算机要经常使用，不要长期闲置不用。
B. 为了延长计算机的寿命，应避免频繁开关计算机。
C. 在计算机附近应避免磁场干扰。
D. 计算机用几个小时后，应关机一会再使用。

18. 第四代计算机采用了大规模和超大规模(　　)作为主要电子元件。
A. 微处理器　　B. 集成电路　　C. 存储器　　D. 晶体管

19. 计算机朝着大型化和(　　)两个方面发展。
A. 科学　　B. 商业　　C. 微型　　D. 实用

20. 计算机中最重要的核心部件是(　　)。
A. CPU　　B. DRAM　　C. CD-ROM　　D. CRT

21. 在微型计算机中，应用最普遍的字符编码是(　　)。

A. BCD 码　　B. 补码　　C. ASCII 码　　D. 汉字编码

22. 执行下列二进制算法加法运算：01010100＋10010011，运算结果是（　　）。

A. 11100111　　B. 11000111　　C. 00010000　　D. 11101011

23. CPU 性能的高低，往往决定了一台计算机（　　）的高低。

A. 功能　　B. 质量　　C. 兼容性　　D. 性能

24. CPU 始终围绕着速度与（　　）两个目标进行设计。

A. 实用　　B. 兼容　　C. 性能　　D. 质量

25. 主板性能的高低主要由（　　）芯片决定。

A. CPU　　B. 南桥　　C. 北桥　　D. 内存

26. 主板功能的多少，往往取决于（　　）芯片与主板上的一些专用芯片。

A. CPU　　B. 南桥　　C. 北桥　　D. 内存

27. 主板（　　）芯片将决定主板兼容性的好坏。

A. BIOS　　B. DRAM　　C. AC97　　D. LAN

28. 能够直接与 CPU 进行数据交换的存储器是（　　）。

A. 外存　　B. 内存　　C. 缓存　　D. 闪存

29. （　　）是微机中各种部件之间共享的一组公共数据传输线路。

A. 数据总线　　B. 地址总线　　C. 控制总线　　D. 总线

30. 一个完整的计算机系统通常包括（　　）。

A. 系统软件和应用软件　　B. 计算机及其外部设备

C. 硬件系统和软件系统　　D. 系统硬件和系统软件

31. 一个计算机系统的硬件一般是有哪几个部分构成？（　　）。

A. CPU、键盘、鼠标和显示器

B. 运算器、控制器、存储器、输入设备和输出设备

C. 主机、显示器、打印机、和电源

D. 主机、显示器和键盘

32. CPU 是计算机的核心，它是由什么部分组成的？（　　）。

A. 运算器和存储器　　B. 控制器和存储器

C. 运算器和控制器　　D. 加法器和乘法器

33. CPU 中的运算器的主要功能是（　　）。

A. 负责读取并分析指令　　B. 算术运算和逻辑运算

C. 指挥和控制计算机的运行　　D. 存放运算结果

34. CPU 中的控制器的功能是（　　）。

A. 进行逻辑运算　　B. 进行算术运算

C. 控制运算的速度　　D. 分析指令并发出相应的控制信号

35. 微处理器又称为（　　）。

A. 运算器　　B. 控制器　　C. 逻辑器　　D. 中央处理器

二、填空题

1. 世界上第一台电子数字式计算机于________在美国宾夕法尼亚大学研制成功，它的全称叫________。
2. 计算机具有如下特点________、________、________、________、________。
3. 组成计算机的五个基本部件是________、________、________、________和________。其中________和________合称为中央处理器。
4. 一个完整的计算机系统由__________、__________组成。
5. 内存分为________和________两大部分。
6. 计算机的性能在硬件方面主要取决于________________。
7. 对于 CRT 显示器来说，通常屏幕刷新频率达到________ kHz 以上时，人眼才不会感到闪烁。
8. 根据显像管的工作原理不同，常将显示器分为________显示器和________显示器等。
9. 一台 15 寸 LCD 显示器默认的大小是 1 024×768 像素，那么这台显示器的最佳分辨率应该是________。

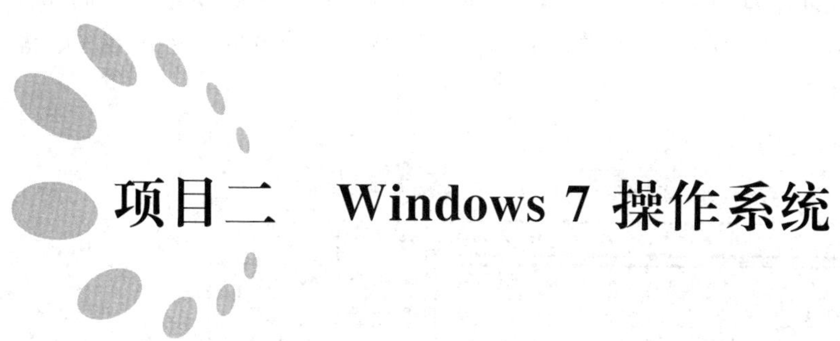

项目二　Windows 7 操作系统

项目背景：一个根据用户喜好而量身定做的系统环境，能够极大地增强用户的工作兴趣，提高工作效率。Windows 7 提供了强大的可定制功能，允许用户进行桌面环境、显示方式、开始菜单、任务栏、字体、声音等设置。下面和小张一起对新买的笔记本电脑进行系统环境设置，满足自己个性化需求。

任务一　键盘和鼠标的使用

📖任务引导

小张同学会操作键盘、鼠标来控制电脑了，但是总觉得操作起来不习惯、速度也不够快，这是什么原因造成的呢？

📖任务目标

熟悉键盘、鼠标键位，规范地掌握键盘、鼠标的操作方法与姿势。

📖任务实施

正确的指法训练包括录入时的姿势和指法。在初学键盘操作时，必须十分注意打字的姿势。如果打字姿势不正确，就不能准确快速输入，也容易疲劳；正确的指法是提高中英文输入速度的关键，掌握正确的指法，养成良好的习惯，才会有事半功倍的效果。

一、键盘布局

常用的计算机键盘有 101 键和 104 键，下面以 101 键为例介绍键盘的布局和各按键的功能。如图 2—1 所示，整个键盘分为四个区域：功能键区、主键盘区、编辑键区、数字键区。

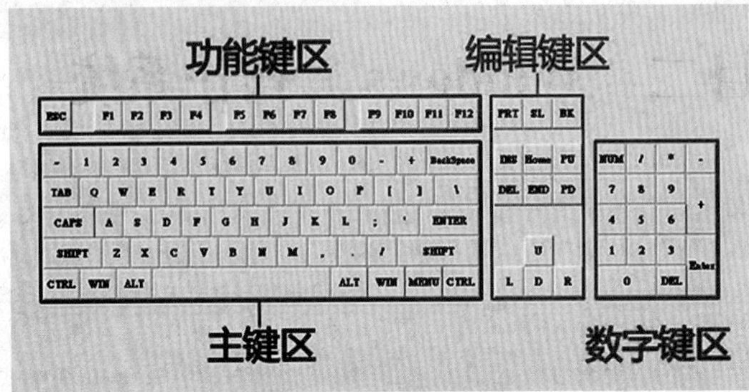

图 2—1　键盘分区图

1. 主键盘区

主键盘区是指键盘的中间区域，包括 0～9 数字键，A～Z 字母键及部分符号键和一些特殊功能键。

Esc 键：强行退出键。中止程序执行，在编辑状态放弃编辑的数据。

Tab 键：跳格键。用来右移光标，每按一次向右跳 8 个字符。

CapsLock 键：大小写字母切换键。系统默认输入的字母为小写，按下“CapsLock”指示灯亮，输入的是大写字母，灯灭输入的是小写字母。

Shift 键：换档键，适用于双符号键。按住 Shift 键再按某个双符号键，输入该键的上档字符。Shift 键也能进行大小写字符转换。

Ctrl 键：控制键。此键一般与其他键同时使用，实现某些特定的功能。

Alt 键：组合键。此键一般与其他键同时使用，完成某些特定的操作，特别常用于汉字输入方法转换。

Enter 或 Return 键：回车键。换行或输入命令结束执行命令。

Backspace 或←键：退格键。用来删除当前光标所在位置前的字符，且光标左移。

2. 功能键区

键盘上方第一排是功能键区，从 F1 到 F12 共有 12 个，在不同的软件系统下各个功能键的作用是不同的，具体完成什么功能由实际使用的软件决定，通常与 Alt 键和 Ctrl 键配合使用。

3. 编辑键区

编辑键区位于主键盘区的右边。

Print Screen 键：屏幕拷贝键。若使用 Shift 键＋Print Screen 键，打印机将屏幕上显示的内容打印出来，如使用 Ctrl 键＋Print Screen 键，则打印任何由键盘输入及屏幕显示的内容，直到再次按这两键。按 Alt 键＋Print Screen 键拷贝当前窗口。

Insert 键：插入键。在当前光标处插入一个字符。

Delete 或 Del 键：删除键。删除当前光标所在位置的字符。

Home 键：光标移动到屏幕的左上角。

End 键：光标移动到本行最后一个字符的右侧。

PageUP 或 PgUp 键：翻页键。按键向前翻一页。

PageDowm 或 PgDn 键：翻页键。按键向后翻一页。

→←↑↓键：光标移动键。

4. 数字键区

数字键区位于键盘的右侧。

Num Lock 键：锁定键。按下此键，键盘右上方的“Num Lock”指示灯亮。小键盘输入的是数字。再按此键，指示灯关闭，该区功能键无效。

二、键盘指法与姿势

1. 正确姿势

正确的姿势应做到：

（1）身体保持端正，两脚平放。椅子高度以双手可平放桌上为准，桌、椅间距离以手指能轻放基本键位为准。

（2）两臂自然下垂，两肘轻贴于腋边。肘关节呈垂直弯曲，手腕平直，身体与打字桌距离约 23～33 厘米。

（3）打字文稿放在键盘左边，或用专用夹，夹在显示器旁边。力求实现“盲打”，即打字时双目不看键盘，视线专注于文稿或屏幕。

（4）手指稍斜垂直放在键盘上，击键的力量来自手腕，尤其是用小指击键时，仅用手指的力量会影响击键的速度。

2. 指法

（1）正确的指法。

正确的指法要求如下：

1）打字时，两手八指轻放在第三排的基本键位上，如图 2—2 所示。

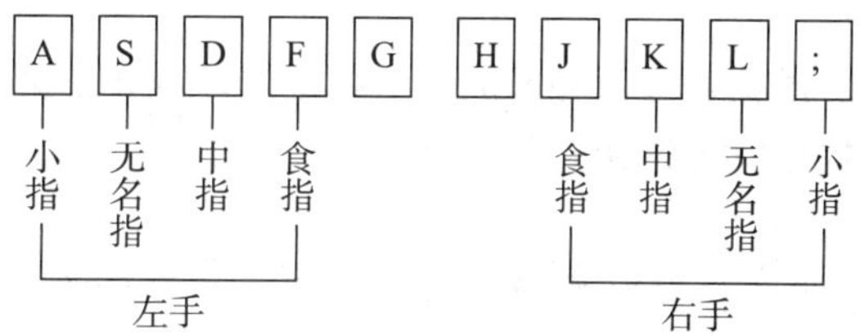

图 2—2 基本键位

2）两手十指分工明确。各手指分工如图 2—3 所示。

图 2—3　手指的键盘分工

3）平时手指稍弯曲拱起，指尖后的第一关节微成弧形，轻放键位中央，手腕悬起不要压在键盘上。

4）应是轻击键而不是按键。击键要短促、轻快、有弹性。用手指垫击键，不要用指尖或把手指伸直击键。

5）无论哪一个手指击键，该手的其他手指也要一起提起上下活动，而另一只手则放在基本键上，不要小指击键时，食指上翘，或者相反。

6）任一手指击键后，只要时间允许都应退回基准键位，不可停留在已击字键上。实践证明：从基准键位到其他键位的路径简单好记，容易实现盲打。

7）用拇指侧面击空格键，右手小指击回车键。

8）击键力度适当，节奏均匀。

9）应默念稿件，不要出声。

（2）在击键练习中，初学者容易发生的错误。

1）击键时手指形态变形，手指翘起或往里勾，掌握不好指形。

2）不是击键而是按键或压键，没有弹性，敲击声迟钝，没有节拍感。

3）手腕与手指跳动配合不好，既影响手形又影响击键的速度。

4）左（右）手击键时，右（左）手离开了基准键位，搁在机器桌子上。

5）打字时手腕不能悬空，依靠在桌子上。

6）小指和无名指没有力量，控制不住，容易带动其他键位。因而要特别注重对这两个手指的训练。

7）眼睛老是盯着键盘，或用触摸的办法找键位。这些都会影响击键的正确性。

8）击键后不习惯于立即缩回到基准键位。

（3）指法训练。

指法练习重在实践，要根据手指的键位分工，从易到难，反复练习，以准确和熟练为准。

由于人们的食指最灵活，中指次之，无名指和小指较差，因此在指法练习中，特别要加强无名指和小指的训练。

在基础练习阶段，要把指法操作的正确性放在第一位，不要急于盲目追求输入速度。自己不太熟悉的击键动作要反复训练。

三、鼠标操作

鼠标操作是图形用户界面下最基本的操作技能，熟练地掌握鼠标的操作，可以提高工作效率。安装鼠标后，在桌面上会显示鼠标指针，利用鼠标指针可以在桌面和程序窗口进行操作。鼠标有六种基本操作方式，每一种操作可以实现一种操作目的。

1. “移动”操作

就是把鼠标指针移到某个特定目标的操作。

2. “单击”操作

单击一般指左击，既右手食指快速按下鼠标左键，然后再迅速放开。单击一般用于对图标、菜单命令和按钮的操作。

3. “双击”操作

双击操作指右手食指快速点击左键两次。双击一般用于打开某个文件或执行一个应用程序。

4. “右击”操作

右手中指快速按下鼠标右键，然后再迅速放开。右击通常会打开快捷菜单。

5. “拖动”操作

按住鼠标左键不放，移动鼠标到一个新的位置上，再放开鼠标左键。拖动通常用于移动某个选中的对象。

6. “滚动”操作

使用鼠标中间滚轮，在窗口中移动操作对象的上下位置。

📖任务实训

1. 利用“金山打字”软件，分别练习基准键位、数字小键盘，练习时注意键盘操作姿势的规范性。

2. 上网查资料：鼠标指针形状与表示的含义各有哪些。

任务二　Windows 7 桌面

📖任务引导

启动 Windows 7 后将显示漂亮的桌面给用户，桌面包括哪些内容？怎样设置管理桌面呢？

🕮任务目标

掌握 Windows 7 的启动、注销、退出；掌握 Windows 7 的用户界面元素及其基本操作；掌握 Windows 7 的窗口、菜单、对话框；掌握 Windows 7 桌面图标设置；会进行任务栏、“开始”菜单的设置。

🕮任务实施

一、启动、退出、注销 Windows 7

1. 启动 Windows 7

启动操作系统实际上就是启动计算机，是把操作系统的核心程序从磁盘（软盘、硬盘）、优盘、光盘或其他存储设备中调入内存并执行的过程。

对于安装了 Windows 7 的计算机，只要启动了计算机即可进入 Windows 7，显示 Windows 7 桌面。在 Windows 7 启动时系统可能会要求输入用户密码，这一过程称为“登录”，此时登录的用户可以有自己的自定义选项设置。此外，在 Windows 7 启动过程中，用户可根据需要，以不同的模式进入 Windows 7。

2. 注销、退出 Windows 7

当用户要结束对计算机的操作时，先退出中文版 Windows 7 系统，再关闭显示器，如果用户在没有退出 Windows 系统的情况下关机，系统将认为是非法关机，当下次再开机时，系统会自动执行自检程序。

(1) 中文版 Windows 7 的注销、切换用户。

由于中文版 Windows 7 是一个支持多用户的操作系统，当登录系统时，只需要在登录界面上单击用户名前的图标，即可实现多用户登录，各个用户可以进行个性化设置而互不影响。

如果计算机上有多个用户账户，则另一用户登录该计算机的便捷方法是使用“快速用户切换”，该方法不需要注销或关闭程序和文件。

“快速用户切换”的操作方法是：单击“开始”按钮，如图 2—4 所示，然后单击“关机”按钮旁的三角尖按钮，单击“切换用户”。或按 Ctrl+Alt+Delete，然后单击希望换到的用户。

为了便于不同的用户快速登录来使用计算机，中文版 Windows 7 提供了注销的功能，应用注销功能，从 Windows 注销后，正在使用的所有程序都会关闭，计算机不会关闭。

Windows 7 的注销，可执行下列操作：

当用户需要注销时，如图 2—4 所示，在“开始”菜单“关机”项中单击“注销”，这时桌面上会出现“注销”对话框，提示用户关闭打开的窗口和确认要注销。

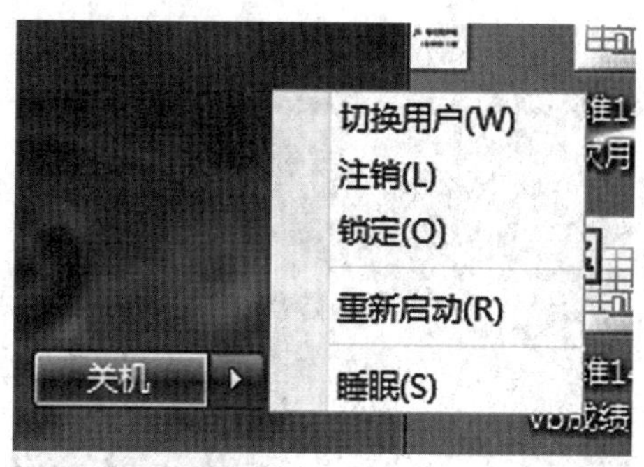

图 2—4 单击“关机”按钮旁的三角按钮可查看更多选项

(2) 关闭计算机。

关闭：关闭计算机的方法有三种：按计算机的电源按钮，使用“开始”菜单上的“关机”按钮，如果是便携式计算机，合上其盖子。

如图 2—5 所示，在“开始”菜单中单击“关机”，计算机关闭所有打开的程序，然后完全关闭计算机和显示器。关机不会保存工作文件，因此必须首先保存已打开的文件。

图 2—5 “关机”按钮

使用睡眠：可以选择使计算机睡眠，而不是将其关闭。在计算机进入睡眠状态时，显示器将关闭，而且通常计算机的风扇也会停止。通常，计算机机箱外侧的一个指示灯闪烁或变黄就表示计算机处于睡眠状态，这个过程只需要几秒钟。

若要唤醒计算机，可按下计算机机箱上的电源按钮。因为不必等待 Windows 启动，所以将在数秒钟重新启动计算机，并且几乎可以立即恢复工作。

重新启动：此项将关闭并重新启动计算机。用户也可以关机前关闭所有的程序，然后使用 Alt + F4 组合键快速调出“关闭计算机”对话框进行关机。

二、Windows 7 桌面

“桌面”是在安装好中文版 Windows 7 后，用户启动计算机登录到系统后看到的整个屏幕界面，它是用户和计算机进行交流的窗口，上面可以存放用户经常用到的应用程序和文件夹图标，用户可以根据自己的需要在桌面上放置各种快捷图标，在使用时双击图标就能够快速启动相应的程序或文件。

Windows 7 桌面如图 2—6 所示。

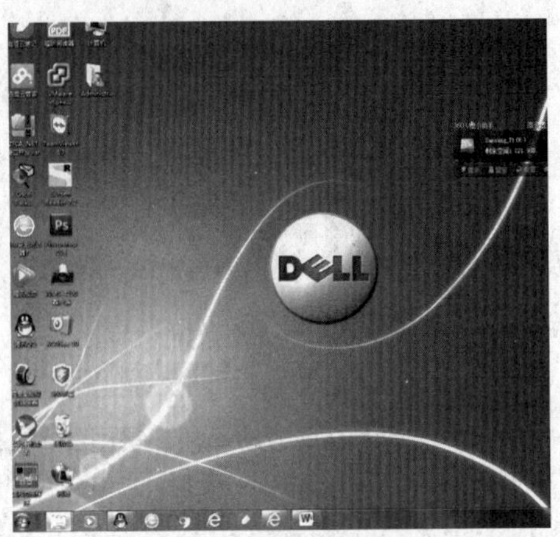

图 2—6 Windows 7 桌面

1. 桌面图标

“图标”是指在桌面上排列的小图像，它包含图形、说明文字两部分，如果用户把鼠标放在图标上停留片刻，桌面上会出现对图标所表示内容的说明或者是文件存放的路径，双击图标就可以打开相应的内容。

安装好中文版 Windows 7，启动后的桌面默认图标即系统图标说明如下：

“Administrator”图标：它用于管理“Administrator”下的文件和“我的文档”等文件夹，可以保存图片、音乐、下载和其他文档，它是系统默认的文档保存位置。

“计算机”图标：用户通过该图标可以实现对计算机硬盘驱动器、文件夹和文件的管理，在其中用户可以访问连接到计算机的硬盘驱动器、照相机和其他硬件以及有关信息。

“网络”图标：该项中提供了公用网络和本地网络属性，在双击展开的窗口中用户可以进行查看工作组中的计算机、查看网络位置及添加网络位置等工作。

“回收站”图标：在回收站中暂时存放着用户已经删除的文件或文件夹等一些信息，当用户还没有清空回收站时，可以从中还原删除的文件或文件夹。

“Internet Explorer”图标：用于浏览互联网上的信息，通过双击该图标可以访问网络资源。

如果用户想恢复桌面上系统默认的图标，可执行下列操作：

(1) 右击桌面，在弹出的快捷菜单中选择“个性化”命令。

(2) 在打开的对话框中单击“更改桌面图标”，打开“桌面图标设置”对话框。

(3) 在“桌面图标”选项组中选中“我的电脑、网上邻居”等复选框（若取消则在桌面隐藏该图标），单击“确定”按钮返回到“个性化”对话框。

(4) 单击“应用”按钮，然后关闭该对话框，这时用户就可以看到系统默认的图标。

【技能操作】恢复或隐藏系统默认图标。

2. 创建桌面图标

桌面上的图标实质上就是打开各种程序和文件的快捷方式，用户可以在桌面上创建自己经常使用的程序或文件的图标，这样使用时直接在桌面上双击即可快速启动该项目。

创建桌面图标可执行下列操作：

(1) 右击桌面上的空白处，在弹出的快捷菜单中选择“新建”命令。

(2) 利用“新建”命令下的子菜单，用户创建各种形式的图标，比如文件夹、快捷方式、文本文档等，如图 2—7 所示。

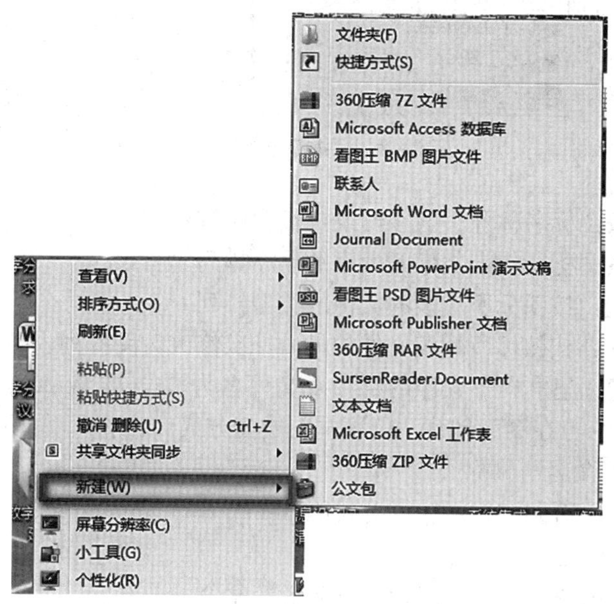

图 2—7　“新建”命令组

(3) 当用户选择了所要创建的选项后，在桌面会出现相应的图标，用户可以为它命名，以便于识别。

当用户选择了“快捷方式”命令后，出现一个“创建快捷方式”向导，该向导会帮助用户创建本地或网络程序、文件、文件夹、计算机或 Internet 地址的快捷方式，可以手动键入项目的位置，也可以单击“浏览”按钮，在打开的“浏览文件夹”窗口中选择快捷方式的目标，确定后，即可以在桌面上建立相应的快捷方式。

3. 图标的排列与查看

当用户在桌面上创建了多个图标时，如果不进行排列，会显得非常凌乱，这样不利于用户选择所需要的项目，而且影响视觉效果。使用排列图标命令，可以使用户的桌面看上去整洁而富有条理。用户需要对桌面上的图标进行位置调整时，可在桌面上的空白处右击，在弹出的快捷菜单中选择“排序方式”命令，在子菜单项中包含了多种排列方式，如图 2—8 所示。

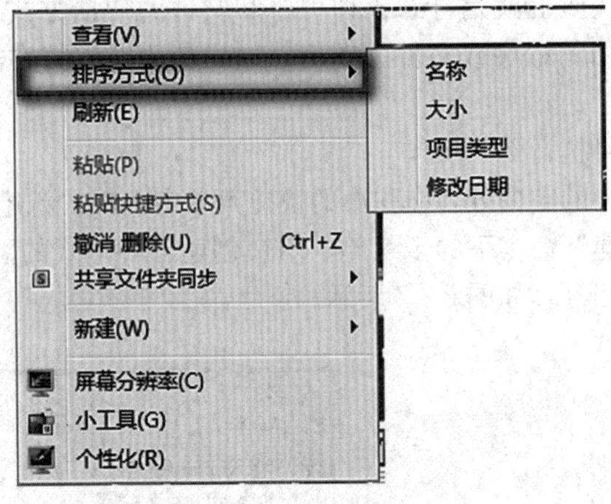

图 2—8 “排序方式”命令

- 名称：按图标名称开头的字母或拼音顺序排列。
- 大小：按图标所代表文件的大小的顺序排列。
- 项目类型：按图标所代表的文件的类型排列。
- 修改日期：按图标所代表文件的最后一次修改时间排列。

【技能操作】“记事本”程序的路径及文件名为“C：\ Windows \ system32 \ notepad. exe”，练习在桌面创建“记事本”快捷方式。

4. 图标的重命名与删除

若要给图标重新命名，可执行下列操作：

（1）在该图标上右击。

（2）在弹出的快捷菜单中选择“重命名”命令。

（3）当图标的文字说明位置呈反色显示时，用户可以输入新名称，然后在桌面上任意位置单击，即可完成对图标的重命名。

在要删除的图标上右击，在弹出的快捷菜单中执行“删除”命令删除图标，或在键盘上按 Delete 键删除。

【技能操作】将桌面上的“计算机”图标改为“我的电脑”。

三、任务栏与开始菜单

1. 任务栏

（1）任务栏组成。

任务栏是位于桌面最下方的一个小长条，它显示了系统正在运行的程序和打开的窗口、当前时间等内容。任务栏可分为“开始”菜单按钮、快速启动工具栏、窗口按钮和通知区域等几个部分，如图 2—9 所示。

图 2—9 任务栏

打开“开始”菜单，打开大多数的应用程序。

快速启动工具栏由一些程序按钮组成，单击可以快速启动程序。

当用户启动某项应用程序而打开一个窗口后，在任务栏上会出现相应的有立体感的按钮，表明当前程序正在被使用。

单击“”按钮，在弹出的菜单中进行选择可以切换为中文输入法。在语言栏任意位置右击，在弹出的快捷菜单中选择“设置”命令，可打开“文字服务和输入语言”对话框，用户可以进行设置默认输入语言，对已安装的输入法进行添加、删除等操作。

按钮“”的作用是隐藏不活动的图标和显示隐藏的图标。

单击任务栏右侧小喇叭形状的按钮，弹出音量控制对话框，可以调整扬声器的音量、静音、扬声器属性等设置。

在任务栏的最右侧，显示当前的时间和日期，单击打开“日期和时间属性”对话框，用户可以在该对话框中完成时间和日期的校对、时区的设置。

【技能操作】练习删除、添加五笔输入法。修改系统日期、时间。

(2) 自定义任务栏。

系统默认的任务栏位于桌面的最下方，用户可以根据自己的需要把它拖到桌面的任何边缘处及改变任务栏的宽度，通过改变任务栏的属性，还可以让它自动隐藏。

用户在任务栏上的非按钮区域右击，在弹出的快捷菜单中选择“属性”命令，即可打开“任务栏和开始菜单属性”对话框，如图 2—10 所示。

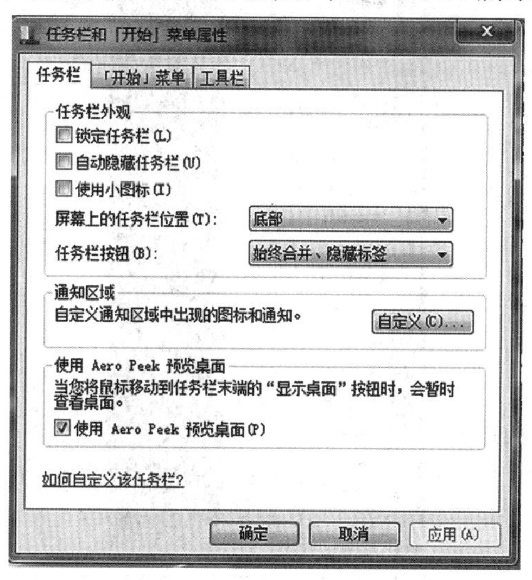

图 2—10 “任务栏和开始菜单”对话框

可以通过对复选框的选择来设置任务栏：锁定任务栏、自动隐藏任务栏、使用最小图标、屏幕上的任务栏位置、任务栏按钮等。

单击“自定义”按钮，在打开的“自定义通知”对话框中，用户可以进行隐藏或显示图标的设置，如图 2—11 所示。

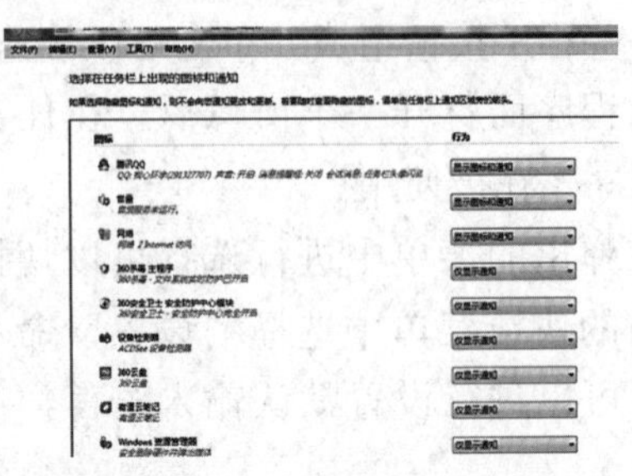

图 2—11　“自定义通知”对话框

可以通过拖动任务栏到桌面的任意边缘，在移动时，用户先确定任务栏处于非锁定状态，然后在任务栏上的非按钮区按下鼠标左键拖动，到所需要边缘再放开，这样任务栏就会改变位置了。

【技能操作】练习设置自动隐藏任务栏，设置任务栏位于桌面的左侧，并显示小图标。

2.“开始”菜单

单击屏幕左下角的“开始”按钮，或者按键盘上的 Windows 徽标键均可打开如图 2—12 所示的“开始”菜单。

图 2—12　“开始”菜单

使用“开始”菜单可执行的任务有：启动程序，打开常用的文件夹，搜索文件、文件夹程序，调整计算机设置，获取有关 Windows 操作系统的帮助信息，关闭计算机，注销 Windows 或切换到其他用户账户等。

应用自定义可以控制要在“开始”菜单上显示的项目。例如，可以将喜欢的程序的图标附到“开始”菜单以便于访问，也可以从列表中移除程序。还可以选择在右边窗格中隐藏或显示某些项目。

右击“任务栏”，在弹出的快捷菜单中单击“属性”打开“任务栏和‘开始’菜单”对话框，单击“‘开始’菜单”选项卡打开图 2—13 所示“自定义‘开始’菜单”对话框。

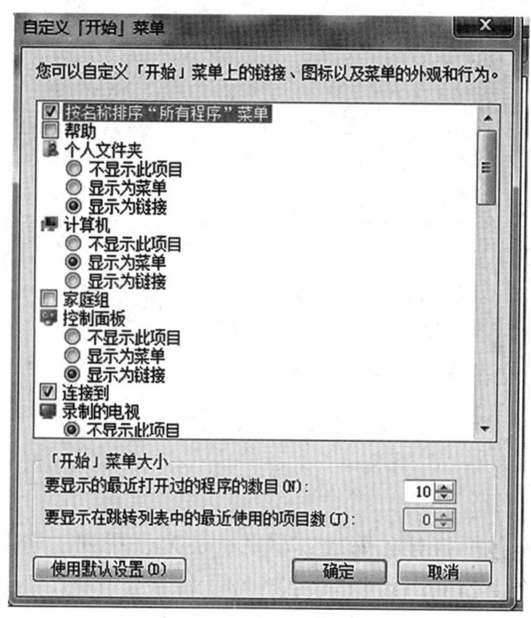

图 2—13　自定义“开始”菜单

从“开始”菜单删除程序图标不会将它从“所有程序”列表中删除或卸载该程序。单击“开始”按钮，右键单击要从“开始”菜单中删除的程序图标，然后单击“从列表中删除”。

清除“开始”菜单中最近打开的文件或程序不会将它们从计算机中删除。单击打开“任务栏和‘开始’菜单属性”。单击“‘开始’菜单”选项卡。若要清除最近打开的程序，请清除“存储并显示最近在‘开始’菜单中打开的程序”。若要清除最近打开的文件，清除“存储并显示最近在‘开始’菜单和任务栏中打开的项目”复选框，然后单击“确定”。

【技能操作】设置在“开始”菜单中不显示“控制面板”；设置要显示的最近打开过的程序数目个数为 5 个；在“开始”菜单中新建“我的工具箱”程序组，在该程序组中创建快捷方式“记事本”(C:\Windows\system32\notepad.exe)。

四、Windows 7 的窗口与对话框

1. 窗口组成

当用户打开一个文件或者是应用程序时，都会出现一个窗口。在中文版 Windows 7 中有许多种窗口，其中大部分都包括了相同的组件，如图 2—14 所示是一个标准的窗口，它由标题栏、菜单栏、工具栏等几部分组成。

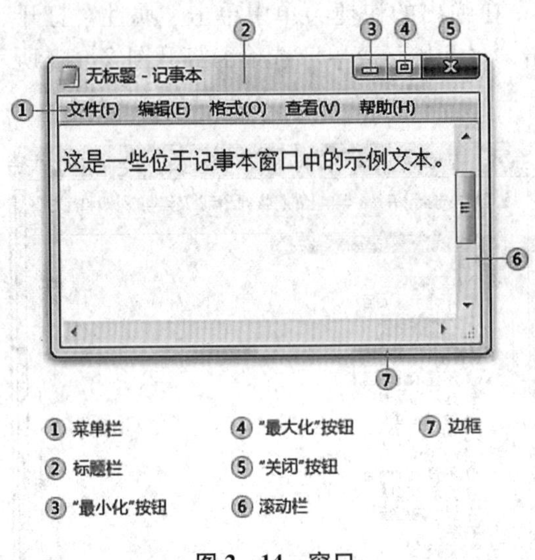

图 2—14 窗口

2. 窗口操作

窗口的基本操作包括打开、缩放、移动、关闭、排列、切换等。

当需要打开一个窗口时，可以通过单击要打开的图标，或在选中的图标上右击，在其快捷菜单中选择“打开”命令。

移动窗口时只需要在标题栏按下鼠标左键拖动，移动到合适的位置后再松开即可。

窗口不但可以移动到桌面上的任何位置，而且还可以随意改变大小将其调整到合适的尺寸：鼠标放在窗口的垂直或水平边框上，当鼠标指针变成双向的箭头时拖动可改变窗口的宽度或高度；当需要对窗口等比缩放时，可以把鼠标放在边框的任意角上进行拖动。

当用户在对窗口进行操作的过程中，可以根据自己的需要，把窗口最小化、最大化、还原等。

当用户打开多个窗口时，可通过在任务栏单击窗口名称实现在各个窗口之间的切换。用户可以在键盘上同时按下“Alt”和“Tab”两个键，屏幕上会出现切换任务栏，在其中列出了当前正在运行的窗口，用户这时可以按住 Alt 键，然后在

键盘上按 Tab 键从“切换任务栏”中选择所要打开的窗口，选中后再松开两个键，选择的窗口即可成为当前窗口，如图 2—15 所示。

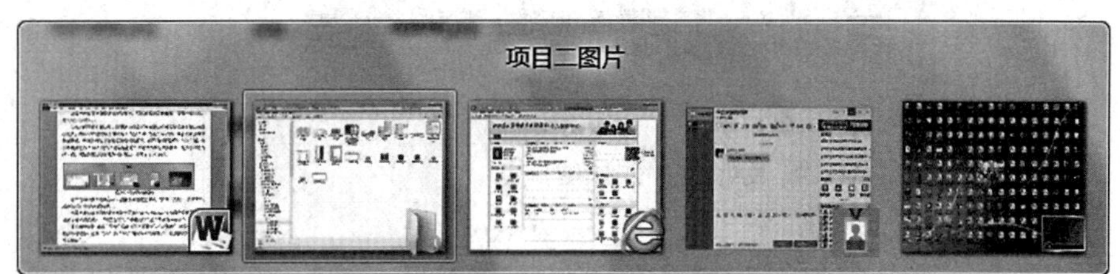

图 2—15　切换任务栏

用户完成对窗口的操作后，直接在标题栏上单击“关闭”按钮关闭窗口，或使用 Alt+F4 组合键关闭。

当用户在对窗口进行操作时打开了多个窗口，Windows 7 为用户提供了三种排列的方案可供选择：“层叠窗口”“堆叠窗口”或“并排显示窗口”。

【技能操作】应用“开始”菜单打开“记事本”“计算器”，应用桌面 IE 图标打开浏览器，应用 Alt 和 Tab 键切换打开的窗口，将当前打开的窗口并排显示。

3. 对话框

对话框是用户与计算机系统之间进行信息交流的窗口，对话框是特殊类型的窗口，在对话框中用户可以对选项选择，对系统进行对象属性的修改或者设置。对话框的组成和窗口有相似之处，如图 2—16、图 2—17 所示，它一般包含有标题、选项卡与标签、文本框、列表框、命令按钮、单选按钮和复选框等几部分。

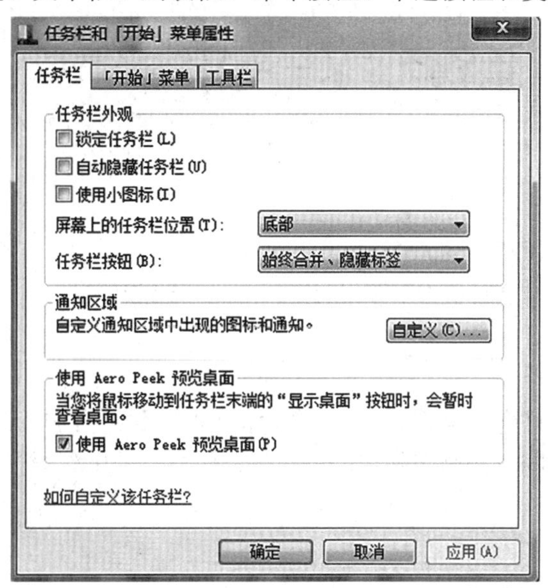

图 2—16　“任务栏和开始菜单”对话框

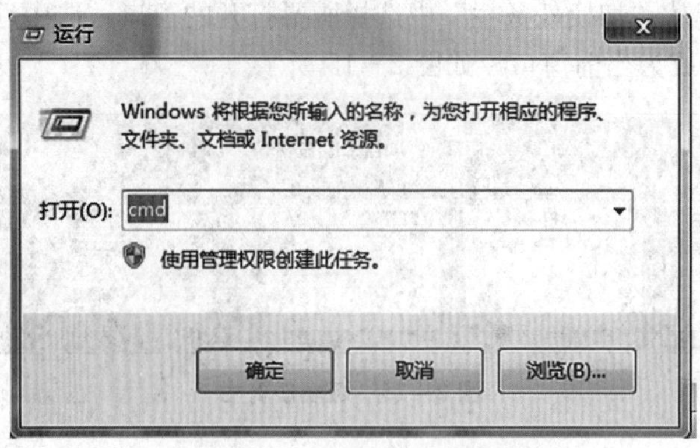

图 2—17 “运行”对话框

📖任务实训

1. Windows 7 的桌面主要包括哪些内容?
2. 举例说明怎样创建、排列、重命名、删除图标。
3. Windows 7 的注销、重新启动、切换用户、关机操作各有何作用?
4. 从网上下载 QQ 五笔输入法，并安装到 Windows 7 系统中。
5. 应用任务栏音量图标设置静音。
6. 怎样在任务栏快速启动中添加“记事本”启动图标?
7. 如何设置开始菜单显示最近打开过的程序数目为 8?

任务三 文件与文件夹管理

📖任务引导

在计算机中最重要的资源是文件，所有的程序、管理、任务都是通过文件来实现的，管理文件与文件夹是计算机资源管理的重要内容。

📖任务目标

理解文件和文件夹的概念；会应用“计算机”和“资源管理器”对文件、文件夹进行创建、删除、复制、移动、重命名、压缩与解压缩等管理。

📖任务实施

一、文件和文件夹

文件就是用户赋予了名字并存储在磁盘上的信息的集合，它可以是用户创建的文档，也可以是可执行的应用程序，或是一张图片、一段声音、一段视频等。文件夹是系统组织和管理文件的一种形式，是为方便用户分类、查找、存储等管理而设置的，用户可以将文件分门别类地存放在不同的文件夹中。在文件夹可存放所有类型的文件和下一级文件夹、磁盘驱动器及打印队列等内容。

如图 2—18 所示为文件夹与文件图标。

图 2—18 文件夹与文件图标

1. 创建文件夹

用户可以通过创建文件夹来分类、分部门管理文件、文件夹。创建操作步骤如下：

双击桌面“计算机”图标，打开“资源管理器”，如图 2—19 所示。双击打开要新建文件夹的磁盘。选择“文件”→“新建”→“文件夹”命令，或单击右键在弹出的快捷菜单中选择“新建”→“文件夹”命令即可新建一个文件夹。在新建的文件夹名称文本框中输入文件夹的名称，单击 Enter 键或用鼠标单击其他地方确认即可。

图 2—19 资源管理器

若需要在新建的文件夹中再创建文件夹，可双击打开新建的文件夹创建文件夹。

【技能操作】在 D 盘创建名称为“人事部”的新文件夹，然后在该文件夹中再创建“报表”文件夹。在“报表”文件夹中新建“人事报表.doc”文件。

2. 移动和复制文件或文件夹

在实际应用中，有时用户需要将某个文件或文件夹移动或复制到其他地方以方便使用，这时就需要用到移动或复制命令。

移动和复制文件或文件夹的操作步骤如下：

选择要进行移动或复制的文件或文件夹。单击“编辑”→“剪切”或“复制”命令，或单击右键，在弹出的快捷菜单中选择“剪切”或“复制”命令，选择目标位置，选择“编辑”→“粘贴”命令，或单击右键在弹出的快捷菜单中选择“粘贴”命令即可。

若要一次移动或复制多个相邻的文件或文件夹，可按住 Shift 键选择多个相邻的文件或文件夹；若要一次移动或复制多个不相邻的文件或文件夹，可按住 Ctrl 键选择多个不相邻的文件或文件夹；若非选文件或文件夹较少，可先选择非选文件或文件夹，然后单击“编辑”→“反向选择”命令即可；若要选择所有的文件或文件夹，可单击“编辑”→“全部选定”命令或按 Ctrl＋a 键。

【技能操作】在 D 盘创建“桌面备份”文件夹，将桌面上的 IE 图标复制该文件夹中。

3. 重命名文件或文件夹

重命名文件或文件夹就是给文件或文件夹重新命名一个新的名称，使其可以更符合用户的要求。

重命名文件或文件夹的具体操作步骤如下：

选择要重命名的文件或文件夹，单击“文件”→“重命名”命令，或单击右键，在弹出的快捷菜单中选择“重命名”命令，这时文件或文件夹的名称处于编辑状态（蓝色反白显示），用户可直接键入新的名称进行重命名操作。

【技能操作】将复制到 D 盘“桌面备份”文件夹中的 IE 图标名称改为“浏览器”。

4. 删除文件或文件夹

当有的文件或文件夹不再需要时，用户可将其删除掉，以利于对文件或文件管理。删除后的文件或文件夹将被放到“回收站”中，用户可以选择将其彻底删除或还原到原来的位置。

删除文件或文件夹的操作如下：

选定要删除的文件或文件夹。若要选定多个相邻的文件或文件夹，可按着 Shift 键进行选择；若要选定多个不相邻的文件或文件夹，可按着 Ctrl 键进行选择。选择“文件”→“删除”命令，或单击右键，在弹出的快捷菜单中选择“删除”命令。若确认要删除该文件或文件夹，可单击“是”按钮；若不删除该文件或文件夹，可单击“否”按钮。

【技能操作】删除 D 盘“桌面备份”文件夹中的“浏览器”图标。

5. 删除或还原“回收站”中的文件或文件夹

“回收站”为用户提供了一个安全的删除文件或文件夹的解决方案，用户从硬盘中删除文件或文件夹时，Windows 7 会将其自动放入“回收站”中，用户可将其清空或还原到原位置。

删除或还原“回收站”中文件或文件夹的操作步骤如下：

双击桌面上的“回收站”图标打开“回收站”对话框，如图 2—20 所示。若要删除“回收站”中所有的文件和文件夹，可单击“清空回收站”命令；若要还原所有的文件和文件夹，可单击“还原所有项目”命令；若要还原文件或文件夹，可选中该文件或文件夹，单击窗口中的“恢复此项目”命令，或右击该对象选择“还原”，若要还原多个文件或文件夹，可按着 Ctrl 键选定多个文件或文件夹。

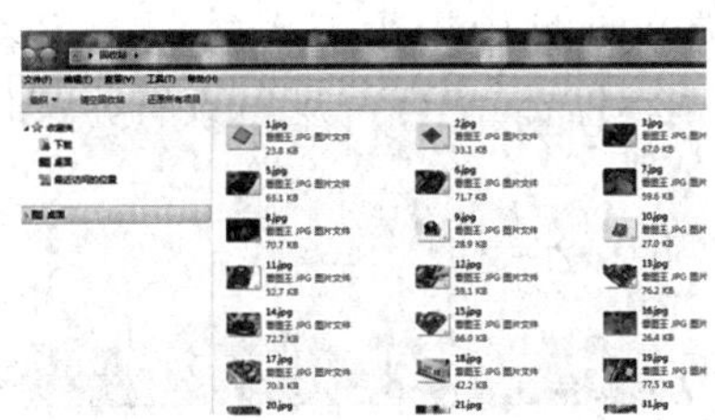

图 2—20 “回收站”对话框

删除“回收站”中的文件或文件夹，意味着将该文件或文件夹彻底删除，无法再还原；若还原已删除文件夹中的文件，则该文件夹将在原来的位置重建，然后在此文件夹还原文件；当回收站满后，Windows 7 将自动清除“回收站”中的空间以存放最近删除的文件和文件夹。也可以选中要删除的文件或文件夹，将其拖到“回收站”中进行删除。若想直接删除文件或文件夹，而不将其放入“回收站”中，可在拖到“回收站”时按住 Shift 键，或选中该文件或文件夹，按 Shift+Delete 键。

【技能操作】还原刚删除的“浏览器”图标，以删除文件或文件夹而不将其放入“回收站”的方式删除“浏览器”图标，在“回收站”中观察删除结果。

6. 更改文件或文件夹属性

文件或文件夹包含三种属性：只读、隐藏和存档。更改文件或文件夹属性的操作步骤如下：

选中要更改属性的文件或文件夹，选择“文件”→“属性”命令，或单击右键在弹出的快捷菜单选择“属性”命令，打开“属性”对话框。选择“常规”选项卡，在该选项卡的“属性”选项组中选定需要的属性复选框。单击“应用”按钮，并“确定”。

若是对文件夹设置属性，“应用”后在出现的对话框中可选择“仅将更改应用于该文件夹”或“将更改应用于该文件夹、子文件夹和文件”选项，单击“确定”按钮即可关闭该对话框。在“常规”选项卡中，单击“确定”按钮即可应用该属性。

【技能操作】设置 D 盘“桌面备份”文件夹为隐藏属性，设置隐藏属性后再打开D盘，能否看到“桌面备份”文件夹？

7. 文件夹选项

“文件夹选项”对话框，是系统提供给用户设置文件夹的常规及显示方面的属性，设置关联文件的打开方式及脱机文件的窗口。

打开“文件夹选项”对话框的步骤为：

单击“开始”按钮选择“控制面板”命令，打开“控制面板”对话框，双击“文件夹选项”图标，即可打开“文件夹选项”对话框。也可以通过双击桌面上的“计算机”图标，在打开的对话框中单击“工具”→“文件夹选项”命令，打开“文件夹选项”对话框。在该对话框中有常规、查看、文件类型和脱机文件四个选项卡。

(1)“常规”选项卡。见图2—21。

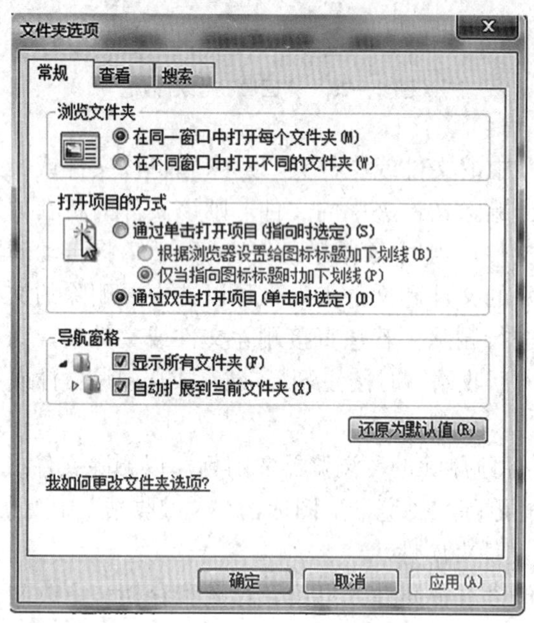

图2—21　“常规”选项卡

该选项卡用来设置文件夹的常规属性，选项卡中的“浏览文件夹”选项组可设置文件夹的浏览方式，在打开多个文件夹时是在同一窗口中打开还是在不同的窗口中打开。

“打开项目的方式”选项组用来设置文件夹的打开方式，可设定文件夹通过单击打开还是通过双击打开。若选择“通过单击打开项目”单选按钮，则“根据浏览器设置给图标标题加下划线”和“仅当指向图标标题时加下划线”选项变为可用状态，可根据需要选择在何时给图标标题加下划线。

“导航窗格”选项组用于设置是否显示所有文件夹或自动扩展到当前文件夹。

在“导航窗格”选项组下有一个“还原为默认值”按钮，单击该按钮，可还原为系统默认的设置方式。单击“应用”按钮，即可应用设置方案。

(2)“查看”选项卡。

该选项卡用来设置文件夹的显示方式，如图 2—22 所示。

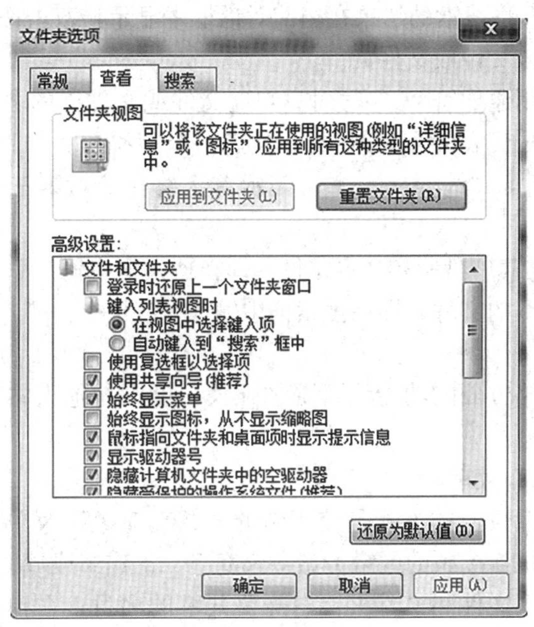

图 2—22 “查看”选项卡

在该选项卡中的“文件夹视图”选项组中有“应用到文件夹”和“重置所有文件夹”两个按钮。单击“应用到文件夹”按钮，将弹出“文件夹视图”对话框，单击“是”按钮，可使所有文件夹应用当前文件夹的视图设置，单击“重置所有文件夹”按钮，弹出“文件夹视图”对话框，单击“是”按钮，可将所有文件夹还原为默认视图设置。

在“高级设置”列表框中显示了有关文件和文件夹的一些高级设置选项，用户可根据需要选择选项，单击“应用”按钮既可应用所选设置。

单击“还原为默认值”按钮，可还原为系统默认的选项设置。

(3)“搜索”选项卡。

在“搜索”选项卡中设置“搜索内容”和“搜索方式”。

【技能操作】在“常规”选项卡中分别设置不同的“浏览文件夹”和“打开项目的方式”，设置再打开文件夹，比较设置结果；设置“查看”选项卡“隐藏文件和文件夹”将 D 盘“桌面备份”隐藏文件夹显示出来，并将文件夹设置为文档属性，掌握还原隐藏文件夹的方法。

8. 搜索文件和文件夹

Windows 7 提供的搜索文件或文件夹功能可以帮用户快速查找文件或文件夹。

搜索文件或文件夹的具体操作如下：

单击“开始”按钮，在“搜索”栏输入文件或文件夹名称，输入信息即开始搜索，Windows 7 会将搜索的结果在当前对话框中显示，双击搜索后显示的文件或文件夹，即可打开该文件或文件夹。

模糊搜索：应用通配符 *、? 号对只知道文件或文件夹的名称的部分字符情况下实现模糊搜索，* 代表多个字符位，? 代表一个字符位。如“*.txt”表示所有扩展名为 txt 的文件，“A? b*. *”表示首字符为 A，第三个字符为 b 的所有文件。

【技能操作】搜索 C 盘所有文本文件，即在搜索框中输入“*.txt”；搜索 C 盘所有第二个字符为 b 的文件，即在搜索框中输入“? b*. *”。

9. 设置共享

Windows 7 网络方面的功能设置更加强大，可以与他人共享单个文件和文件夹，甚至整个库。

(1)“共享对象”菜单。

共享某些内容最快速的方式是使用新的“共享对象”菜单。共享选项取决于共享的文件和计算机连接到的网络类型：家庭组、工作组或域。

在家庭组中共享文件和文件夹：右击要共享的项目，在弹出的快捷菜单中单击“共享对象”，如图 2—23 所示可选择：不共享、家庭组（读取）、家庭组（读取/写入）。

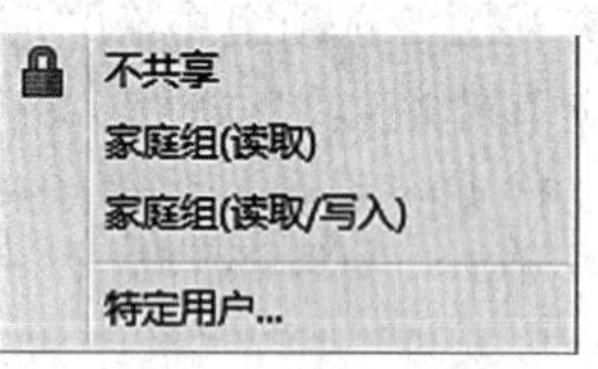

图 2—23 “共享”选项

1）工作组或域中共享文件和文件夹。

右键单击要共享的项目，单击“共享对象”，然后单击“特定用户”，此选项将打开文件共享向导，选择与其共享项目的单个用户。如图 2—24 所示，在“文件共享”向导中单击文本框旁的箭头，从列表中单击名称，然后单击“添加”。在“权限级别”中可设置读取、读取/写入，添加完用户后，单击“共享”，如果系统提示输入管理员密码或进行确认，则键入该密码或提供确认。如果看不到“共享对象”菜单，则可能是正在尝试共享网络或其他不受支持的位置上的项目。当选择个人文件夹之外的文件时，该菜单也不会出现。如果启用了密码保护的共享，则要与其共享的用户必须在您的计算机上具有用户账户和密码才能访问共享项目。

密码保护的共享位于控制面板中的“高级共享设置”下。默认情况下，该共享处于打开状态。

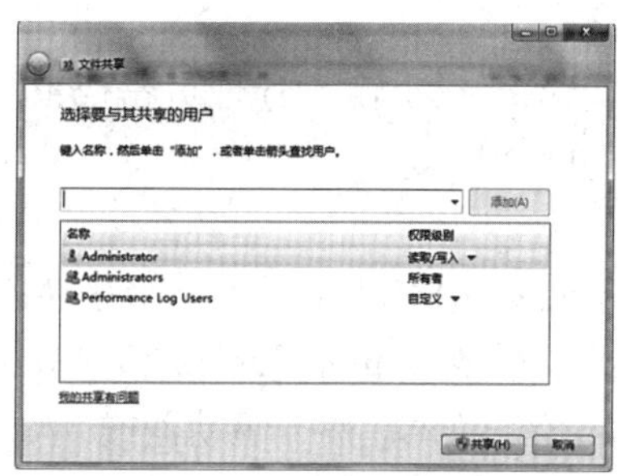

图 2—24　选择要与其共享的用户

2）停止共享文件或文件夹。

右键单击要停止共享的项目，单击“共享对象”，如图 2—24 所示，单击“不共享”。

（2）公用文件夹。

可以通过将文件和文件夹复制或移动到 Windows 7 公用文件夹之一（例如公用音乐或公用图片）来共享文件和文件夹。依次单击“开始”按钮、用户账户名称，如图 2—25 所示，单击“库”旁边的箭头展开文件夹进行查找。

图 2—25　公用文件夹包含在 Windows 库中

打开或关闭“公用文件夹共享”的步骤如下：

单击打开“高级共享设置”。单击 V 形图标展开当前的网络配置文件。在“公用文件夹共享”下，选择下列选项之一：

1）启用共享以便可以访问网络的用户可以读取和写入公用文件夹中的文件。

2）关闭公用文件夹共享（登录到此计算机的用户仍然可以访问这些文件夹）。

单击“保存更改”。如果系统提示输入管理员密码或进行确认，则键入该密码或提供确认。

打开或关闭密码保护的共享的步骤如下：

单击打开“高级共享设置”。单击 V 形图标展开当前的网络配置文件。在“密码保护的共享”下，选择下列选项之一：

1）启用密码保护的共享。

2）关闭密码保护的共享。

单击“保存更改”。如果系统提示输入管理员密码或进行确认，键入该密码或进行确认。

(3) 高级共享。

出于安全考虑，在 Windows 中有些位置不能直接使用“共享对象”菜单共享。若要共享整个驱动器或系统文件夹（包括 Users 和 Windows 文件夹），需要启用“高级共享”。一般情况下，不建议共享整个驱动器或 Windows 系统文件夹。

使用“高级共享”共享的步骤如下：

右键单击驱动器或文件夹，单击“共享对象”，然后单击“高级共享”。

如图 2—26 所示，在显示的对话框中，单击“高级共享”。如果系统提示输入管理员密码或进行确认，需键入密码或提供确认。

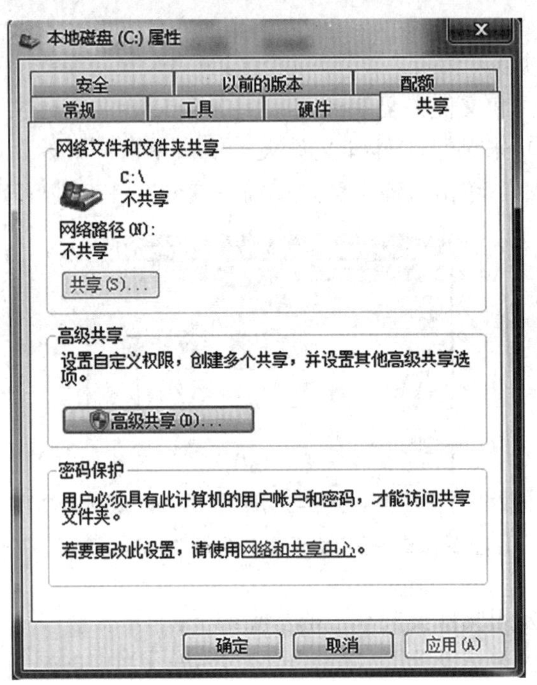

图 2—26　高级共享

在“高级共享”对话框中，选中“共享该文件夹”复选框。若要指定用户或更改权限，需单击“权限”。单击“添加”或“删除”来添加或删除用户或组。选择每个用户或组，选中要为用户或组分配的权限对应的复选框，然后单击“确定”。完成后，单击“确定”。

Windows 7 中不能共享驱动器号后有美元符号的驱动器的根目录。例如，不能将 D 驱动器的根目录共为“D$”，但可以将其共享为“D”或任何其他名称。

【技能操作】在 D 盘已创建名称为“人事部”的文件夹，将该文件夹设置为共享，使局域网内所有用户都能浏览文件夹中的文件，而不能修改共享文件夹中的文件。

二、使用资源管理器

资源管理器可以以分层的方式显示计算机内所有文件的详细图表。使用资源管理器可以更方便地实现浏览、查看、移动和复制文件或文件夹等操作，用户可以不必打开多个窗口，而只在一个窗口中就可以浏览所有的磁盘和文件夹。

打开资源管理器：单击“开始”按钮打开“开始”菜单，选择“更多程序”→“附件”→“Windows 资源管理器”命令，打开“Windows 资源管理器”对话框，如图 2—27 所示。

图 2—27　“Windows 资源管理器”对话框

在该对话框中可以很方便地看到文件夹结构，左边的窗格显示了所有收藏夹、库、磁盘和文件夹列表，窗口下边用于显示选定的磁盘和文件夹信息，右侧窗格中列出了选定磁盘和文件夹可以执行的任务等详细信息。

任务实训

1. 在 E 盘创建“公司办公”文件夹，在该文件夹下分别创建“通知”“文件”“业务”“下载”“其他”文件夹。在“业务”文件夹中创建文件“5 月商品入库表 . doc”。搜索 C 盘扩展名为 TXT 的文件，选择一个文件拷贝到“其他”文件夹中。删除“5 月商品入库表 . doc”后到回收站中查看，并恢复该文档。设置“文件”文件夹为“只读”属性。

2. 在 E 盘创建一个名为“AB. txt”的文件，将该文件设置为隐藏文件，然后通过“文件夹选项”对话框“查看”选项卡设置显示全部或不显示隐藏文件，查看隐藏结果，再将该文件设置为只读。

3. 设置第 1 题中的“业务”文件夹为共享，到局域网中的另一台电脑上查看并访问共享文件夹。

任务四　磁盘管理

📖任务引导

怎样对磁盘进行格式化？维护磁盘和数据有哪些方法？

📖任务目标

掌握磁盘格式化的方法；会对磁盘进行检测和碎片整理；会备份。

📖任务实施

一、格式化磁盘

格式化磁盘就是在磁盘内进行分割磁区，作内部磁区标识，以方便存取，格式化后磁盘中的信息全部丢失。格式化硬盘又可分为高级格式化和低级格式化，高级格式化是指在 Windows 7 操作系统下对硬盘进行的格式化操作；低级格式化是指在高级格式化操作之前，对硬盘进行的分区和物理格式化。

进行格式化磁盘的具体操作如下：

若要格式化的磁盘是移动硬盘或优盘，应先将其插入相应接口；若要格式化的磁盘是硬盘，则右击要格式化的盘符图标，如图 2—28 所示在弹出的快捷单中单击“格式化”命令打开“格式化”对话框（见图 2—29）。

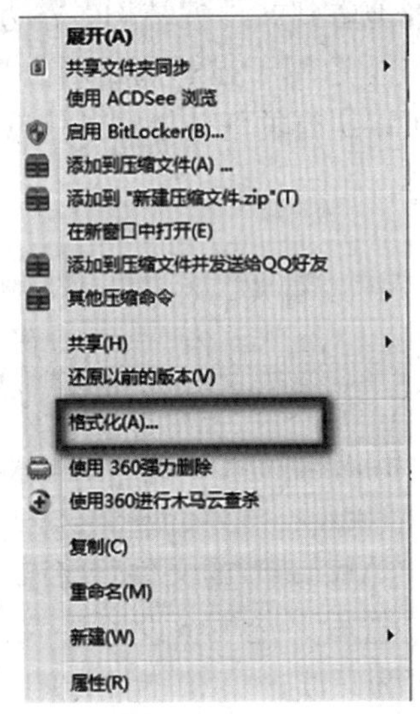

图 2—28　包含“格式化”的快捷菜单

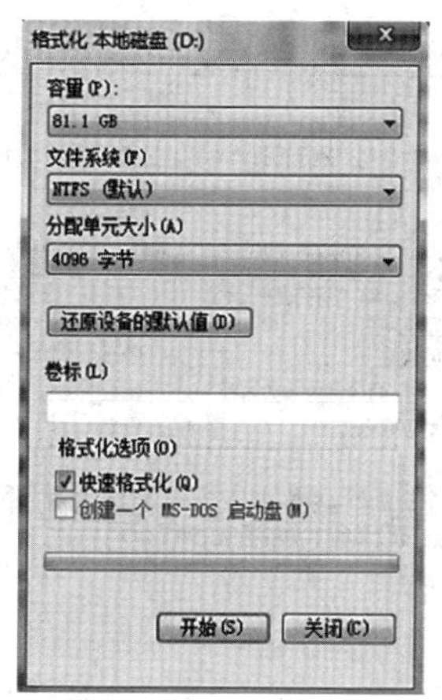

图 2—29　“格式化”对话框

在“文件系统”下拉列表中可选择 NTFS 或 FAT32，在“分配单元大小”下拉列表中可选择要分配的单元大小。若需要快速格式化，可选中“快速格式化”复选框。

快速格式化不扫描磁盘的坏扇区，直接从磁盘上删除文件。只有在磁盘已经进行过格式化而且确认该磁盘没有损坏的情况下才使用该选项。

单击“开始”按钮，将弹出“格式化警告”对话框，若确认要进行格式化，单击“确定”按钮即可开始进行格式化操作。这时在“格式化”对话框中的“进程”框中可看到格式化的进程。出现“格式化完毕”对话框，单击“确定”按钮即可。

二、清理磁盘

使用磁盘清理程序可以帮助用户释放硬盘驱动器空间，删除临时文件、Internet 缓存文件和可以安全删除不需要的文件，腾出占用的系统资源，以提高系统性能。

磁盘清理程序的具体操作如下：

单击“开始”按钮，选择“所有程序”→“附件”→“系统工具”→“磁盘清理”命令。打开“选择驱动器”对话框，如图 2—30 所示。在该对话框中可选择要进行清理的驱动器，单击“确定”按钮可弹出该驱动器的“磁盘清理”对话框，选择“磁盘清理”选项卡，如图 2—31 所示。

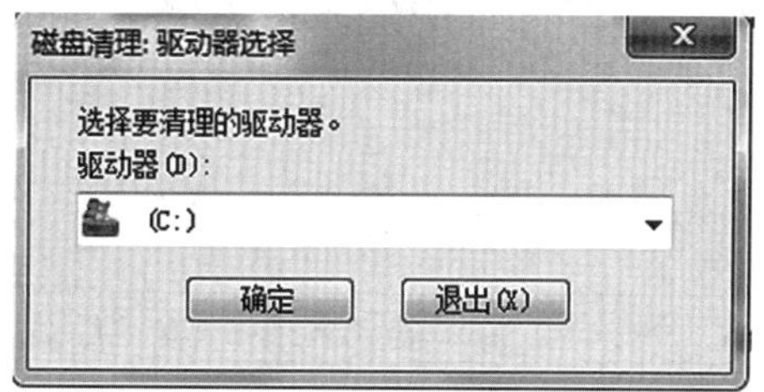

图 2—30　“选择驱动器”对话框

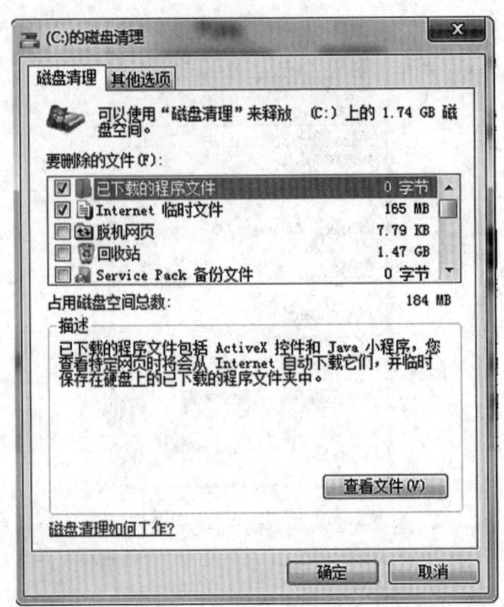

图 2—31 “磁盘清理”选项卡

在该选项卡中的“要删除的文件”列表框中列出了可删除的文件类型及其所占用的磁盘空间大小，选中某文件类型前的复选框，在进行清理时即可将其删除。单击“确定”按钮，将弹出“磁盘清理”确认删除对话框，单击“是”按钮，弹出显示清理进度的“磁盘清理”对话框，清理完毕后，该对话框将自动消失。

若要删除不用的可选 Windows 组件或卸载不用的安装程序，可选择“其他选项”选项卡，如图 2—32 所示。

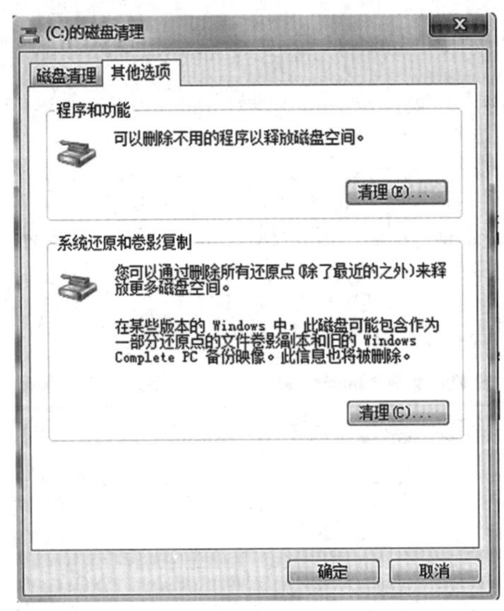

图 2—32 “其他选项”选项卡

在该选项卡中单击“程序和功能”选项组中的“清理”按钮，打开“程序和功能”窗口，可卸载或更改已安装的程序，若在该窗口中单击“打开或关闭 Windows 功能”可删除不用的可选 Windows 组件。

在“磁盘清理”选项卡中单击“系统还原和卷影复制”选项组中的“清理”按钮，可以通过所有还原点（除了最近的之外）来释放更多的磁盘空间。在某些版本的 Windows 中，此磁盘可能包含作为一部分还原点的文件卷影副本和旧的 Windows Complete PC 备份映像，删除这些信息释放空间。

【技能操作】应用“磁盘清理”清理 D、E 盘上的磁盘空间；清理 Windows 组件中的“Outlook Express”。

三、整理磁盘碎片

较多的碎片会使硬盘的执行速度变慢，从而降低计算机的速度。可移动存储设备（如 USB 闪存驱动器）也可能产生碎片。磁盘碎片整理程序可以重新排列碎片数据，以便磁盘和驱动器能够更有效地工作。磁盘碎片整理程序可以按计划自动运行，但也可以手动分析磁盘和驱动器以及对其进行碎片整理。

运行磁盘碎片整理程序的具体操作如下：

单击“开始”按钮，“所有程序”→“附件”→“系统工具”→“磁盘碎片整理程序”命令，打开“磁盘碎片整理程序”对话框，如图 2—33 所示。

图 2—33　“磁盘碎片整理程序”对话框

在“当前状态”下，选择要进行碎片整理的磁盘进行“分析磁盘”。如果系统提示输入管理员密码或提供确认，请键入该密码或提供确认。在 Windows 完成分析磁盘后，可以在“上一次运行时间”中检查磁盘上碎片的百分比。如果数字高于 10%，则应该对磁盘碎片整理。

单击“磁盘碎片整理”，如果系统提示输入管理员密码或进行确认，请键入该密码或提供确认。磁盘碎片整理程序可能需要几分钟到几小时才能完成，具体取决于硬盘碎片的大小和程度。在碎片整理过程中，仍然可以使用计算机。如果磁盘已经由其他程序独占使用，或者磁盘使用 NTFS 文件系统、FAT 或 FAT32 之外的文件系统格式化，则无法对该磁盘进行碎片整理。

【技能操作】检查D磁盘的碎片情况。

四、查看磁盘属性

磁盘的属性通常包括磁盘的类型、文件系统、空间大小、卷标信息等常规信息，以及磁盘的查错、碎片整理等处理程序和磁盘的硬件信息等。

1. 查看磁盘的常规属性

查看磁盘的常规属性可执行以下操作：

双击“计算机”图标，打开“计算机”对话框。右击要查看属性的磁盘图标，在弹出的快捷菜单中选择“属性”命令。打开“磁盘属性”对话框，选择“常规”选项卡，如图2—34所示。

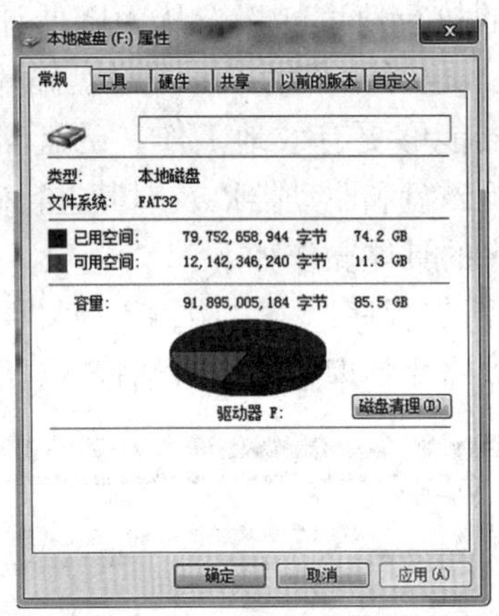

图2—34　“常规”选项卡

在该选项卡中，可以在最上面的文本框中键入该磁盘的卷标；在该选项卡的中部显示了该磁盘的类型、文件系统、已用空间有可用空间等信息；在该选项卡以饼图显示了该磁盘的容量、已用空间和可用空间的比例信息。

2. 工具选项卡

“工具”选项卡如图2—35所示，包括查错、碎片整理和备份三项内容。

(1) 进行磁盘查错。

用户在经常进行文件的移动、复制、删除及安装、删除程序等操作后，可能会出现坏的磁盘扇区，这时可执行磁盘查错程序，以修复文件系统的错误、恢复坏扇区等。

执行磁盘查错程序的具体操作如下：

双击“计算机”图标，打开“计算机”窗口。右击要进行磁盘查错的磁盘图标，在弹出的快捷菜单中选择“属性”命令。打开“磁盘属性”对话框，选择“工具”选项卡，如图2—35所示。单击“查错”选项组中的“开始检查”按钮，弹出“检查磁盘”对话框，如图 2—36 所示。

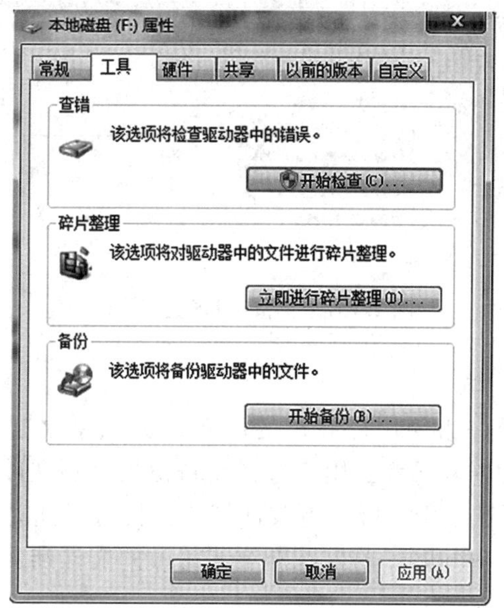

图 2—35 “工具”选项卡

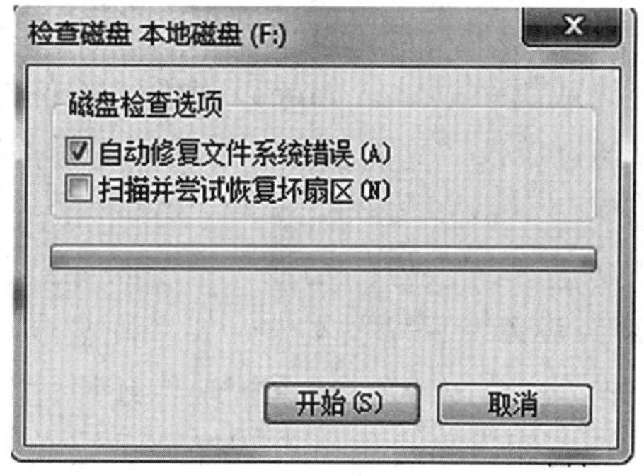

图 2—36 “检查磁盘”对话框

在该对话框中用户可选择“自动修复文件系统错误”和“扫描并试图恢复坏扇区”选项，单击“开始”按钮，即可开始进行磁盘查错，在“进度”框中可看到磁盘查错的进度。磁盘查错完毕后将弹出“正在检查磁盘”对话框，单击“确定”按钮即可。

(2) 单击“碎片整理”选项组中的“开始整理”按钮，可执行“磁盘碎片整理程序”。

(3) 备份与还原。

在图 2—35 中单击“开始备份”打开“备份和还原”窗口，如图 2—37 所示。

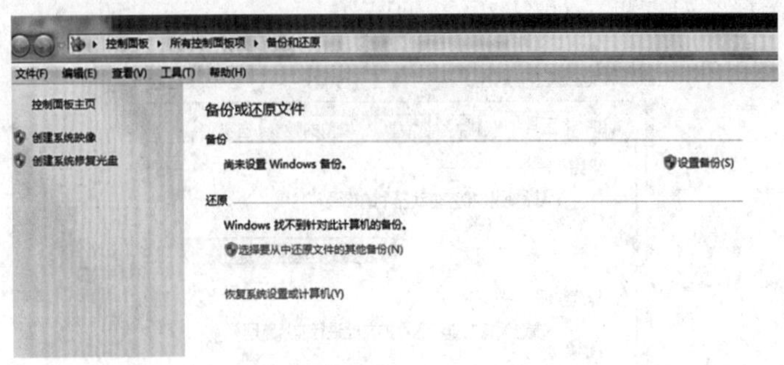

图 2—37 “备份和还原”窗口

1）文件备份。

Windows 备份允许为使用计算机的所有人员创建数据文件的备份。可以让 Windows 选择备份的内容或者由用户选择要备份的个别文件夹、库和驱动器。默认情况下，将定期创建备份。可以更改计划，并且可以随时手动创建备份。设置 Windows 备份之后，Windows 将跟踪新增或修改的文件和文件夹并将它们添加到备份中。

创建文件备份的操作步骤如下：

单击打开“备份和还原”，如果以前从未使用过 Windows 备份，如图 2—38 所示单击“设置备份”，然后按照向导中的步骤操作。如果系统提示输入管理员密码或提供确认，请键入密码或提供确认。如果以前创建了备份，则可以等待定期计划备份发生，或者可以通过单击“立即备份”手动创建新备份。

2）系统映像备份。

Windows 备份提供创建系统映像的功能，系统映像是驱动器的精确映像。系统映像包含 Windows 系统设置、程序及文件。如果硬盘或计算机无法工作，则可以使用系统映像来还原计算机的内容。从系统映像还原计算机时，将进行完整还原，不能选择个别项进行还原，当前的所有程序、系统设置和文件都将因为系统映像还原被替换。尽管此类型的备份包括个人文件，但还是建议使用 Windows 备份定期备份文件，以便根据需要还原个别文件和文件夹。

创建系统映像备份的操作步骤如下：

单击打开“备份和还原”窗口（见图 2—37），单击窗口左侧的“创建系统映像”弹出相应对话框（见图 2—38），指定创建的位置（可以指定到磁盘、碟片和网络上），单击“下一步”，指定要备份的磁盘（见图 2—39），单击“下一步”创建系统映像。

3）从备份还原文件。

用户可以还原丢失、受到损坏或意外更改的备份版本的文件，也可以还原个别文件、文件组或者已备份的所有文件。

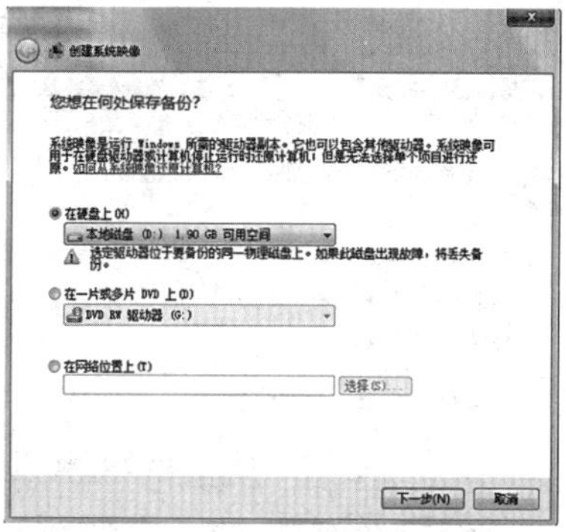

图 2—38　指定存放系统映像的位置

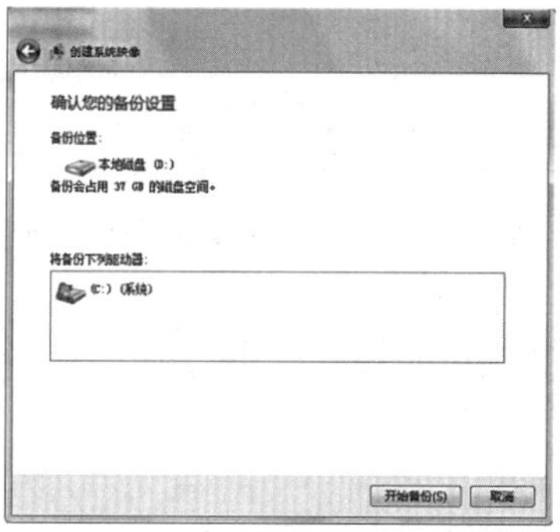

图 2—39　指定要备份的磁盘

从备份还原文件的操作步骤如下：

单击打开“备份和还原”，若要还原文件，请单击“还原我的文件”。若要还原所有用户的文件，单击“还原所有用户的文件”。若要浏览备份的内容，单击“浏览文件”或“浏览文件夹”。浏览文件夹时，将无法查看文件夹中的个别文件。若要查看个别文件，使用“浏览文件”选项。

【技能操作】查看磁盘 C 的剩余空间；在 D 盘创建“文件”文件夹，应用“设置备份”对该文件夹创建备份。

3. 查看并设置共享

应用“共享”选项卡可以查看当前磁盘、网络文件和文件夹的共享信息。应用“高级共享”可以设置自定义权限，创建多个共享，并设置其他高级共享选项。应用“密码保护”可以设置打开此共享的用户账户和密码。

4. 设置“ReadyBoost”

如图 2—40 所示，应用“ReadyBoost”选项卡可以查看、设置当前设备上的可用空间以加快系统运行速度。可设置的选项包括三项：不使用这个设备、该设备专用于“ReadyBoost”、使用这个设备。

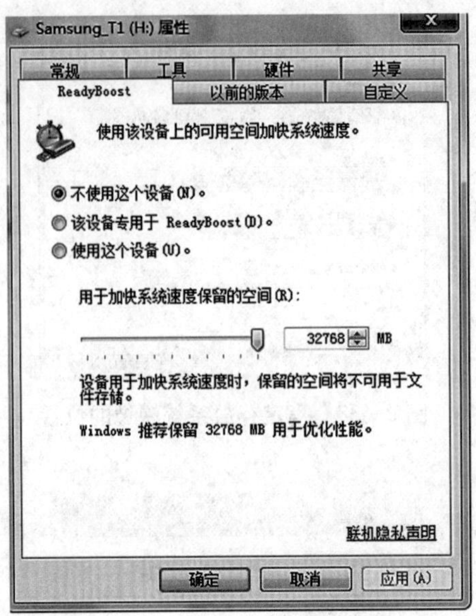

图 2—40 “ReadyBoost”选项卡

选择该选项时可设置该设备上的预留空间用于加快系统速度，保留的空间将不用于文件存储。

5. 自定义

如图 2—41 所示，应用“自定义”选项卡可以更改优化文件和文件夹图片。

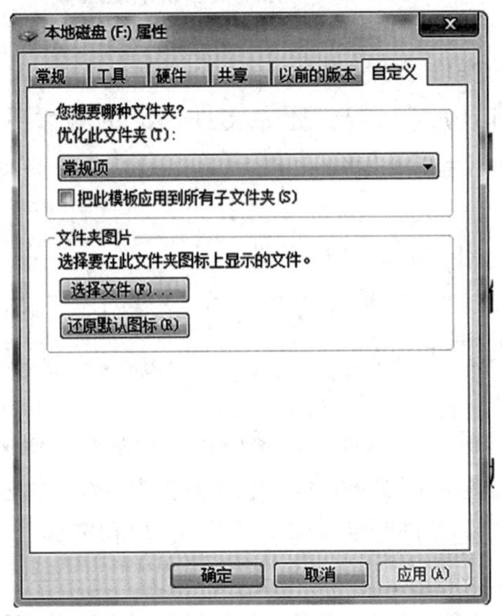

图 2—41 “自定义”选项卡

【技能操作】将在 D 盘创建的“文件”文件夹图标更改为放大镜图标。

📖任务实训

1. 什么情况下需要格式化？格式化有什么好处？
2. 练习进行磁盘清理与磁盘碎片整理，理解其功能。
3. 查看磁盘 E 的常规属性。
4. 练习对 D 盘查错。

任务五 显示、系统与程序管理

📖任务引导

拥有个性化的显示风格，自主地管理系统软、硬件资源，Windows 的管理使人们的工作更加赏心悦目。

📖任务目标

会打开控制面板；掌握分辨率、桌面背景、主题、屏幕保护程序等显示属性设置；会应用“系统”管理设备；会安装、卸载、更新程序和组件。

📖任务实施

一、Windows 7 控制面板

“控制面板”是 Windows 的功能控制和系统配置中心，这些设置几乎控制了有关 Windows 外观和工作方式的所有设置，用户对 Windows 进行设置使其更加适合应用的需要。

打开“控制面板”的方法：选择“开始”→“控制面板”命令，打开“控制面板”。

首次打开“控制面板”时，将看到如图 2—42 所示的“控制面板”分类视图，这些项目按照分类进行组织。

图 2—42 控制面板分类视图窗口

在分类视图下，用鼠标指针指向某图标或类别名称，可查看“控制面板”中某一项目的详细信息。单击项目图标或类别名，可打开该项目。部分项目会打开可执行的任务列表和选择的单个控制面板项目。

在控制面板窗口“查看方式”中选择“大图标”“小图标”，可以看到所需的具体项目，双击项目图标，即可打开该项目。控制面板经典视图显示如图 2—43 所示。

图 2—43　控制面板经经典视图窗口

二、Windows 7 显示属性

在中文版 Windows 7 系统中为用户提供了设置个性化桌面的空间，系统自带了许多精美的图片，用户可以将它们设置为墙纸；通过显示属性的设置，用户还可以改变桌面的外观，或选择屏幕保护程序，还可以为背景加上声音，通过这些设置可以使用户的桌面更加赏心悦目。

在进行显示属性设置时，可以在桌面上的空白处右击，在弹出的快捷菜单中选择“属性”命令，这时会出现“显示”窗口（见图 2—44），在其中包含的功能项：“调整分辨率”“校准颜色”“更改显示器设置”“个性化”等，用户可以在各项中进行个性化设置。

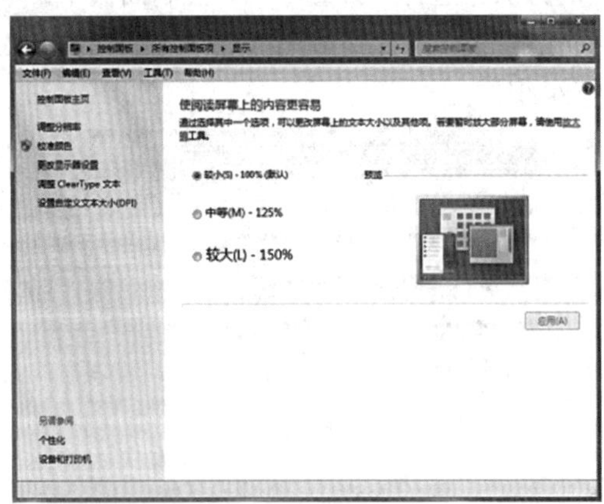

图 2—44　显示窗口

1. 调整分辨率

对显示屏幕分辨率的设置，如图 2—44 所示，单击左侧“调整分辨率”，打开图 2—45 所示窗口。

图 2—45　调整分辨率

在“分辨率”中，可以单击下拉按钮来调整分辨率，分辨率越高在屏幕上显示的信息越多，画面就越逼真。在“方向”中选择显示方向。

单击“高级设置”按钮，弹出“通用即插即用监视器”对话框，在其中有关于显示器及显卡的硬件信息设置，如图 2—46 所示。

图 2—46　“通用即插即用监视器”对话框

在“适配器”选项卡中，显示了显示适配器的类型，以及适配器的其他相关信息，包括芯片类型、内存大小等。单击“属性”按钮，弹出“适配器”属性对话框，可以在此查看适配器的使用情况，还可以进行驱动程序的更新。单击“列出所有模式”可以选择系统提供的包含分辨率、颜色、刷新频率的多种模式。

在“监视器”选项卡中，可以设置监视器的颜色、刷新频率。

在“疑难解答”选项卡中，可以设置有助于用户诊断与显示有关的问题。

在“颜色管理”选项卡中，可以通过添加、修改颜色配置文件和校准显示器。

2. 校准颜色

校准显示器有助于确保颜色在显示器上的正确显示。在 Windows 7 中，可以使用“显示颜色校准”功能来校准显示器。

开始显示颜色校准的步骤：

单击打开“显示颜色校准”。在“显示颜色校准”中，单击“下一步”继续。使用“显示颜色校准”调整不同的颜色设置后，显示器将拥有一个包含新颜色设置的新校准。新的校准将与屏幕显示关联，并由颜色管理程序使用。

3. 个性化设置

如图 2—44 所示，单击“个性化”弹出如图 2—47 所示“个性化”窗口。应用此窗口可以个性化设置桌面背景、窗口颜色、声音、屏幕保护程序等。

图 2—47 “个性化”窗口

(1) 主题设置。

主题是计算机上的图片、颜色和声音的组合。它包括桌面背景、屏幕保护程序、窗口边框颜色和声音方案。某些主题也可能包括桌面图标和鼠标指针。

Windows 提供了多个主题。可以选择 Aero 主题使计算机个性化；如果计算机运行缓慢，可以选择 Windows 7 基本主题；如果希望屏幕更易于查看，可以选择高对比度主题。还可以联机获取更多主题。

（2）自定义主题。

1）更改桌面图标。

可以选择在桌面上显示或隐藏常用的 Windows 功能，如“计算机”“网络”和“回收站”。

按照以下步骤将快捷方式添加至桌面显示：

单击打开“个性化”，在左窗格中单击“更改桌面图标”，在“桌面图标”下选中要在桌面上显示的每个图标对应的复选框，清除与不想要显示的图标对应的复选框，然后单击“确定”。

若将相应图标复选框的“√”取消，则取消相应图标在桌面的显示。

2）更改鼠标指针。

单击打开“个性化”，在左窗格中单击“更改鼠标指针”，单击打开“鼠标属性”，单击“指针”选项卡，选择新的鼠标指针方案，若要更改单个指针，则在“自定义”下单击列表中要更改的指针。

3）桌面背景。

如图 2—47 所示，单击“桌面背景”，可以设置自己的桌面背景，在“背景”中提供了多种风格的图片，可根据自己的喜好来选择图片或纯色，也可以通过浏览的方式调入自己喜爱的图片，还可以设置图片显示间隔时间，以幻灯片的方式显示。

对选择的图片有“填充”“适应”“居中”“平铺”“拉伸”五种位置设置。

4）窗口颜色。

如图 2—47 所示，单击“窗口颜色”，打开“窗口颜色和外观”窗口（见图 2—48）用户可以改变窗口边框、开始菜单、任务栏颜色和透明效果。

图 2—48 “窗口颜色和外观”对话框

5）声音。

如图 2—47 所示，单击“声音”打开“声音”对话框，如图 2—49 所示设置声音方案和程序事件。

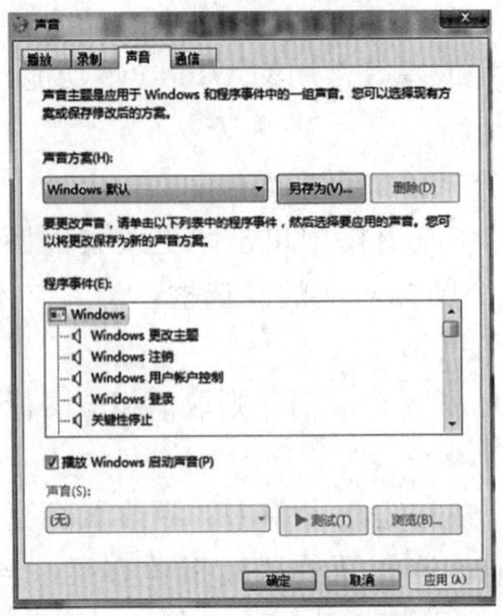

图 2—49　“声音”对话框

6）屏幕保护程序。

当暂时不对计算机进行任何操作时，可以使用“屏幕保护程序”将显示屏幕屏蔽掉，这样可以节省电能，有效地保护显示器，并且防止其他人在计算机上进行任意的操作，从而保证数据的安全。

单击“屏幕保护程序”，打开“屏幕保护程序设置”对话框，如图 2—50 所示，在“屏幕保护程序”下拉列表框中提供了各种静止和活动的样式，当选择了一种活动的程序后可以设置程序参数。

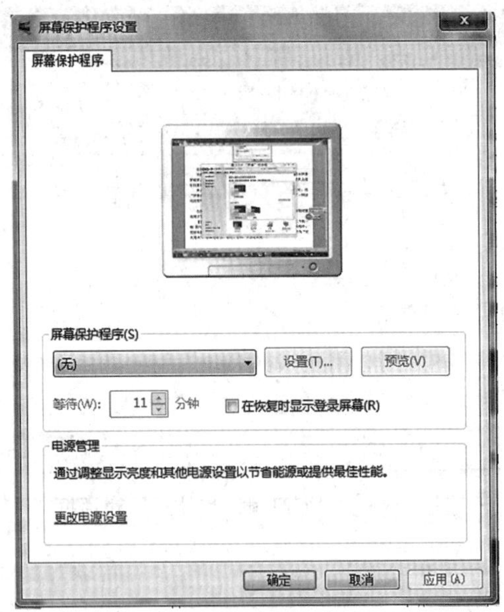

图 2—50　“屏幕保护程序设置”对话框

如果要调整监视器的电源设置来节省电能，单击“更改电源设置”按钮设置电源计划，制定适合自己的节能方案。

【技能操作】更改显示分辨率，如 1024×768，800×600；从网上下载一幅图片，并设置桌面背景；从网上下载一个 Aero 主题，并应用到当前系统中；更改鼠标指针为“香蕉”形状；设置屏幕保护程序为“三维文字”，设置文字为“屏幕保护中”，字体为隶书，等待 1 分钟，并预览效果。

三、系统管理

在“控制面板”中单击“系统”图标打开“系统”窗口，如图 2—51 所示，应用该窗口可以查看有关计算机的基本信息，进行设备管理和远程设置，设置系统保护，进行高级系统设置。

图 2—51 “系统”窗口

1. 查看计算机的基本信息，更改计算机名称、域、工作组、家庭组

如图 2—51 所示，在右侧“查看有关计算机的基本信息”中可以查看的信息有：Windows 版本号、系统处理器、内存、系统类型等。

单击“更改设置”打开“系统属性”对话框，如图 2—52 所示，在“计算机名”选项卡中可设置计算机描述。单击“网络 ID”可使用向导将计算机加入到域、工作组和家庭组。单击“更改”按钮打开“计算机名/域”对话框，更改计算机名称，设置隶属的域和工作组。

域、工作组和家庭组之间的区别：域、工作组和家庭组表示在网络中组织计算机的不同方法。它们之间的主要区别是对网络中的计算机和其他资源的管理方式。网络中基于 Windows 的计算机必须属于某个工作组或某个域。家庭网络中的基于 Windows 的计算机也可以属于某个家庭组，但不是必需的。家庭网络中的计算机通常是工作组的一部分，也可能是家庭组的一部分，而工作区网络上的计算机通常是域的一部分。

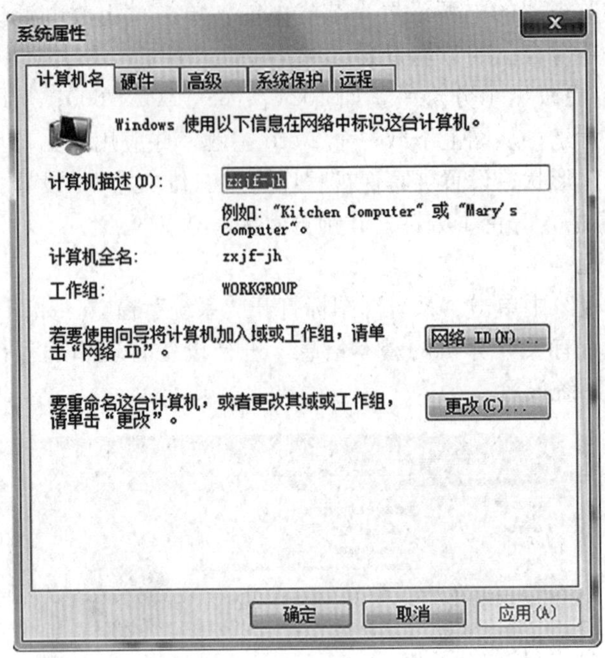

图 2—52 “系统属性”对话框

2. 设备管理器

如图 2—53 所示，设备管理器提供计算机上所安装硬件的图形视图。所有设备都通过一个称为“设备驱动程序”的软件与 Windows 通信。使用设备管理器可以安装和更新硬件设备的驱动程序、修改这些设备的硬件设置以及解决问题。使用设备管理器只能管理“本地计算机”上的设备。在“远程计算机”上，设备管理器将仅以只读模式工作，此时允许查看该计算机的硬件配置，但不允许更改该配置。

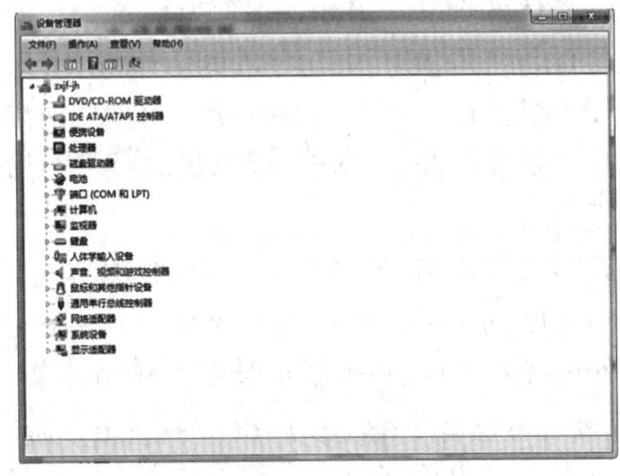

图 2—53 “设备管理器”窗口

打开“设备管理器”的方法：单击“开始”按钮，在搜索框中输入“设备管理器”，然后在结果列表中单击“设备管理器”：打开“控制面板”中的“系统”，单击“设备管理器”。

（1）查看设备信息。

使用设备管理器，可以看到硬盘配置的详细信息，包括其状态、正在使用的驱动程序以及其他信息。

1）查看设备的状态。

打开设备管理器，双击要查看的设备类型，右键单击所需的设备，然后单击“属性”，在“常规”选项卡上，“设备状态”区域显示当前状态的描述。

如果设备遇到问题，则显示问题的类型。还可能看到问题代码和编号，以及建议的解决方案。如果显示“检查解决方案”按钮，还可以通过单击该按钮向 Microsoft 提交 Windows 错误报告。

2）查看隐藏的设备。

最常见的隐藏设备类型是安装了驱动程序，但当前未连接的设备。在打开的设备管理器“查看”菜单上单击“显示隐藏的设备”可以查看计算机上的隐藏设备。

3）查看有关设备驱动程序的信息。

在打开的设备管理器中查找并右键单击所需的特定设备，然后单击“属性”：在“驱动程序”选项卡上显示有关当前已安装驱动程序的信息，单击“详细信息”按钮可以查看更详细的驱动程序信息。

（2）安装设备及其驱动程序。

1）安装即插即用设备。

将新设备插入到计算机中，在“发现新硬件”对话框中选择“查找并安装驱动程序软件”，选择此选项将开始安装过程。若选择“稍后再询问我”则不安装设备且不更改计算机的配置，如果下次登录到计算机时该设备仍插入，则会再次显示此对话框。若选择“不要为此设备再次显示此消息”，选择此选项会将即插即用服务配置为不安装此设备的驱动程序，并且不会使设备起作用。若要完成设备驱动程序的安装，必须断开设备，然后重新进行连接。

2）安装非即插即用设备。

打开设备管理器，右键单击细节窗格中顶部的节点，单击“添加过时硬件”，在“添加硬件向导”中，单击“下一步”，然后按屏幕上的说明执行操作。

3）更新或更改用于设备的驱动程序。

打开设备管理器，双击要更新或更改的设备的类型，右键单击所需的设备，然后单击“更新驱动程序”，按照“更新驱动程序软件”向导中的说明执行操作。

4）启用或禁用即插即用设备。

启用即插即用设备：打开设备管理器，右键单击所需的设备，然后单击“启用”。如果设备处于禁用状态，则将只列出“启用”。也可以在设备的“属性”页上启用设备。在“常规”选项卡的底部，如果存在“更改设置”则单击它，然后在“驱动程序”选项卡上单击“启用”。如果系统提示重新启动计算机，则直到重新启动计算机后才会启用设备。

禁用设备：右键单击所需的特定设备，然后单击“禁用”。禁用设备时，物理设备保持与计算机的连接，但设备驱动程序处于禁用状态。启用设备时，驱动程序再次可用。如果想使计算机拥有多种硬件配置，或者如果拥有在扩展槽中使用的便携式计算机，则禁用设备很有用。如果系统提示重新启动计算机，则设备将不会被禁用并继续运行，直到重新启动计算机为止。禁用设备并重新启动计算机之后，将释放分配给设备的资源，并可以将其分配给其他设备。某些设备无法禁用，如磁盘驱动器和处理器之类的设备。

(3) 卸载或重新安装设备。

1) 卸载设备。

打开设备管理器，双击要卸载的设备的类型，右键单击所需的特定设备，然后单击“卸载”。也可以双击设备，然后在“驱动程序”选项卡上单击“卸载”。

如果还要从驱动程序存储区中删除设备驱动程序包，则在“确认设备删除”页中选择“删除此设备的驱动程序软件”。

单击“确定”以完成卸载过程。卸载过程完成时，需要从计算机中拔出设备。如果系统提示重新启动计算机，则删除未完成，且设备可能继续运行，直到重新启动计算机为止。

2) 重新安装即插即用设备。

只有在设备工作不正常或已完全停止工作时需要重新安装设备。重新安装设备前，请尝试重新启动计算机并检查设备，以确定其是否正常运行。如果运行不正常，则请尝试重新安装该设备。

打开设备管理器，按照前面过程中的说明执行操作以卸载设备。

如果提示重新启动计算机，则执行以下步骤：

插入设备，然后重新启动计算机。Windows 在重新启动之后将检测并重新安装该设备。

如果未提示重新启动计算机，执行以下步骤：

在设备管理器的“操作”菜单中，单击“扫描检测硬件改动”，按照屏幕上的说明进行相关操作。

【技能操作】更改当前计算机名为“员工 1”，工作组为“项目部”；卸载“设备管理器”中的声音驱动，再重新安装该驱动程序；禁用“本地连接”，查看网络的连通性，再启用“本地连接”。

四、程序管理

1. 添加新程序

“添加程序”可以帮助用户管理计算机上的程序和 Windows 组件。

（1）安装程序。

如何添加程序取决于程序的安装文件所处的位置。通常程序从 CD 或 DVD、从 Internet 或从网络安装。

1）从 CD 或 DVD 安装程序的步骤。

将光盘插入计算机，然后按照屏幕上的说明操作。从 CD 或 DVD 安装的许多程序会自动启动程序的安装向导。在这种情况下，将显示“自动播放”对话框，然后可以进行选择并运行该向导。

程序的安装文件名通常为 Setup. exe 或 Install. exe。

2）从 Internet 安装程序的步骤。

在 Web 浏览器中，单击指向程序的链接。若要立即安装程序，单击“打开”或“运行”，然后按照屏幕上的指示进行操作。若要以后安装程序，单击“保存”，然后将安装文件下载到计算机上。做好安装该程序的准备后，双击该文件，并按照屏幕上的指示进行操作。这是比较安全的选项，因为可以在继续安装前扫描安装文件中的病毒。

（2）打开/关闭 Windows 功能。

在“程序和功能”窗口单击“打开或关闭 Windows 功能”，打开如图 2—54 所示的“Windows 功能”对话框，若要打开一种功能，则选择其复选框。若要关闭一种功能，则清除其复选框。

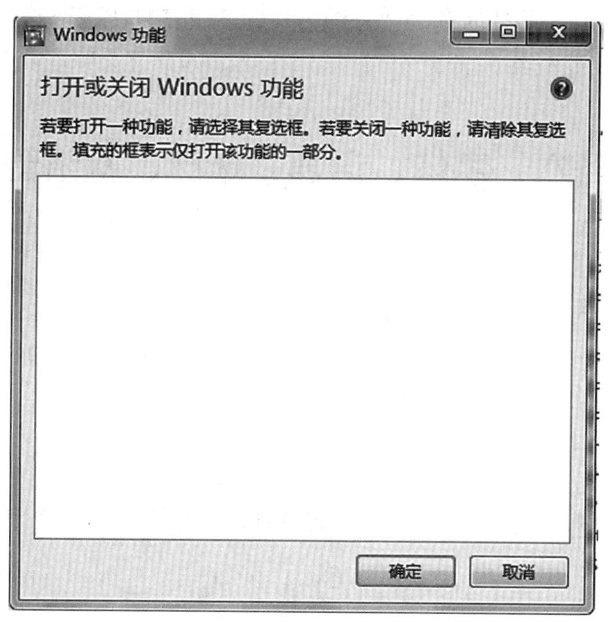

图 2—54 “Windows 组件向导”对话框

安装 Windows 7 功能的操作时一般需要准备 Windows 7 安装盘备用。

2. 卸载或更改程序

如果不再使用某个程序，或者如果希望释放硬盘上的空间，则可以从计算机上卸载该程序。可以使用“程序和功能”卸载程序，或通过添加或删除某些选项来更改程序配置。

单击打开“程序和功能”，选择程序，然后单击“卸载”。

除了卸载选项外，某些程序还包含更改或修复程序选项，但许多程序只提供卸载选项。若要更改程序，请单击“更改”或“修复”。

【技能操作】练习卸载 QQ。

3. 查看已安装的更新

单击“查看已安装的更新”，系统列出当前安装的更新列表，选定列表项可卸载该更新。

【技能操作】应用“打开或关闭 Windows 功能”安装“打印和文件服务”。

🕮任务实训

1. 从网上下载桌面主题并安装到系统中。

2. 练习更新本机声卡驱动程序。

3. 举例说明如何删除（卸载）程序。

4. 在网上下载或拷贝图像，设置为幻灯片式的桌面背景；设置“屏幕保护程序”为“飞越星空”，等待时间为 3 分钟，勾选“恢复时使用密码保护”；设置“电源”3 分钟后关闭监视器。

任务六　字体、语言、账户、网络管理

🕮任务引导

从网上下载新字体安装到系统中；设置多个用户账户可以拥有各自不同的风格；为本机设置网络，在局域网中共享数据资源。

🕮任务目标

掌握安装、删除字体的方法；会设置管理用户账户；会设置本机网络与共享。

🕮任务实施

一、字体的安装与删除

字体用于显示屏幕上文本和打印文本。

1. 字体的安装

将新字体添加到计算机系统中的步骤为：

（1）打开“字体”窗口。

选择“开始”→“控制面板”，若是控制面板分类视图，单击“外观和个性化”选项，打开“外观和个性化”窗口，在“请参阅”任务窗格中单击“字体”。若是控制面板经典视图，直接双击“字体”图标。打开如图 2—55 所示的“字体”窗口。

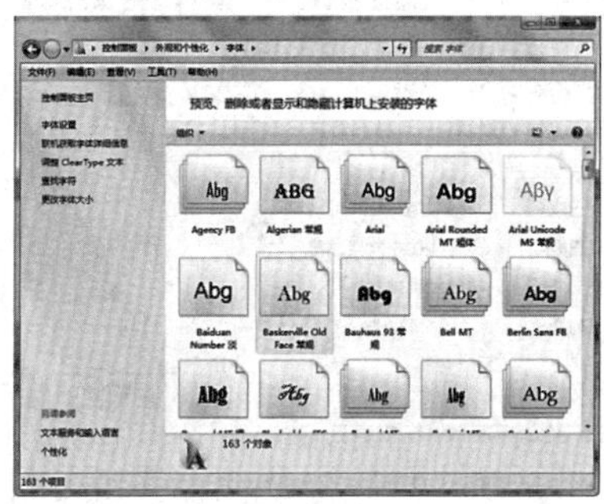

图 2—55 “字体”窗口

（2）安装新字体。

右键单击要安装的字体，然后单击“安装”。

还可以通过将字体拖动到“字体”控制面板页来安装字体或应用复制粘贴到字体文件夹。

2. 字体的删除

单击打开“字体”，单击要删除的字体。若要一次选择多种字体，在单击每种字体时按住 Ctrl 按钮。在工具栏中单击“删除”。

【技能操作】从网上下载自己喜欢的艺术字体，并安装到系统中。

二、区域语言设置

通过“控制面板”中的“区域选项”，可以更改 Windows 7 显示日期、时间、货币和数字的方式。也可以选择公制或者美国的度量制。如果使用多种语言工作，或与说其他语言的人交流，则可能需要安装其他语言组。安装的每个语言组均允许输入和阅读时使用该组语言（例如西欧和美国、中欧等）撰写的文档。每种语言均有默认的键盘布局，但许多语言还有其他的布局。

进行区域设置的方法是：选择“开始”→“控制面板”，若是控制面板分类视图，则单击“时钟、语言和区域”选项，在打开的“时钟、语言和区域”窗口中，单击“区域和语言”。若是控制面板经典视图，直接双击“区域和语言”图标。打开如图 2—56 所示的“区域和语言”对话框。

在“格式”选项卡中，单击要使用的日期、时间、数字和货币格式。若对系统给出的选项不满意，还可以通过单击“其他设置”按钮进行自定义设置。

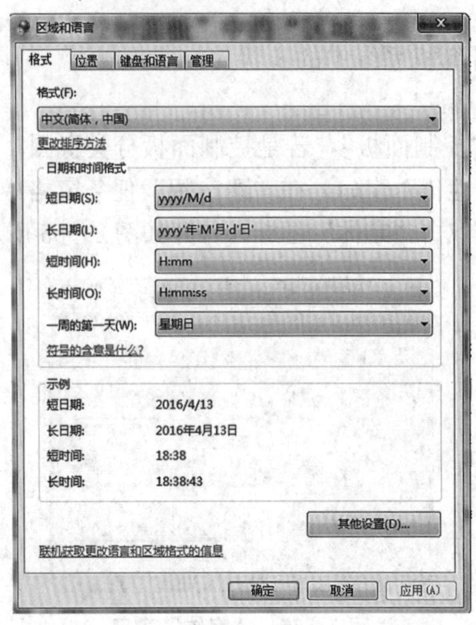

图 2—56　“区域和语言选项”对话框

在“键盘和语言”选项卡中，单击“更改键盘”打开“文字服务和输入语言”对话框，如图 2—57 所示，在该对话框中可以进行多种输入语言、文字服务和键盘布局的选择，可以设置语言栏的显示方式，定义输入法的快捷键，还可以对输入法编辑器、语音和手写识别程序进行设置。

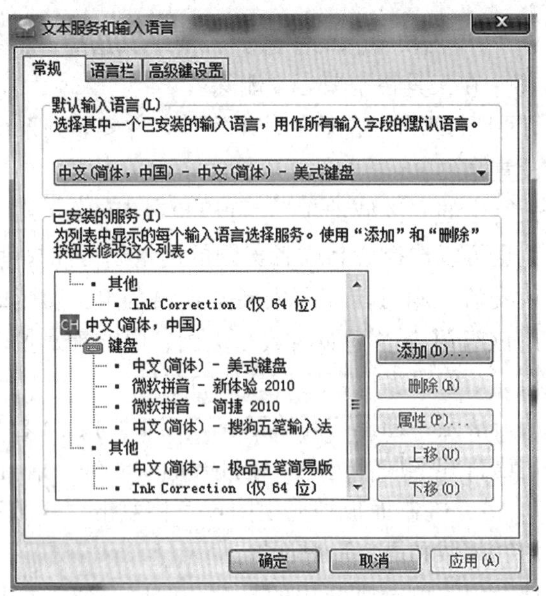

图 2—57　“文字服务和输入语言”对话框

【技能操作】更改短日期格式为“yyyy—mm—dd”，更改货币符号为“$”。

三、用户账户

在 Windows 7 中允许多个用户登录，不同的用户可以拥有不同的个性化设置。在 Windows 环境下切换用户账户时，只要在“用户账户”窗口更改用户登录和注销方式中快速切换。在退出计算机系统时，出现一个要求用户进行选择的对话框，这时可以选择“切换用户”命令，就能够保留当前用户正在运行的程序，而迅速登录到另一个用户账户，当该用户再次登录时，可以返回到切换前的状态。

Windows 7 系统中有三种类型的账户：标准用户、管理员、来宾。

1. 新用户的建立

选择“开始”→“控制面板”，若是控制面板分类视图，则单击“用户账户和家庭安全”选项。若是控制面板经典视图，直接双击“用户账户”图标。打开如图 2—58 所示的“用户账户设置”窗口。

图 2—58　“用户账户设置”窗口

在“用户账户”窗口中，单击“管理其他账户”弹出“管理账户”窗口如图 2—59 所示，单击“创建一个新账户”，如图 2—60 所示，在打开的向导窗口中键入新用户账户的名称，设置账户类型，然后单击“创建账户”完成账户创建。

图 2—59　“管理账户”窗口

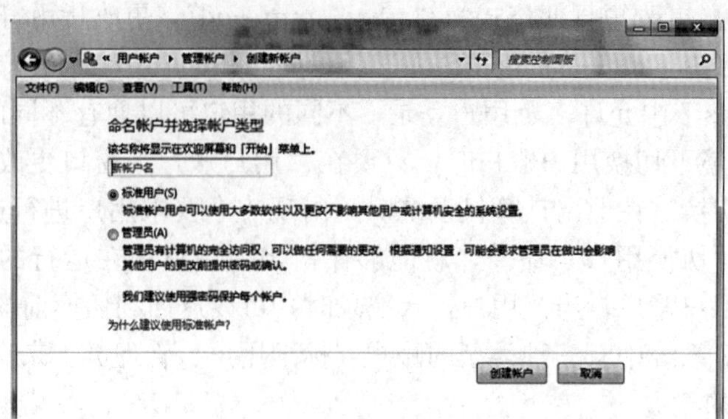

图 2—60 “创建新账户”窗口

【技能操作】创建管理员账户“老爸”，创建标准用户“小宝”。

2. 用户账户的删除

当系统中的某一用户账户不再使用，可从“管理账户”窗口中单击要删除的用户，在弹出“更改账户”窗口中单击“删除账户”，在出现的窗口中选择是否保留删除账户的文件，如果保留选“保留文件”，不保留选“删除文件”，在最后出现的确认删除窗口中，选择“删除账户”，即可删除该用户。

3. 用户账户设置更改

在“更改账户”窗口中，单击“更改账户名称”，可更改用户账户的登录名。

单击“更改密码”，可创建更改用户账户的密码。

单击“删除密码”，可删除用户账户的密码。

单击“更改图片”可以更改用户账户的登录图标。

单击“更改账户类型”可以更改用户的账户类型。

单击“设置家长控制”可以限制儿童使用计算机的时段、可以玩的游戏类型以及可以运行的程序。当家长控制阻止了对某个游戏或程序的访问时，将显示一个通知声明已阻止该程序。孩子可以单击通知中的链接，以请求获得该游戏或程序的访问权限。家长可以通过输入账户信息来允许其访问。若要为孩子设置家长控制，需要有一个自己的管理员用户账户。在开始设置之前，确保要为设置家长控制的每个孩子都有一个标准的用户账户。家长控制只能应用于标准用户账户。

【技能操作】给管理员账户“老爸”设置密码 ddeS123，给标准用户“小宝”设置密码 bbeS456，为两个不同的用户设置不同的图片，对“小宝”设置家长控制。

四、网络和共享中心

应用网络和共享中心如图 2—61 所示可以设置使用家庭或小型办公网络，共享 Internet 连接或打印机、查看和处理共享文件，以及共享计算机程序等。

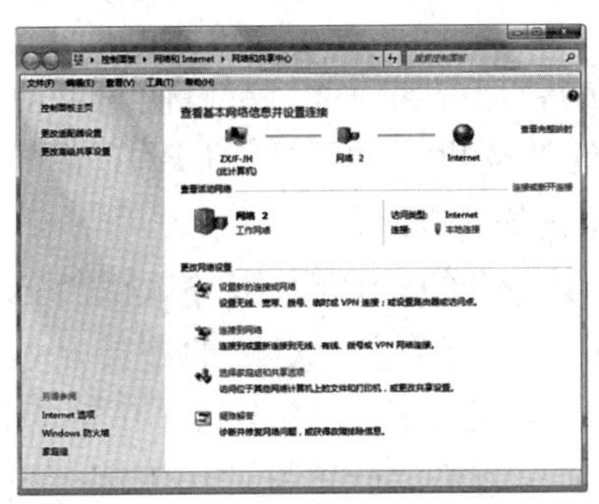

图 2—61　网络和共享中心

1. 设置家庭/小型办公网络

设置家庭网络确定所希望的网络类型并具备必要硬件之后，需要执行以下四个步骤：

（1）安装所有必要的硬件。

给所有计算机中安装网络适配器，将网络适配器通过网络传输介质、网络设备（路由器/交换机/调制解调器）连接到计算机。

（2）设置 Internet 连接。

要设置 Internet 连接，则需要电缆或 DSL 调制解调器以及由 Internet 服务提供商（ISP）提供的账户。若不需要 Internet 连接，则使用网络来共享 Internet 连接。

（3）连接计算机。

常见的连接方法有：以太网网络、无线网络、HomePNA 网络、Powerline 网络。

（4）运行设置网络向导（仅适用于无线网络）。

如果是有线网络，插入以太网电缆后即可连接。如果是无线网络，则在连接到路由器的计算机上设置网络向导。

2. 更改适配器设置

（1）“网络连接”窗口。

单击如图 2—61 所示“网络和共享中心”窗口左侧的“更改适配器设置”打开“网络连接”窗口。

在窗口中单击需要更改的本地连接，可以更改的设置项目：禁用此网络设备、诊断这个连接、重命名连接、查看此连接的状态、更改此连接的设置。

在窗口中双击本地连接打开“本地连接状态”对话框，可以更改本地连接属性、禁用和诊断连接。

（2）更改网络适配器 TCP/IP 设置。

TCP/IP 可定义计算机与其他计算机的通信方式，是实现计算机联网的必要条件。

若要使 TCP/IP 设置的管理更加简单，可以使用自动动态主机配置协议（DHCP），DHCP 会为网络中的计算机自动配置 TCP/IP 设置（例如域名系统（DNS）和 Windows Internet 名称服务（WINS））。

若要用 DHCP 或更改其他 TCP/IP 设置，执行以下步骤：

单击打开“网络连接”，右键单击要更改的连接，然后单击“属性”。或在图 2—61 中单击“本地连接”，然后单击“属性”打开“本地连接属性”对话框，如图 2—62 所示。在“网络”选项卡“此连接使用下列项目”下单击“Internet 协议版本 4（TCP/IPv4）”或“Internet 协议版本 6（TCP/IPv6）”，然后单击“属性”打开“TCP/IP 属性”对话框，如图 2—63 所示。

指定 IPv4 IP 地址设置：

1）若要使用 DHCP 自动获得 IP 设置，单击“自动获得 IP 地址”，然后单击“确定”。

2）若要指定 IP 地址，单击“使用下面的 IP 地址”，然后在“IP 地址”、“子网掩码”和“默认网关”框中输入 IP 地址设置。

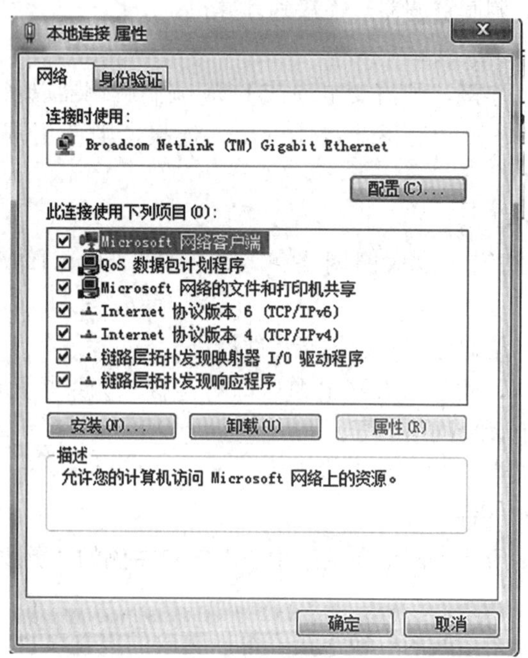

图 2—62　设置“本地连接属性”对话框

DNS 服务器地址设置：

1）若要使用 DHCP 自动获得 DNS 服务器地址，则单击“自动获得 DNS 服务器地址”，然后单击“确定”。

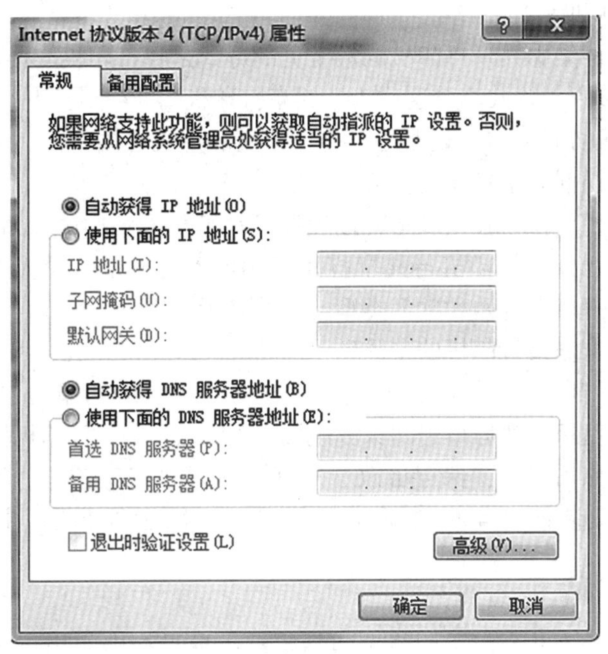

图 2—63　设置“TCP/IP 属性”对话框

2）若要指定 DNS 服务器地址，则单击“使用下面的 DNS 服务器地址”，然后在“首选 DNS 服务器”和“备用 DNS 服务器”框中，输入主 DNS 服务器和辅助 DNS 服务器的地址。

【技能操作】查看你所在计算机的 IP 地址、DNS 地址、默认网关、子网掩码。

3. 更改高级共享设置

单击“网络和共享中心”窗口左侧的“更改高级共享设置”打开“高级共享设置”窗口，可以更改设置网络发现、文件和打印机共享、公用文件夹共享、受密码保护的共享、家庭组连接以及文件共享连接。

（1）网络发现。

如果已启用网络发现，则此计算机可以发现其他网络计算机和设备，而其他网络计算机也可发现此计算机。存在三种网络发现状态：启用、禁用、自定义。

（2）文件和打印机共享。

启用文件和打印机共享时，网络上的用户可以访问通过此计算机共享的文件和打印机。

1）共享文件或文件夹。

最快速的方式是使用“共享对象”菜单，将文件夹设置为共享并赋予权限后，将需要共享的文件或文件夹放到该共享文件夹中，通过联网的其他计算机就可以访问该共享文件了。

2）共享打印机。

在家庭办公网络中共享打印机的最常见的方式是将打印机连接到其中一台 PC，然后在 Windows 中设置共享，这称为“共享打印机”。共享打印机的优点是它可与任何 USB 打印机协同工作。缺点是连接打印机的主机必须打开，否则网络中的其他计算机将不能访问共享打印机。

“网络打印机”（作为独立设备直接连接到计算机网络中的设备），在大型办公室中被广泛使用。网络打印机与共享打印机相比不同的是不受主机的影响，可以随时使用。网络打印机有两种常见类型：有线和无线。

手动连接到家庭组打印机的步骤：

在物理连接打印机的计算机上，单击“开始”按钮，再单击“控制面板”，在搜索框中键入家庭组，然后单击“家庭组”。确保已选中“打印机”复选框（如果没有，请选中，然后单击“保存更改”），单击打开“家庭组”，单击“安装打印机”，如果尚未安装该打印机的驱动程序，则在出现的对话框中单击“安装驱动程序”。

（3）公用文件夹共享。

打开公用文件夹共享时，网络上包括家庭组成员在内的用户都可以访问公用文件夹的文件。

还可以通过将文件和文件夹复制或移动到 Windows 7 公用文件夹之一（例如公用音乐或公用图片）来共享文件和文件夹。可以通过依次单击“开始”按钮、用户账户名称，然后单击“库”旁边的箭头展开文件夹进行查找。

“公用文件夹共享”打开时，计算机或网络上的任何人均可以访问这些文件夹。在其关闭后，只有在您的计算机上具有用户账户和密码的用户才可以访问。

打开或关闭“公用文件夹共享”的步骤：

单击打开“高级共享设置”，单击“v”形图标展开当前的网络配置文件，在“公用文件夹共享”下，选择下列选项之一：

启用共享以便可以访问网络的用户可以读取和写入公用文件夹中的文件；

关闭公用文件夹共享（登录到此计算机的用户仍然可以访问这些文件夹）。

单击“保存更改”。

（4）媒体流。

当媒体流被打开时，网络上的人员和设备便可以访问该计算机上的图片、音乐以及视频。该计算机还可以在网络上查找媒体。

（5）文件共享连接。

Windows 7 使用 128 位加密帮助保护文件共享连接，某些设备不支持 128 位加密，必须使用 40 或 56 位加密。

（6）密码保护的共享。

如果已启用密码保护的共享，则只有具备此计算机的用户账户和密码的用户才可以访问共享文件、连接到此计算机的打印机以及公用文件夹。若要使其他用户具备访问权限，必须关闭密码保护的共享。

【技能操作】将一台计算机的打印机设置为共享，在联网的另一台计算机中创建网络打印机。

📖任务实训

1. 分别创建“标准”账户“军军”（密码：jj222)、“管理员”账户“刘老爸”（密码：ba333)，并设置密码和图片。应用“开始”菜单切换用户并登录。

2. 在本机D盘创建文件夹“人事部”，在文件夹中创建“人事通知.txt”文件，设置该文件夹共享，在另一台联网的计算机上访问“人事通知.txt”。

3. 从网上下载“QQ五笔”并安装到系统，设置语言栏悬浮于桌面上，在语言栏上显示文本标签。

4. 从网上下载“书体坊于右任标准草书”，将该字库安装到系统中，打开WORD输入汉字，设置字体为“书体坊于右任标准草书”。

思考练习

一、单项选择题

1. 在 Windows 7 中，对桌面背景的设置可以通过（　　）。
   A. 鼠标右键单击“我的电脑”，选择“属性”菜单项
   B. 鼠标右键单击“开始”菜单
   C. 鼠标右键单击桌面空白区，选择“个性化”菜单项
   D. 鼠标右键单击任务栏空白区，选择“属性”菜单项
2. Windows 7 目前有（　　）版本。
   A. 3　　B. 4　　C. 5　　D. 6
3. 以下输入法中重码最少的是（　　）。
   A. 智能 ABC　　B. 区位码　　C. 五笔输入法　　D. 简拼输入法
4. 在 Windows 7 的各个版本中，支持的功能最多的是（　　）。
   A. 家庭普通版　　B. 家庭高级版　　C. 专业版　　D. 旗舰版
5. 在 Windows 7 操作系统中，将打开窗口拖动到屏幕顶端，窗口会（　　）。
   A. 关闭　　B. 消失　　C. 最大化　　D. 最小化
6. 在 Windows 7 操作系统中，显示桌面的快捷键是（　　）。
   A. win+D　　B. win+P　　C. win+Tab　　D. Alt+Tab
7. 在 Windows 7 操作系统中，打开外接显示设置窗口的快捷键是（　　）。
   A. win+D　　B. win+P　　C. win+Tab　　D. Alt+Tab

8. 在 Windows 7 的各个版本中，支持的功能最少的是（　　）。
   A. 家庭普通版　B. 家庭高级版　C. 专业版　D. 旗舰版
9. 安装 Windows 7 操作系统时，系统磁盘分区必须为（　　）格式才能安装。
   A. FAT　B. FAT16　C. FAT32　D. NTFS
10. 在 Windows 7 操作系统中，显示 3D 桌面效果的快捷键是（　　）。
   A. win+D　B. win+P　C. win+Tab　D. Alt+Tab
11. 在下列软件中，属性计算机操作系统的是（　　）。
   A. Windows 7　B. Word 2010　C. Excel 2010　D. PowerPoint 2010
12. 为了保证 Windows 7 安装后能正常使用，采用的安装方法是（　　）。
   A. 升级安装　B. 卸载安装　C. 覆盖安装　D. 全新安装
13. 上档字符键是指（　　）键。
   A. Enter　B. Shift　C. Alt　D. Ctrl
14. 文件的类型可以根据（　　）来识别。
   A. 文件的大小　B. 文件的用途　C. 文件的扩展名　D. 文件的存放位置
15. 五笔字型有（　　）种类型。
   A. 2　B. 3　C. 4　D. 5
16. 下列哪个键单独使用一般不起作用（　　）。
   A. Enter　B. Shift　C. Alt　D. Ctrl
17. 在 Windows 7 中说法不正确的是（　　）。
   A. 可以建立多个用户账户　B. 只能一个用户账户访问系统
   C. 当前用户账户可以切换　D. 可以注销当前用户账户
18. 下列哪一个操作系统不是微软公司开发的操作系统?（　　）
   A. Windows Service 2003　B. Windows 7　C. Linux　D. Vista
19. 关于 Windows 7 操作系统，下列说法正确的是（　　）。
   A. 是用户与软件的接口　B. 不是图形用户界面操作系统
   C. 是用户与计算机的接口　D. 属于应用软件
20. 在 Windows 7 中，关于桌面上的图标，正确的说法是（　　）。
   A. 删除桌面上的应用程序的快捷方式图标，就是删除对应的应用程序软件
   B. 删除桌面上的应用程序的快捷方式图标，并未删除对应的应用程序软件
   C. 在桌面上建立应用程序的快捷方式图标，就是将对应的应用程序软件复制到桌面上
   D. 在桌面上只能建立应用程序快捷方式图标，而不能建立文件夹快捷方式图标
21. 在 Windows 7 中，如果要删除桌面上的图标或快捷图标则可以通过（　　）。
   A. 按鼠标右键单击桌面空白区，然后选择弹出式菜单中相应的命令项
   B. 在图标上点左键，然后选择弹出式菜单中相应的命令项

C. 在图标上点右键，然后选择弹出式菜单中相应的命令项
D. 以上操作均不对

22. 装有 Windows 7 系统的计算机正常启动后，我们在屏幕上首先看到的是（　　）。
A. Windows 7 的桌面　　B. 关闭 Windows 的对话框
C. 有关帮助信息　　D. 出错信息

23. 下列关于 Windows 7 的“关闭选项”说法中错误的是（　　）。
A. 选择“锁定”选项，若要再次使用计算机一般来说必须输入密码
B. 计算机进入“睡眠”状态时将关闭正在运行的应用程序
C. 若需要退出当前用户而转入另一个用户环境，可以“注销”选项来实现
D. 通过“切换用户”选项也能快速地退出当前用户，并回到“用户登入界面”

24. 五笔字型由（　　）位编码组成。
A. 2　　B. 3　　C. 4　　D. 5

25. Windows 7 系统提供的用户界面是（　　）。
A. 交互式的问答界面　　B. 显示器界面
C. 交互式的字符界面　　D. 交互式的图形界面

26. Windows 7 操作系统的主要功能是（　　）。
A. 实现软、硬件转换　　B. 管理计算机系统所有的软、硬件
C. 把源程序转换为目标程序　　D. 进行数据处理

27. Windows 7 操作系统的特点不包括（　　）。
A. 图形界面　　B. 多任务　　C. 即插即用　　D. 卫星通信

28. 在 Windows 7 中，“我的文档”含有三个特殊的系统自动建立的个人文件夹，以下不属于这些文件夹的是（　　）。
A. 我的图片　　B. 我的视频　　C. 我的音乐　　D. 打开的文档

29. 在 Windows 7 中，用鼠标左键单击“开始”按钮，可以打开（　　）。
A. 快捷菜单　　B. 开始菜单　　C. 下拉菜单　　D. 对话框

30. 在 Windows 7 中，为获得相关软件的帮助信息一般按的键是（　　）。
A. F1　　B. F2　　C. F3　　D. F4

31. 在 Windows 7 中，打开 Windows 资源管理器窗口，在该窗口的右上角有一个搜索框，如果有搜索第一个字符是 g，扩展名是 .exc 的所有文本文件，则可在搜索框输入（　　）。
A. ? g. exe　　B. g * . exe　　C. * . *　　D. g? . exe

32. Windows 的“桌面”是指（　　）。
A. 整个屏幕　　B. 全部窗口　　C. 某个窗口　　D. 活动窗口

33. Windows 7 中，不能对窗口进行的操作是（　　）。
A. 粘贴　　B. 移动　　C. 大小调整　　D. 关闭

34. 在 Windows 7 中桌面底部的任务栏中，可能出现的图标有（　　）。

A.“开始”按钮、打开应用程序窗口的最小化按钮、“计算机”图标
B.“开始”按钮、锁定在任务栏上的“资源管理器”图标按钮、“计算机”图标
C.“开始”按钮、锁定在任务栏上的“资源管理器”图标按钮、打开应用程序窗口的最小化按钮、位于通知区的系统时钟、音量等图标按钮
D. 以上说法都错

35. 在 Windows 中，任务栏上的“程序按钮区”（　　）。
A. 只有程序当前的图标　　B. 只有已经打开的文件名
C. 所有已打开窗口的图标　　D. 以上说法都错

36. 在 Windows 7 中、“任务栏”的其中一个作用是（　　）。
A. 显示系统的所有功能　　B. 实现被打开的窗口之间的切换
C. 只显示当前活动窗口名　　D. 只显示正在后台工作的窗口名

37. 在 Windows 7 中，Alt＋Tab 键的作用是（　　）。
A. 关闭应用程序　　B. 打开应用程序的控制菜单
C. 应用程序之间相互切换　　D. 打开“开始”菜单

38. 在 Windows 7 中，不能在“任务栏”内进行的操作是（　　）。
A. 排列桌面图标　　B. 设置系统日期和时间
C. 切换窗口　　D. 启动“开始”菜单

39. 关于 Windows 7 任务栏，下列说法不正确的是（　　）。
A. 任务栏位于桌面的底部
B. 应用程序的窗口被打开，任务栏中就有代表该应用程序的图标和名称的按钮出现
C. 应用程序窗口被“最小化”后，任务栏中不会留有代表它的图标和名称的按钮
D. 用鼠标单击应用程序窗口“最小化”按钮后，即可使它恢复成原来的窗口

40. 在 Windows 7 中，任务栏右端的“通知区域”显示的是（　　）。
A. 语言图标（即输入法切换图标）、音量控制图标、系统时钟等按钮
B. 用于多个应用程序之间切换的图标
C. 锁定任务栏上的“资源管理器”图标按钮
D.“开始”按钮

41. 用鼠标双击窗口的标题栏，则（　　）。
A. 关闭窗口　B. 最小化窗口　C. 移动窗口的位置　D. 改变窗口的大小

42. 在 Windows 7 中，要实现同时改变窗口的高度和宽度，可以拖放（　　）。
A. 窗口边框　　B. 窗口角　　C. 滚动条　　D. 菜单栏

43. 在 Windows 7 中，当一个应用程序窗口被最小化后，该应用程序将（　　）。
A. 终止运行　　B. 继续运行　　C. 暂停运行　　D. 以上都不对

44. 在 Windows 7 中，关于文件夹的描述不正确的是（　　）。

A. 文件夹是用来组织和管理文件的

B. 文件夹中可以存放子文件夹

C. 文件夹可以形象地看作一个容器，用来存放文件夹或子文件夹

D. 文件夹中不可以存放设备驱动程序

45. 在 Windows 7 中，下列关于对话框的描述，不正确的是（　　）。

A. 弹出对话框后，一般要求用户输入或选择某些参数

B. 在对话框中“输入或选择”操作完成后，按“确定”按钮对话框被关闭

C. 若想在未执行命令时关闭对话框，可选择“取消”按钮，或 ESC 键

D. 对话框不能移动

46. 关于快捷方式的说法，正确的是（　　）。

A. 它就是应用程序本身

B. 如果应用程序被删除，快捷方式仍然有效

C. 其大小与应用程序相同

D. 是指向并打开应用程序的一个指针

47. 在 Windows 7 操作环境下，要将整个屏幕画面全部复制到剪贴板中所使用的键是（　　）。

A. Print Screen　　B. Page UP　　C. Alt＋F4　　D. Ctrl＋Space

48. 在 Windows 7 中，若在某一文档中做过剪切操作，当关闭该文档后，“剪贴板”中存放的是（　　）。

A. 空白　　B. 剪切过的内容　　C. 信息丢失　　D. 以上说法都错

49. 在 Windows 7 默认环境中，下列 4 个组合键中，系统默认的中英文输入切换键是（　　）。

A. Ctrl＋空格　　B. Ctrl＋Alt　　C. Shift＋空格　　D. Ctrl＋Shift

50. 在进行 Windows 7 操作过程中，能将“当前活动窗口”复制到剪贴板中，应同时按下的组合键是（　　）。

A. Esc＋Print Screen　　B. Shift＋Print Screen

C. Ctrl＋Print Screen　　D. Alt＋Print Screen

51. 有关“任务管理器”不正确的说法是（　　）。

A. 计算机死机后，通过“任务管理器”关闭程序，有可能恢复计算机的正常运行

B. 同时按 Ctrl＋Alt＋Del 键可出现“启动任务管理器”的界面

C. “任务管理器”窗口中不能看到 CPU 的使用情况

D. 右键单击任务栏空白处，在弹出的快捷菜单也可以启动“任务管理器”

52. 在 Windows 7 中，对文件的定义正确的应该是（　　）。

A. 记录在磁盘上的一组有名字的相关信息的集合

B. 记录在磁盘上的一组有名字的相关程序的集合
C. 记录在磁盘上的一组相关数据的集合
D. 记录在磁盘上的一组相关命令的集合

53. 在 Windows 7 中，用户建立的文件默认具有的属性是（　　）。
A. 隐藏　　B. 只读　　C. 系统　　D. 存档

54. 在 Windows 7 中，关于启动应用程序的说法，不正确的是（　　）。
A. 通过双击桌面上应用程序快捷图标，可启动该应用程序
B. 在“资源管理器”中，双击应用程序名即可运行该应用程序
C. 只需选中该应用程序图标，然后右击即可启动该应用程序
D. 从“开始”中打开“所有程序”菜单，选择应用程序项，即可运行该应用程序项

55. “资源管理器”窗口的右窗口称为文件夹内容窗口，它将显示活动文件夹的内容。如果要使所显示的内容按照“名称、修改日期、类型、大小”列出。应该单击窗口工具栏中（　　）按钮，然后选择“详细”选项。
A. 查看　　B. 更改你的视图　　C. 编辑　　D. 文件

56. 在 Windows 7 中，不属于控制面板操作的是（　　）。
A. 更改桌面显示和字体　　B. 添加设备　　C. 造字　　D. 更改键盘设置

57. Windows 7 中，可以设置、控制计算机硬件配置和修改桌面个性化的应用程序是（　　）。
A. Word　　B. Excel　　C. 控制面板　　D. 资源管理器

58. 要改变任务栏右端的时间显示形式，如把 13:50 更改为下午 1:50，应该在“控制面板”下的“时钟、语言和区域”中选择（　　）。
A. 区域和语言　　B. 日期和时间　　C. 外观和个性化　　D. 系统

59. 在 Windows 7 中，下列各项中不属于在控制面板中操作的是（　　）。
A. 卸载或更改程序　　B. 管理用户账户
C. 启动“Windows 资源管理器”　　D. 外观和个性化

60. 在 Windows 7 中，下列各项中不属于在控制面板中操作的是（　　）。
A. 卸载或更改程序　　B. 管理用户账户
C. 启动“Windows 资源管理器”　　D. 外观和个性化

二、填空题

1. 在 Windows 操作系统中，“Ctrl+V”是________命令的快捷键。
2. 剪贴板是________中一块临时存放交换信息的区域。
3. Windows 7 是由________公司开发，具有革命性变化的操作系统。
4. 五笔字型一共有________个字根。
5. 在 Windows 操作系统中，“Ctrl+C”是________命令的快捷键。
6. 在安装 Windows 7 的最低配置中，硬盘的基本要求是________ GB 以上可用

空间。

7. 在 Windows 7 操作系统“Ctrl＋X”是________命令的快捷键。

8. 在安装 Windows 7 的最低配置中，内存的基本要求是________ GB 及以上。

9. 永久删除文件可以按__________快捷键。

10. Windows 窗口包括________、________、________、________、________、________、________和详细信息窗口。

11. 汉字分为________、________、________ 3 个层次。

12. 用鼠标________窗口的标题栏，可以移动窗口的位置。

13. 在 Windows 系列系统中，任务栏就是指位于桌面最下方的小长条，主要由________、________、________、________和托盘组成。

14. 在智能 ABC 输入法中，输入完文字编码后，如果按________键，系统将按词组转换编码，如果按________键，系统将按照单字转换编码。

15. Windows 7 四个默认库，分别是视频、图片、________和音乐。

16. 选定系统中的某一文件按 DEL 键，该文件就被放到________中。

17. 添加一台打印机实际上是添加该打印机________。

18. 要安装 Windows 7，系统磁盘分区必须为________格式。

19. Windows 7 中，剪贴板和回收站所占用的存储区分别属于________和________。

20. 在 Windows 7 中，要将屏幕分辨率调整到 1024＊768，进行设置时应选择控制面板中的“外观与个性化”类别下的________，其中有调整屏幕分辨率选项。

21. Windows 7 支持三种用户账户类型：________、________和来宾账户。

22. 在 Windows 7 中，在附件的“系统工具”菜单下，可以把一些临时文件、已下载的文件等进行清理，以释放磁盘空间的程序是________。

23. Windows 7 中带有很多功能强大的应用程序，其中“磁盘碎片整理程序”的主要用途是____________________。

24. Windows 7 的“系统还原”主要作用是还原到________时的状态。

25. 在 Windows 7 中，要使用“附件”中的“计算器”计算 5 的 3.7 次方的值，应选择________。

26. 在 Windows 7 附件中，“画图”程序保存文件默认的扩展名是________。

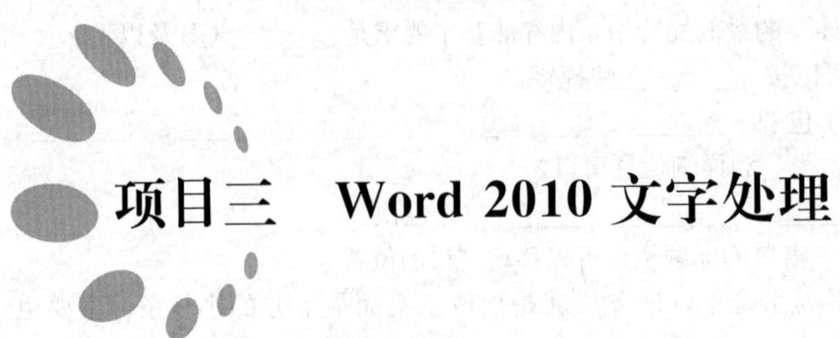

项目三　Word 2010 文字处理

项目情景：一年一度的学生与企业洽谈会在我校举行，就读于计算机专业的学生马小云也参加了此次洽谈会。学校里来了很多企业，他看中了一家广告制作公司，但看中该公司的学生特别多，该公司为了了解马小云的个人信息以及各方面情况，要求马小云递交他的个人简历。如何让自己能够在众多的应聘者中脱颖而出？马小云应该如何应用所学知识制作一份个人简历？

任务一　Word 2010 基础

📖任务引领

要想用 Word 制作一份简历，首先要学会打开 Word 2010，认识 Word 2010 窗口界面，在 Word 2010 中输入文本。

📖任务目标

掌握 Word 2010 启动、退出的常用方法，了解 Word 2010 窗口界面及环境设置，文件的创建、保存、打开及转换，掌握创建文档字符的输入及编辑，学会查找与替换的使用。

📖任务实施

一、窗口与文件管理

1. Word 2010 的启动与退出

(1) Word 2010 的启动。

使用“开始”菜单，单击“开始”——“所有程序”——“Microsoft office”——Microsoft Word 2010。

右键快捷菜单启动：在桌面空白区右击鼠标，在弹出的快捷菜单中选择“新建”——“Word 文档”命令，创建一个名称为“新建 Microsoft Word”的文件。

双击桌面快捷方式启动：双击桌面 Word 2010 快捷图标。

通过打开已有的 Word 文档启动 Word 2010，如果已经创建过 Word 文档，可以通过双击已有的 Word 文档启动 Word。

【技能操作】练习应用多种方法启动 Word 2010。

(2) Word 2010 的退出。

应用菜单退出：单击“文件”——“退出”命令。

应用右上角的“关闭”按钮。

在选择 Word 2010 退出命令后，如果事先已对 Word 文档进行保存或没有对 Word 文档进行过任何编辑修改，Word 2010 将直接退出；如果对 Word 文档进行了编辑而没有进行保存操作，系统会弹出保存的对话框。

按 Alt+F4 键退出 Word 2010。

【技能操作】练习应用多种方法退出 Word 2010。

2. 认识 Word 2010 窗口界面组成

启动 Word 2010 后打开 Word 2010 窗口，其窗口结构如图 3—1 所示。

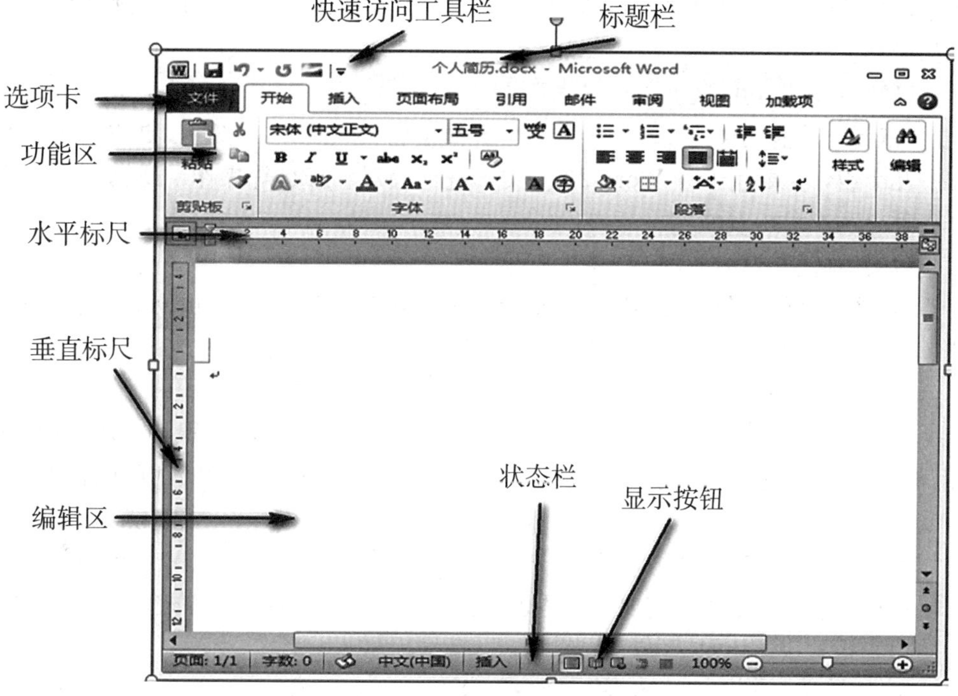

图 3—1 Word 2010 窗口界面

（1）“开始”功能区。

“开始”功能区中包括剪贴板、字体、段落、样式和编辑五个组，对应 Word 2003 的“编辑”和“段落”菜单部分命令。该功能区主要用于帮助用户对 Word 2010 文档进行文字编辑和格式设置，是用户最常用的功能区。

（2）“插入”功能区。

“插入”功能区包括页、表格、插图、链接、页眉和页脚、文本、符号和特殊符号几个组，对应功能区中“插入”菜单的部分命令，主要用于在 Word 2010 文档中插入各种元素。

（3）“页面布局”功能区。

“页面布局”功能区包括主题、页面设置、稿纸、页面背景、段落、排列几个组，对应 Word 2003 的“页面设置”菜单命令和“段落”菜单中的部分命令，用于帮助用户设置 Word 2010 文档页面样式。

（4）“引用”功能区。

“引用”功能区包括目录、脚注、引文与书目、题注、索引和引文目录几个组，用于实现在 Word 2010 文档中插入目录等比较高级的功能。

（5）“邮件”功能区。

“邮件”功能区包括创建、开始邮件合并、编写和插入域、预览结果和完成几个组，该功能区的作用比较专一，专门用于在 Word 2010 文档中进行邮件合并方面的操作。

（6）“审阅”功能区。

“审阅”功能区包括校对、语言、中文简繁转换、批注、修订、更改、比较和保护几个组，主要用于对 Word 2010 文档进行校对和修订等操作，适用于多人协作处理 Word 2010 长文档。

（7）“视图”功能区。

“视图”功能区包括文档视图、显示、显示比例、窗口和宏几个组，主要用于帮助用户设置 Word 2010 操作窗口的视图类型，以方便操作。

（8）“加载项”功能区。

“加载项”功能区包括菜单命令一个分组，加载项是可以为 Word 2010 安装的附加属性，如自定义的功能区或其他命令扩展。“加载项”功能区则可以在 Word 2010 中添加或删除加载项。

3. Word 2010 工作环境设置

可以根据自己的工作需要设置适合自己的工作环境以及工作方式。

（1）设置快速访问。

左上角快速访问工具为 。单击快速访问工具栏右侧的按钮，在展开的列表中勾选所需要的项目，即把所需要的按钮添加到快速访问工具栏中。

（2）改变 Word 2010 的配色方案。

【技能操作】将 Word 工作界面由银色改变为蓝色。

操作步骤：单击“文件”菜单，在打开的列表中单击左侧的“选项”项，打开“Word 选项”对话框，选择“常规”标签，如图 3—2 所示，在“用户界面选项”栏“配色方案”里选择“蓝”色，单击“确定”后窗口界面由银色变为蓝色。

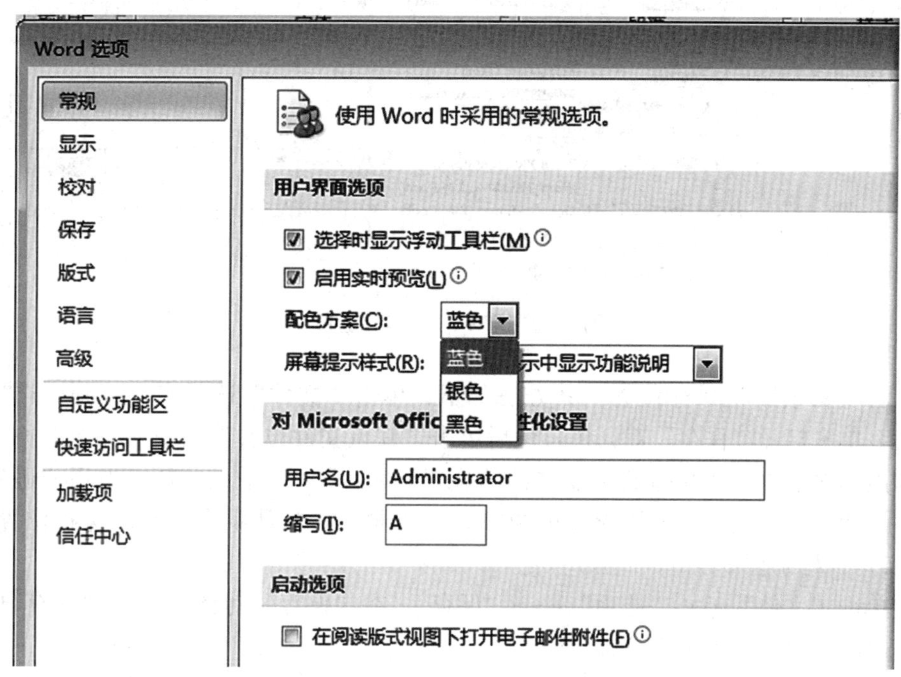

图 3—2　Word 2010 的配色方案

（3）自定义文档保存格式和位置。

在 Word 2010 中，默认保存的文档格式是“DOCX”，这种格式是 Word 2007 及 2010 的专有格式，可以通过自定义 Word 2010 的默认保存格式，直接将文档保存为 DOCX 格式的文档。

【技能操作】改变默认保存格式、位置、自动恢复时间间隔；设置单位与显示标尺。

操作步骤：单击“文件”选项卡，找到“选项”按钮，单击打开“保存”对话框，如图 3—3 所示，打开“将文件保存为此格式”下拉框，从下拉列表中选择“Word97—2003 文档（＊.doc）”，单击“确定”保存设置。完成设置后再用 Word 2010 创建文档，在默认状态下它的保存格式是 . doc。

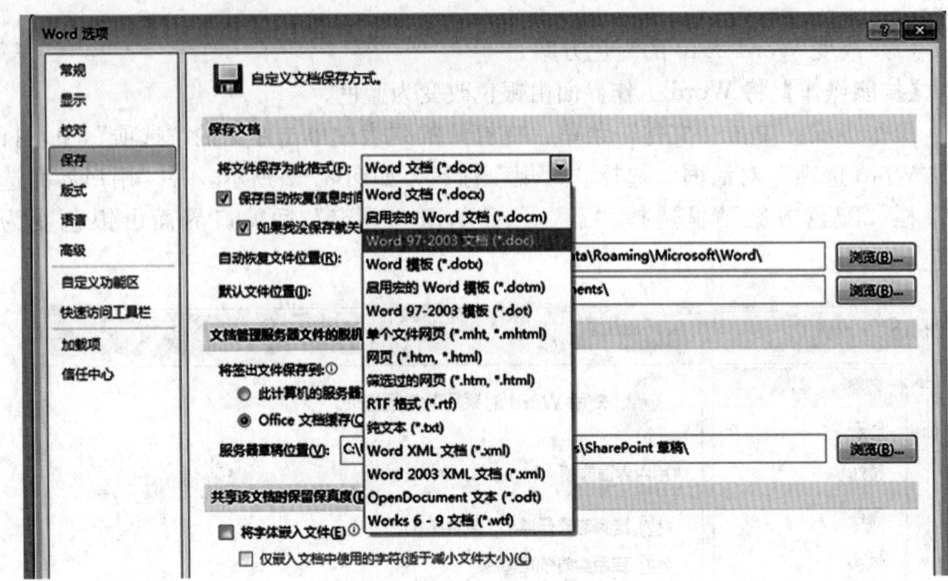

图 3—3　Word“保存”选项

若要修改默认保存位置，其方法如下：单击“文件”选项卡，找到“选项”按钮，单击打开“保存”对话框，然后单击“默认文件位置”右侧“浏览”按钮，在弹出的对话中选择并指定磁盘文件的位置，如：D：\个人简历，然后“确定”保存设置。完成设置后再用 Word 2010 创建文档，在默认状态下它的保存位置是“D：\个人简历”。

单击“文件”——“选项”——“保存”，在“保存”对话框中将“保存自动恢复时间间隔”设置为 5 分钟。

单击“文件”——“选项”——“高级”，在“显示”栏中设置“度量单位”为“毫米”。

单击“视图”选项卡，在“显示”面板中单击“标尺”，则在界面上将显示标尺。

4. 文档的创建、保存与打开

(1) 文档的创建。

启动时 Word 2010 会自动创建一个名字为“文档 1”的空白文档；

应用快捷键 CRTL＋N 创建文档；

应用“新建”按钮创建文档；

应用 Word 2010 提供的模板创建文档：单击“文件”菜单的“新建”项，打开“新建”对话框，在“可用模板”中单击“空白文档”（见图 3—4）创建一个空白文档。

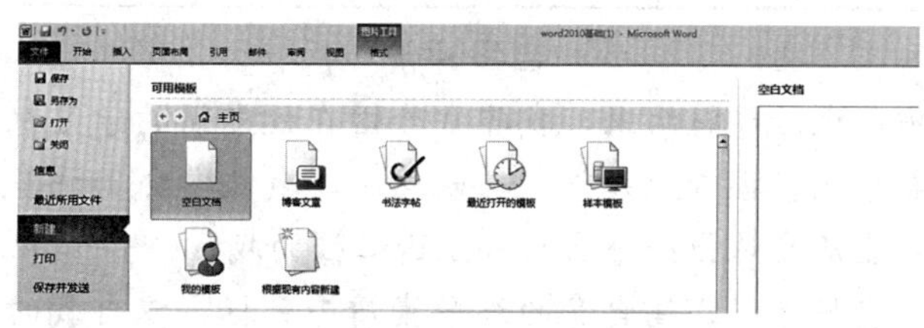

图 3—4　Word 2010 新建文档

Word 2010 提供了各种类型的文档模板，利用这些模板可以快速创建用户所需要带有相应格式的文档。例如会议记录、简历、日历、备忘录、名片等。

如果用户电脑已联网，可以在“可用模板”下方的“Office. com 模板”中选择模板类型，然后点击“下载”从网上下载该模板，并根据模板创建所需要的文档。

【技能操作】创建“书法字帖”文档；应用“Office. com 模板”创建一个“贺卡”“致谢”文档。

（2）文档的保存。

“文件”菜单——“保存”按钮，在弹出对话框中选择保存的路径、修改文件名后点击“保存”按钮即可。

按快捷键 Ctrl+S 或者“文件”菜单下的“另存为”命令，在另存为对话框中选择保存的路径和类型，输入保存的文件名保存。

自动保存文档：Word 2010 默认情况下每隔 10 分钟自动保存一次文件，用户可以根据实际情况设置自动保存时间间隔。

（3）文件的打开。

“文件”菜单打开；使用快捷键 Ctrl+O 打开；以上两种方式都会弹出“打开”对话框，可以选择文档所在的位置，选择文档单击打开。

如果所打开的文档是最近编辑过的，用户也可以通过“文件”菜单下的“最近所用文件”打开。

也可直接双击 Word 文档打开。

5. 文档的转换

当出现文件格式不兼容时，可应用 Word 2010 的文档格式转换。如 Word 2010 默认保存文件的格式为 docx，低版本的 Word 如果没有装插件就不能打开，这时可以在 Word 2010 中将文档另存为 doc 格式的文件。

【技能操作】将保存的“个人简历 . docx”转换为 doc 格式文件。

二、字符输入与编辑

1. 输入汉字、数字、字母

数字、字母可以直接输入，汉字需要设置一种输入方法。

【技能操作】新建一个空白文档，练习输入以下内容：

自我评价

转眼间，中职生活即将结束，我非常珍惜在校期间的学习机会，认真学习文化课程，较熟悉地掌握专业知识，与此同时，我还学会了许多做人做事的道理。几年的学习生活磨炼出一个自信和上进心强的我。

在校期间，我始终以提高自身的综合素质为目标，以自我的全面发展为努力方向，树立正确的人生观、价值观和世界观。为适应社会发展的需求，我认真学习各种专业知识，发挥自己的特长；挖掘自身的潜力，结合每年的暑期社会实践机会，从而逐步提高了自己的学习能力和分析处理问题的能力。

操作要点：启动 Word 2010 后系统创建一个空白文档，在文档编辑框的左上角单击确定插入点，即光标闪烁处，这时就可以输入文档内容了。

在 Word 中输入文本时，当文本达到页面右侧时会自动换行，如果希望开始一个新的段落，可以在此处按 Enter 键，然后在新段落中输入。

注意以下几个组合键的应用。

按 Ctrl＋空格键，可以在中文和英文之间切换；按 Ctrl＋Shift，可以在各输入法之间进行切换；按 Ctrl＋. 可以在中英文标点之间切换；按 Shift＋空格键，可以在全角半角之间切换；按键盘上的 Insert 键可以完成“插入”和“改写”状态的切换。

2. 特殊字符的输入

（1）应用 Word 2010“插入”符号。

确定插入点光标，然后选择“插入”功能区，选择“符号”组中的“符号”按钮，在展开的列表中选择所需要的特殊符号，如图 3—5 所示。或单击“其他符号”打开“符号”对话框，如图 3—6 所示，在“字体”下 拉列表会显示不同的字体，其下方的符号列表会显不同的符号，用户可以根据需要选择，单击“插入”按钮，即可将选定的符号插入到文档光标处。对于近期使用过的符号，系统会自动显示在最下面一行列表中，方便用户直接选择。

图 3—5 特殊符号

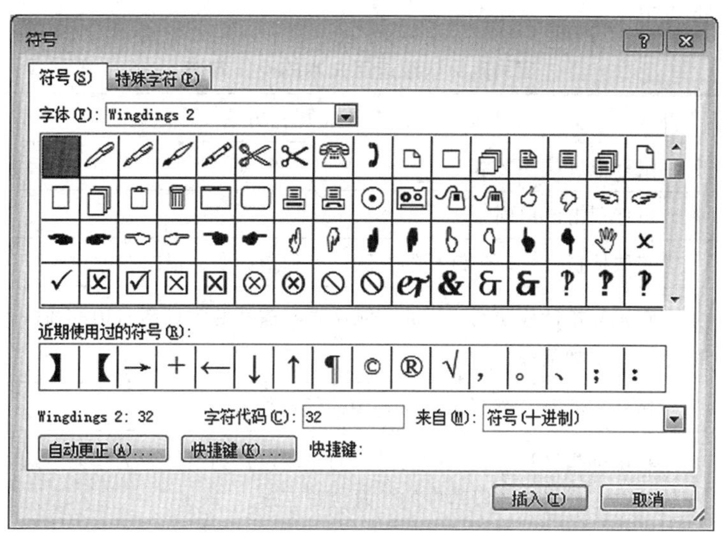

图 3—6　符号

（2）使用动态键盘输入。

动态键盘又称软键盘，动态键盘为用户输入一些特殊符号，如数字序号、数学符号和希腊字母等。

使用软键盘的方法是：打开任一中文输入法，然后在输入法状态条上右击"软键盘"图标，再从弹出的子菜单中选择一种软键盘的名称（即在对应的软键盘名称前打上一个"√"）。再单击"软键盘"，则软键盘消失。

【技能操作】新建一个 Word 文档，练习输入图 3—5 中的特殊符号。

3. 文档的选定

"先选定后操作"是 Word 编辑操作的重要工作方式，文档的选定可以使用鼠标也可以使用键盘。见表 3—1、表 3—2。

（1）文档内容的选定：连续、不连续、矩形区域。

选定任意长度的文本：将鼠标光标移动到选择内容的开始位置，按下鼠标左键不放并拖动到所需要选择文本的结束处，松开鼠标左键，则开始和结束位置之间的文本被选定。要选定大范围的文本，将插入点光标移到文本的开始位置，按下 Shift 键不放，并用鼠标单击所要选择文本区域的结束位置，则开始位置和结束位置之间的文本被选定。

选定不连续的文本：先选定一段文本，按下 Ctrl 键不放，同时用鼠标左键拖动选定其他文本即可。

选定矩形区域：将鼠标移动到矩形区域的左上角，按下 Alt 键不放，再按下鼠标左键拖动光标到矩形区域的右下角，松开 Alt 键和鼠标左键即可。

（2）快捷选定。

表 3—1　　应用鼠标快速选定文本的操作方法

选定内容	操作方法
文本	鼠标拖过这些文本。
一个单词	鼠标双击该单词。
一行文本	将鼠标指针移动到该行的左侧，直到指针变为指向右边的箭头，然后单击。
多行文本	将鼠标指针移动到该行的左侧，直到指针变为指向右边的箭头，然后向上或向下拖动鼠标。
一个句子	按住 Ctrl 键，然后单击该句中的任何位置。
一个段落	将鼠标指针移动到该行的段落的左侧，直到指针变为指向右边的箭头，然后双击。或者在该段落中的任意位置三击。
多个段落	将鼠标指针移动到段落的左侧，直到指针变为指向右边的箭头，然后双击，并向上或向下拖动鼠标。
一大块文本	单击要选定内容的起始处，然后滚动要选定内容的结尾处，在按住 Shift 键的同时单击。
整篇文档	将鼠标指针移动到文档中任意正文的左侧，直到指针变为指向右边的箭头，然后三击。
一块矩形文本	按住 Alt 键，然后将鼠标拖过要选定的文本。

表 3—2　　应用键盘快速选定文本的组合键

组合键	功能说明
Shift ＋↑	上移一行
Shift ＋↓	下移一行
Shift ＋←	左移一个字符
Shift ＋→	右移一个字符
Shift ＋PageUp	上移一屏
Shift ＋PageDown	下移一屏
Ctrl ＋ A	整个文档

【技能操作】在“自我评价 .docx”Word 文档中练习鼠标选定文档的操作方法。

4. 文本的移动、复制、删除

对于短距离的文档的移动、复制和删除可以使用鼠标完成。

(1) 应用鼠标进行文本的移动、复制。

选定要移动或复制的文本，将鼠标指针指向选定的文档的上方，此时按住鼠标左键，当鼠标指针虚线框出现时，拖动鼠标移动到新的插入点位置，松开鼠标左键即可把选定的文本移动到新的位置。如果按下 Ctrl 键拖动，则相当于复制并粘贴到新的插入点位置。

当把文本移动或复制到目的位置时松开鼠标会出一个粘贴标记，打开粘贴选项标记可以选择不同的粘贴法方式。

若要移动或复制的文本的位置较远或不在同一个文档中可以使用“开始”功能项中的“剪切”“复制”“粘贴”命令完成。也可以在选定文本后使用右键快捷菜单的“剪切”“复制”“粘贴”命令完成。

(2) 删除文本。

在输入编辑过程中，当发现错误时需要删除，可以将插入点移到该字符所在位置的后面，按 Backspace 键删除插入点左边的字符，若按 Delete 键删除插入右边的字符，若删除的文本较多，可以先选定文本，再进行删除。

5. 文本的查找与替换

在文档编辑过程中，有时需要成批替换整篇文档中的某些词或句子，如果用手工效率会很低，而且容易漏。Word 2010 提供了查找与替换功能能够快速地找到文本进行替换。

(1) 查找文本。

查找是从当前打开的文档中查找指定的内容，并快速地将插入点移动到该位置，查找的内容可以是字符、数字、特殊符号等。如果没有选定文本，系统则认为在整个文档中进行查找。

【技能操作】打开“自我评价 . docx”查找。

打开素材文件，单击“开始”功能项中“编辑”面板 中的“查找”按钮斜查找▼，(或按 Ctrl ＋ F) 在窗口的左侧会出现查找的导航窗格，在搜索框中输入“计算机”，则系统会自动将文档中的“计算机”以黄色背景显示，如果从当前位置往上查找，可单击上一处搜索结果按钮▲，如果往下查找可点击下一处搜索结果按钮▼。

在“查找”列表中选择“高级”或单击“替换”按钮，则打开“查找和替换”对话框，如图 3—7 所示在“查找”标签下“查找内容”框中输入所要查找的内容，如“计算机”单击“查找下一处”开始，当查找到“计算机”字样时，该文字会变黄，如果还要继续，则继续单击“查找下一处”按钮；如果结束，单击对话的“取消”按钮，即可关闭“替换”对话框；如果要根据某个条件，可单击对话的“更多”按钮，在图 3—8 所示对话设置更多项。如“区分大小写”“使用通配符”等。

若单击“格式”按钮，可以查找到具有特定格式的文本，如黑体字、红色、下划线等。

单击“特殊格式”按钮可以查到特殊格式的标记符号，如果段落标记、制表符等。

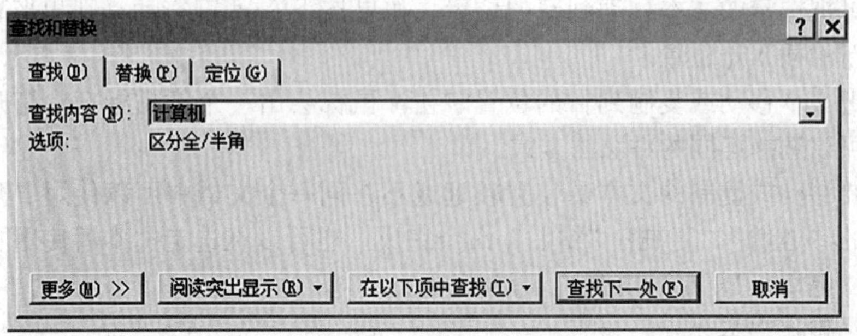

图 3—7　查找对话框

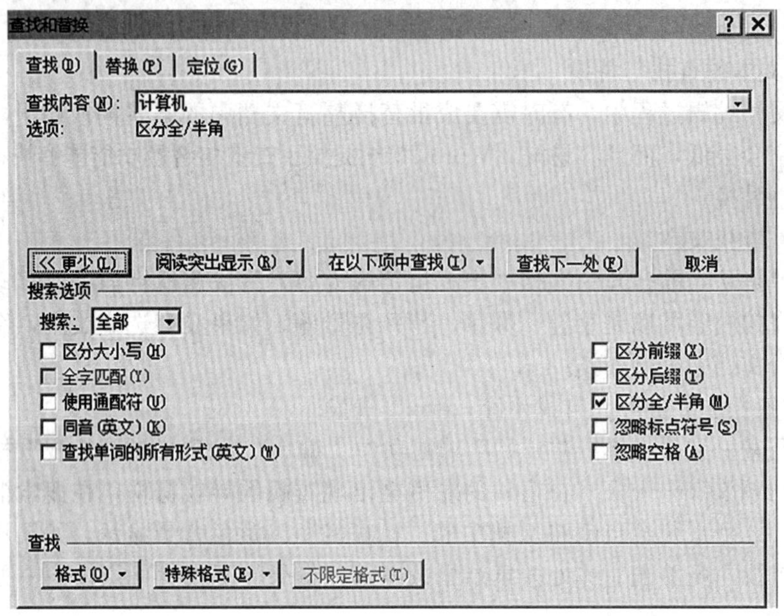

图 3—8　查找更多

【技能操作】打开素材文件夹文件“自我评价.docx”练习查找“计算机”“中职”。

（2）替换文本。

替换文本是指找到某个文本内容后用新的文本进行替换。

【技能操作】打开“自我评价 . docx”，将文中的“中职”替换为“大学”。

“编辑”面板“替换”按钮，（或按 Ctrl+H）打开“查找和替换”对话框如图 3—9 所示。在“查找内容”框里输入“中职”，在“替换为”框内输入“大学”，每单击一次“查找下一处”，可找到被替换的内容，若想替换则单击“替换”按钮；若不替换则单击“查找下一处”按钮，若单击“全部替换”按钮，则将查找到的文本全部替换为新的文本。

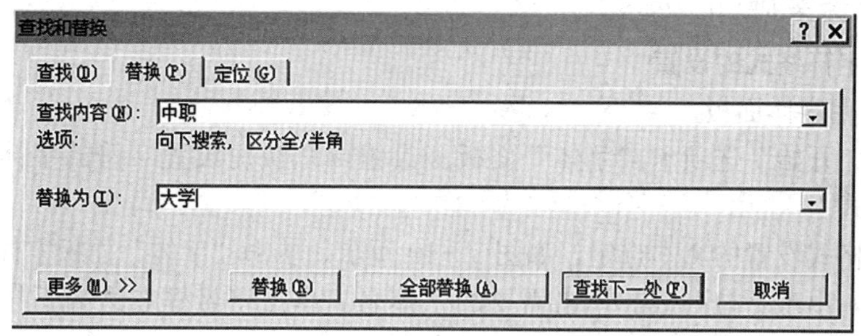

图 3—9　替换对话框

（3）替换文本格式。

Word 2010 不仅可以对文本内容进行替换，还可以替换指定格式的文本。

【技能操作】打开“自我评价 . docx”，将文中的“宋体”格式替换为“楷体”三号字。

“替换”对话框中，选择“查找”选项卡，在“查找内容”文本框中输入要替换的文本，在“替换为”文本输入同样的文本，单击“更多”，在“格式”菜单中选择“字体”，选择楷体、三号，单击“确定”。单击“全部替换”，则文档中查找到的文本全部替换为楷体三号字。

任务实训

小马参加求职应聘需写一份个人简历，首先新建一个 Word 文档，命名为“个人简历”，切换输入法，在该文档第一页输入姓名，电话，毕业学校。第二页输入教育背景，技能专长，获得奖励。第三页输入自我评价的内容。

任务二　字符、段落格式化

任务引领

如何让你的简历吸引别人的眼球，在我们输入自己的信息之后，接下来需要对简历内容设置必要的格式，使简历的结构更加规范合理，版面更加清晰美观。

📖任务目标

掌握字符格式的设置，包括字体、字号、颜色、下划线、阴影，会创建拼音字符、带圈字符等中文版式。掌握段落缩进的设置；掌握行间距、段间距的设置；会设置首字（悬挂）下沉；掌握分栏；会设置项目符号和编号；会应用样式。

📖任务实施

一、字符格式的设置

1. 应用字体面板

应用“开始”选项卡“字体”面板工具组可以快捷设置字符的字体、字形和字号等格式。

字符格式设置的文本选定，如图 3—10 所示，单击“字体”面板字体框右边的下拉按钮，出现下拉列表。单击需要的字体名。单击字号框右边的下拉按钮的字号。如果还需要设置字形，则单击“字体”功能工具组中的“B”“*I*”“U”“加粗”“倾斜”“下划线”快捷按钮。

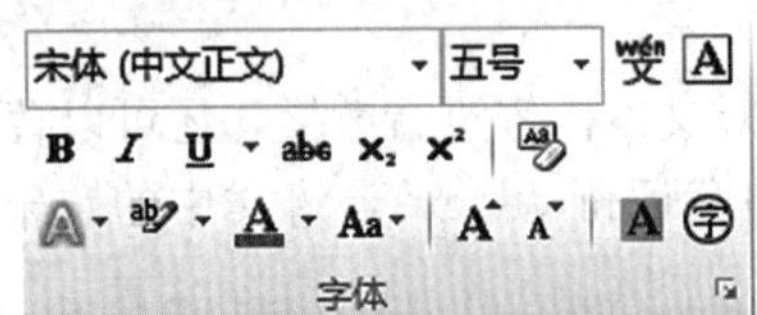

图 3—10　字体面板

“加粗”或“倾斜”按钮属于开关按钮。选中时呈“凹下”，未选中时呈“凸起”。“下划线”提供多种线形。

2. 应用“字体”对话框

将需要进行字符格式设置的文本选定；右击选定区域，在弹出的快捷中单击“字体”，弹出“字体”对话框，如图 3—11 所示。

（1）设置字体、字号、字形。

单击“中文字体”列表框，打开字体下拉列表。选择想要的字体，该字体名显示到列表框内。如对英文进行设置，则选择英文字体下拉列表中的字体名。单击“字形”列表中的字形名，设置所需字形。单击“字号”列表中的字号，选择所需字号。选择并设置完毕后，单击“确定”按钮，返回编辑屏幕。

（2）添加下划线。

选中需要添加下划线的文字，右击选定区域，在弹出的快捷中单击“字体”，弹出“字体”对话框，如图 3—11 所示，单击“下划线”右侧的下拉箭头，选择线型。若只添加单下划线，可直接单击“下划线”工具按钮“U”。单击“下划线颜色”列 表中的所需颜色设置下划线颜色，单击“确定”即可。

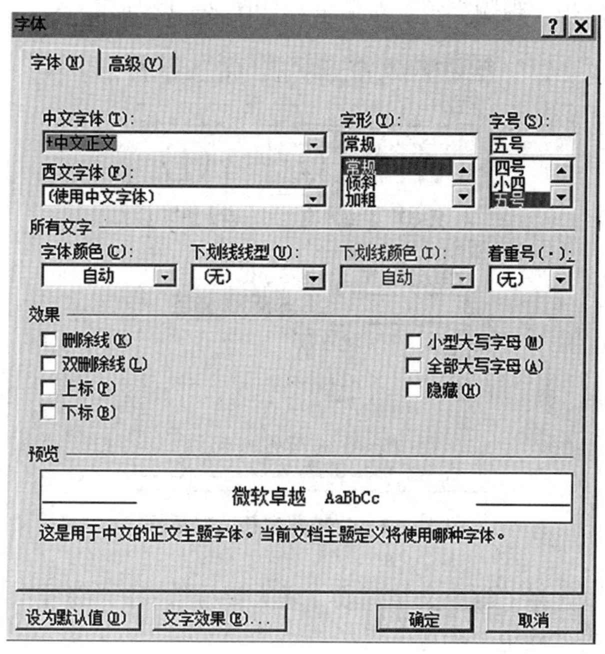

图 3—11　字体面板

(3) 设置字体的颜色、着重号。

选中需要修改格式的文字，打开“字体”对话框，单击“字体颜色”下拉列表框，所需的颜色。

如果要添加“着重号”，则单击“着重号”下拉列表框选择着重号。

(4) 设置字体效果。

在某些情况下，用户需要对部分文字进行效果处理。比如设置阳文、阴文、空心或阴影格式等，设置时打开“字体”对话框，在如图 3—11 所示“效果”栏，选择效果后单击“确定”即可。

(5) 设置字符间距、位置。

选定要更改的文字，打开“字体”对话框，再单击“高级”选项卡，在“字符间距”“缩放”框中输入所需的自分比。

如果要均匀加宽或紧缩所有选定字符的间距，选择“间距”框中的“加宽”或“紧缩”，并在指定要调整的间距的磅值大小。

在位置框中选择“提升”或“降低”及磅值，再单击“确定”按钮。

3. 中文版式

中文 Word 2010 中，提供了一些符合中文排版习惯的功能版式。

(1) 带圈字符。

选中要设置带圈格式的字符。单击“开始”选项卡“字体”功能区中的“带圈字符”按钮，出现“带圈字符”对话框，如图 3—12 所示。

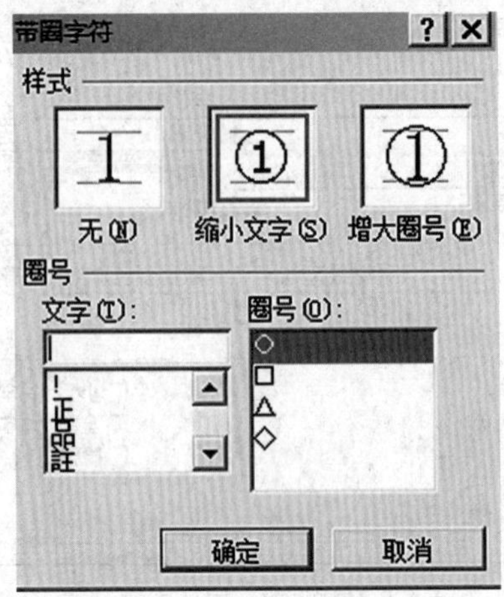

图 3—12　“带圈字符”对话框

在“样式”中选择“缩小文字”或“增大圈号”。在“圈号”中选择某一种类型的圈号。再单击“确定”即可。

需要取消已设置的带圈格式，则可单击“带圈字符”对话框中的“样式”无。

【技能操作】将“你好”设置为带圈的你好。

(2) 拼音指南。

选中要设置拼音指南的汉字，如“特殊版式”。单击“开始”选项卡“字体”功能区中的“拼音指南”按钮，出现“带圈字符”对话框，如图 3—13 所示。

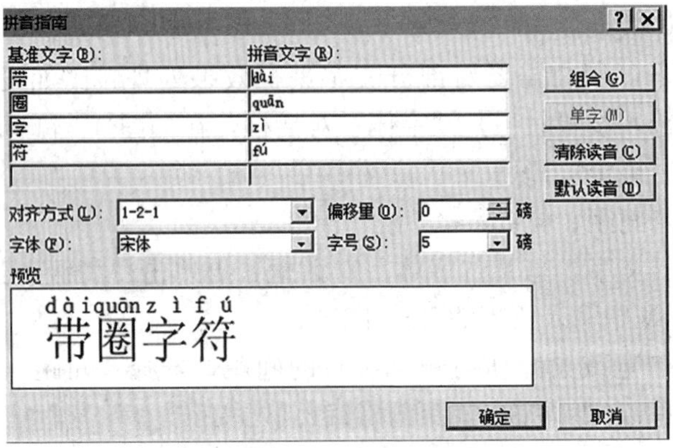

图 3—13　“拼音指南”对话框

设置拼音的对齐方式、拼音与汉字的偏移及字体和字号后单击“确定”即可。

若要取消已选字符的拼音指南格式，则可在“拼音指南”对话框中单击“清除读音”按钮。

在段落功能区单击中文版式“ ”右侧的下拉按钮，可设置“纵横混排”“双行合一”“合并字符”等特殊版式。

【技能操作】1. 设置如图 3—14 所示的字符格式效果。

字体分黑宋隶楷……、字型有**加粗***倾斜****粗斜***、可加下划线波浪线重点删除线……、可用八七六小五小四小三小二等多种字号，红绿蓝颜色丰富、空心阴影发光印象底纹边框上[标]下$_{标}$缩放文效果多彩。

图 3—14　字符格式效果图

2. 小马是某中职计算机专业的学生，需要制作个人简历封面，参考如图 3—15 所示效果为他设计个人简历封面。

gè rén jiǎn lì
个人简历

姓名：马小云

专业：计算机

毕业学校：永康市职业技术学校

联系方式：1358861××××

图 3—15　个人简历封面

二、段落格式的设置

字符格式的设置只是文本格式的一部分，要想使版面完美整齐还需要对段落进行设置，段落的设置包括段落的对齐、缩进、行距、分栏、项目符号和编号等。

1. 段落缩进、文本对齐、行距、间距、换行、分页格式设置

在 Word 2010 中，段落是独立的信息单位，具有自身的格式特征。段落的格式化是指在一个段落的范围内对内容进行排版，使得整个段落显得更美观大方、更符合规范。每个段落的结尾处都有段落标记。文档中段落格式的设置取决于文档的用途以及用户所希望的外观。通常会在同一篇文档中设置不同的段落格式，当按 Enter 键结束一段开始另一段时，生成的新段落会具有与前一段相同的段落格式。

用户可以对段落进行缩进、文本对齐方式、行距和间距等格式设置。

（1）用工具栏中的按钮对文字进行缩进。

缩进是指将要缩进段落的左右边界或段落的起始位置向右或向左移动。移动后，要缩进段落的文字将按缩进后的宽度重新排版。

选定要缩进的段落。单击“段落”功能区“增加缩进量”按钮。单击一次该按钮，选定的段落或当前段落左边起始位置向右缩进 1 个字符。

如果向左缩进，则单击“段落”功能区“减少缩进量”按钮。单击一次该按钮，选定的段落或当前段落左边起始位置向左缩进 1 个字符。

缩进的尺寸是固定的，如果不想采用固定方式，请选用其他的方法。用工具缩进时，缩进段落左边界的位置，而不能改变右边界的位置。标尺行上的缩进标尺会随之变化。

（2）利用“标尺”设置段落的缩进。

选定要缩进的段落。执行下列操作之一：

设置首行缩进：将水平标尺上的“首行缩进”标记拖动到希望首行文本开始的位置。

设置悬挂缩进：在水平标尺上，将“悬挂缩进”标记拖动至所需的缩进起始位置。

左缩进：可以设置文本的左边界位置。在水平标尺上，将“左缩进”标记拖动至所需的文本左边界起始位置。

用同样的方法，可拖动“右缩进”标记，移动右边界。

上述 4 个缩进标志组合使用，可以产生不同的缩进排列效果，从而使各段落能按用户不 同的需要排列段落宽度。

（3）利用“段落”对话框设置段落的缩进。

选定要缩进的段落。单击“段落”功能区右下角，打开“段落”对话框，如图 3—16 所示。在“缩进”项目下“左”、“右”框中输入要设置的左缩进、右缩进值。

“缩进”下方的“特殊格式”下拉列表框中，单击“首行缩进”选项或“悬挂缩进”选项。在“度量值”框中，设置首行缩进或悬挂缩进量。再单击“确定”即可。

首行缩进的单位可以是字符或厘米，用户可以自行输入“厘米”或“字符”作为缩进的单位。

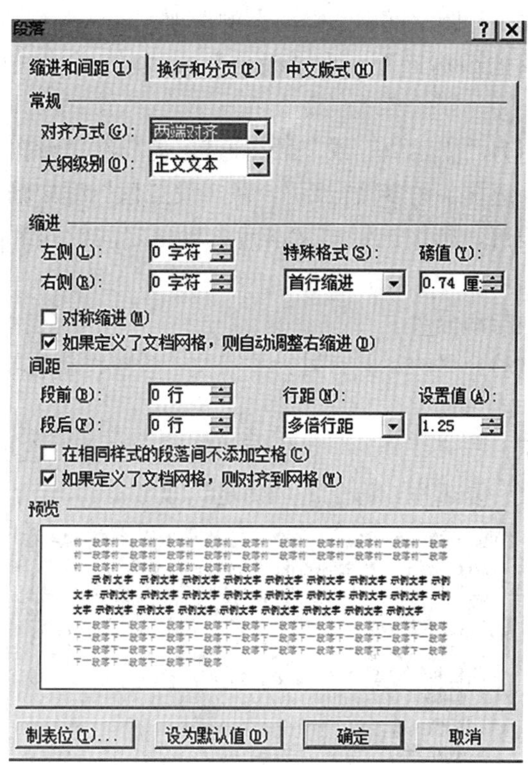

图 3—16　缩进与间距

(4) 文本的对齐方式。

在编辑文档时，有时为了特殊格式的需要，要设置文本的对齐方式。例如，文档的标题居中、正文文字要两端对齐等。可以应用“段落”功能区工具按钮来设置文本段落的对齐方式，也可以在“段落”对话框中设置。设置对齐方式前先选定要设置文本对齐方式的段落。

左对齐文本：单击“段落”功能区上的“两端对齐”按钮。当该按钮处于按下状态时，文字的左右两侧将分别与左右页边距对齐。当该按钮处于凸起状态时，只将文字的左侧与左边距对齐。

居中对齐文本：单击“段落”功能区上的“居中”按钮即可。

右对齐文本：单击“段落”功能区上的“右对齐”按钮即可。

分散对齐文本：单击“段落”功能区上的“分散对齐”按钮即可。

（5）段落的行距与间距。

行距表示各行文本之间的垂直距离。段落的间距是不同段落之间的垂直距离。要更改行距和间距的操作步骤如下：

选定要更改其行距或段落间距的段落。打开“段落”对话框“缩进和间距”选项卡。

要改变行距，在“行距”框中选择所需的选项。

要增加各个段落的前后间距，在“段前”或“段后”框中输入所需的间距。单击“确定”。

如果选择的行距为“固定值”或“最小值”，需要在“设置值”框中输入所需的行间隔数值。如果选择了“多倍行距”，在“设置值”框中输行数。如果选定的文本包含的是多个段落，则被选定的文本包含段落之间的间距，将是段前间距与段后间距之和。

（6）段落中的换行和分页。

Word 2010 是自动分页的，但有时为了需要，希望将新的段落安排在下一页面上，可进行如下操作：

如图 3—17 所示，打开“段落”对话框“换行和分页”选项卡。单击“分页”选项下的“段前分页”复选框，再单击“确定”即可。

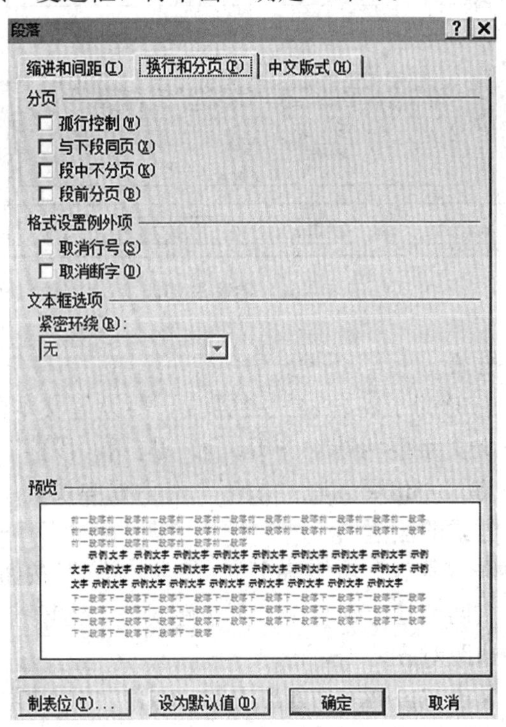

图 3—17　换行与分页

另外，在该选项卡中各选项的功能如下：

孤行控制：防止 Word 2010 面顶端打印段落末行或在页面底端打印段落首行。该选项是 Word 2010 的默认选项。

段中不分页：防止在段落中出现分页符。

与下段同页：防止所选段落与后面一段之间出现分页符。

取消行号：防止所选段落旁出现行号。此设置对未设行号的文档或节无效。

取消段字：防止段落自动段字。

2. 格式刷的使用

“格式刷”是 Word 2010 中非常有用的一个工具，其功能是将一个选定文本的格式复制到另一个文本上去，以减少手工操作的时间，并保持文字格式的一致。

用户根据需要可以复制字符格式和段落格式。

复制格式：选定具有格式的文本，单击“开始”选项卡中的“格式刷”按钮，按住左键拖选要应用此格式的文本。

若要将选定格式复制到多个位置，可双击“格式刷”按钮。复制完毕后再次单击此按钮或按 Esc 键。

【技能操作】打开素材文件“自我评价 . docx”。设置每个自然段的行间距 25 磅；每个自然段的段前、段后分别为 10 磅；设置首行缩进 2 个字符，如图 3—18 所示。

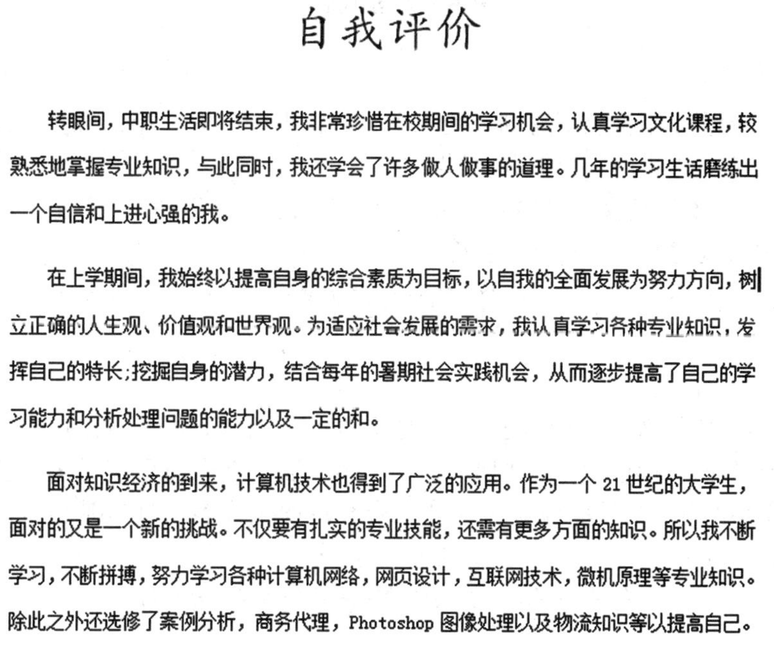

自我评价

转眼间，中职生活即将结束，我非常珍惜在校期间的学习机会，认真学习文化课程，较熟悉地掌握专业知识，与此同时，我还学会了许多做人做事的道理。几年的学习生活磨练出一个自信和上进心强的我。

在上学期间，我始终以提高自身的综合素质为目标，以自我的全面发展为努力方向，树立正确的人生观、价值观和世界观。为适应社会发展的需求，我认真学习各种专业知识，发挥自己的特长;挖掘自身的潜力，结合每年的暑期社会实践机会，从而逐步提高了自己的学习能力和分析处理问题的能力以及一定的和。

面对知识经济的到来，计算机技术也得到了广泛的应用。作为一个 21 世纪的大学生，面对的又是一个新的挑战。不仅要有扎实的专业技能，还需有更多方面的知识。所以我不断学习，不断拼搏，努力学习各种计算机网络，网页设计，互联网技术，微机原理等专业知识。除此之外还选修了案例分析，商务代理，Photoshop 图像处理以及物流知识等以提高自己。

图 3—18　段落设置

3. 设置中文版式、首字下沉

“段落”面板工具组中的中文版式，可以设置特殊的编排方式包括纵横混排、双行合一、合并字符等。

（1）纵横混排。

可以在同一页面中改变部分字符的排列方向，例如由原来的横向变为纵向，或由原来的纵向变为横向。

【技能操作】参照图 3—19 制作“喜帖 . docx”。

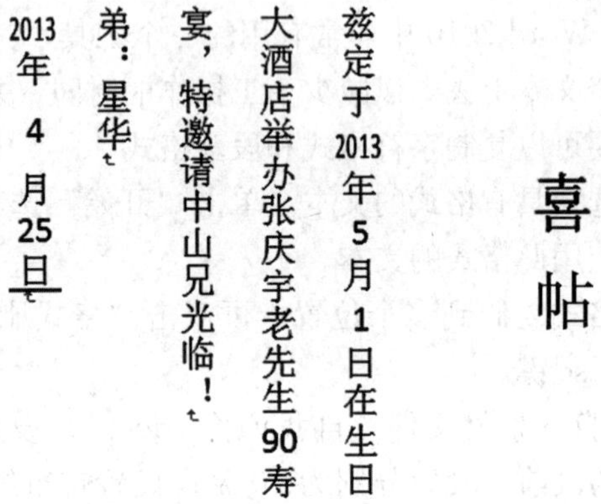

喜帖

兹定于2013年5月1日在生日大酒店举办张庆宇老先生90寿宴，特邀请中山兄光临！

弟：星华

2013年4月25日

图 3—19　纵横混排

（2）合并字符。

将选定的多个字符上下排列，使多个字符占据字符数一半的位置。最多只能选择 6 个字符，多出的字会被自动删除。

【技能操作】新建文档，输入“王丽华董事长总经理”，将文字设置为二号 字后对“董事长总经理”进行合并字符，结果如下：

王丽华董事长
总经理

（3）双行合一。

在保持原始行高不变的情况下，将选择的字符以两行并为一行的方式显示。

【技能操作】新建一空白文档，输入“第六届工会会员职工代表大会隆重举行”，将文字设置为二号黑体字后对“工会会员职工代表”进行带括号的双行合一，结果如下：

第六届（工会会员
职工代表）大会隆重举行

（4）首字下沉。

使用首字下沉可以使段落开头的一个或几个字成为大字符，使重点突出，版面美化。

【技能操作】新建一空白文档，输入文字，练习首字下沉、悬挂。

将插入点置于要下沉的段落中，选择“插入”选项卡“文本”面板中的“首字下沉”按钮，在展开的列表项中选择下沉或悬挂，如图 3—20（b）、（c）所示，如果要具体设置下沉的字体行数可以打开“首字下沉选项”进行设置，如图 3—20（a）所示。

转 眼间，大学生活即将结
程，较熟悉地掌握专业
年的学习生活磨练出
在大学期间，我始终以提高自身
正确的人生观、价值观和世界观。

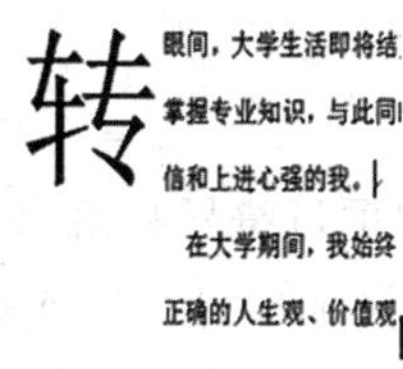

（a）“首字下沉”对话框　（b）下沉效果　（c）悬挂效果

图 3—20　首字下沉设置

4. 文档分栏

若需要将文档的某自然段、几个自然段的文字分成两栏或三栏，使页面文字便于阅读，更加美观、生动，则可以应用 Word 提供的分栏。

对文档分栏的最简单的方法是：单击“页面布局”选项卡“页面设置”组中的“分栏”，在弹出的下拉列表中选择内置的分栏。

若要自定义分栏，操作方法如下：

选定将要分栏排版的文本，单击“页面布局”选项卡“页面设置”组中的“分栏”，在弹出的下拉列表弹出的下拉列表中选择“更多分栏”弹出“分栏”对话框，如图 3—21 所示。

在“预设”区域中选择分栏格式及栏数，如果栏数不满足要求，可在“栏数”选值框中选择。若希望各栏的宽度不相同，取消“栏宽相等”选项的选定，然后分别“栏宽”和“间距”选值框内进行操作。

选定“分隔线”选项，可以在各栏间加入分隔线。

在“应用于”选择插入点后，选定“开始新栏”复选框，则在当前光标位置插入“分栏符”，并使用上述分栏格式建立新栏。

单击“确定”按钮，Word 会按设置进行分栏。

只有在“页面”视图中才能看到分栏的情形。若想快速地调整栏间距，可通过“水平标尺”来完成。

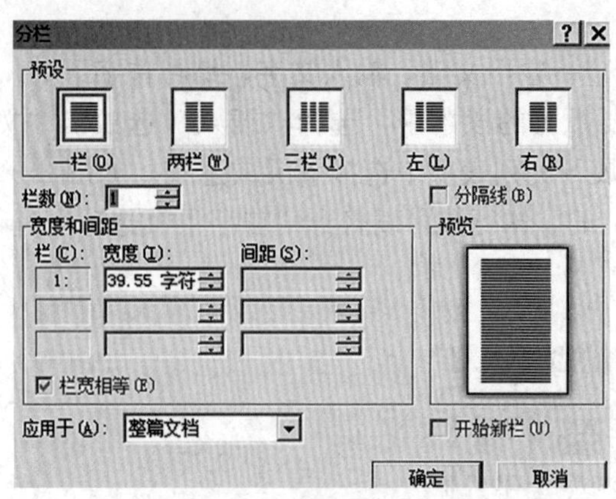

图 3—21　“分栏”对话框

5. 设置项目符号和编号

给文档添加项目符号或编号，可使文档更容易阅读和理解。在 Word 2010 中，可以在键入时自动产生带项目符号或带编号的列表，也可以在键入完文本后进行这项工作。

(1) 自动创建项目符号与编号。

一般情况下，在安装 Word 2010 后，Word 已经具有自动创建项目符号与编号的功能。设置该功能的操作步骤如下：

选择“文件”“选项”，选择“校对”，单击“自动更正”，在出现的对话框中选择“键入时自动套用格式”选项卡，如图 3—22 所示。在“应用”选项“自动项目符号列表”复选框，单击“确定”按钮即可在键入文本时，自动创建项目符号或编号。

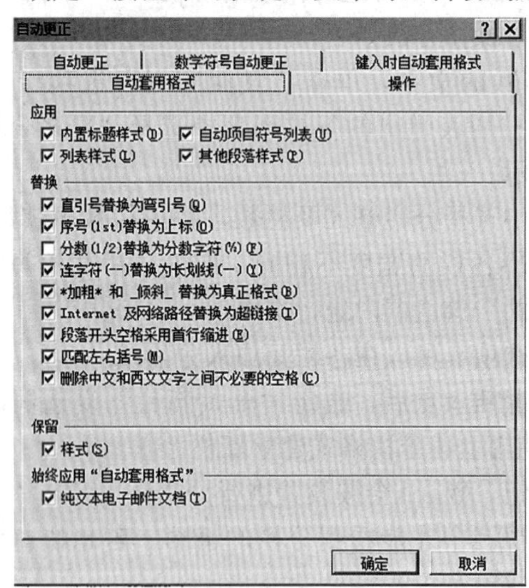

图 3—22　“键入时自动套用格式”选项卡

（2）添加项目符号。

如果要将已经输入的文本转换成项目符号列表，则可按如下步骤进行操作：

选择要添加项目符号的段落。选择“段落”功能区“项目符号”工具下拉按钮，选择“项目符号”，或打开“定义新项目符号”（见图 3—23）对话框，在该对话框中通过“符号”、“图片”等按钮设置新的项目符号。

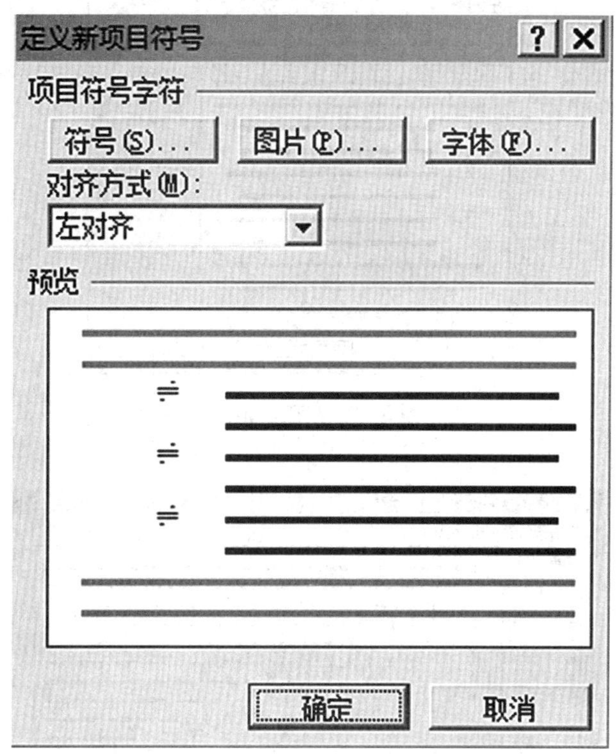

图 3—23　“项目符号和编号”对话框

（3）添加编号、创建多级符号列表。

若要给段落添加编号，单击“段落”功能区“项目符号”工具下拉按钮，选择“项目编号”。如果用户想采用其他格式、样式的编号，可以单击“定义新编号”，出现“定义新编号格式”对话框（见图 3—24），选择所需选项，单击“确定”即可。

若要创建多级编号列表，则在图 3—25 中定义多级列表，或在段首输入数学序号，如：一、二、（一）、（二）；1、2，然后按住 Enter 键＋ Tab 键，则下一个段落将使用下级编号格式。如在段首输入 1.1、1－1 之类的序号时，然后按住 Enter 键＋Tab 键，则下一个段落将使用下级编号格式。

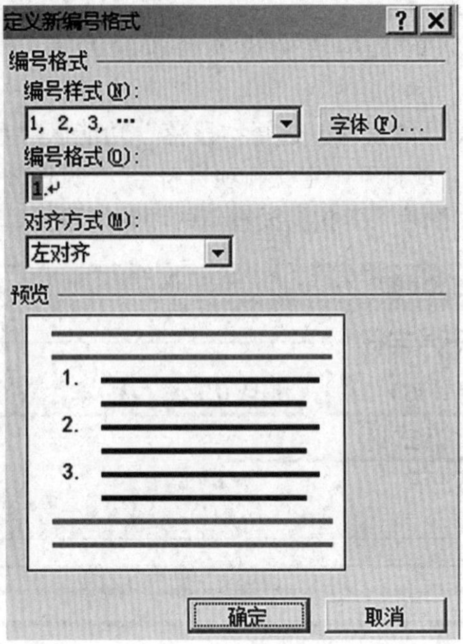

图 3—24　定义新编号

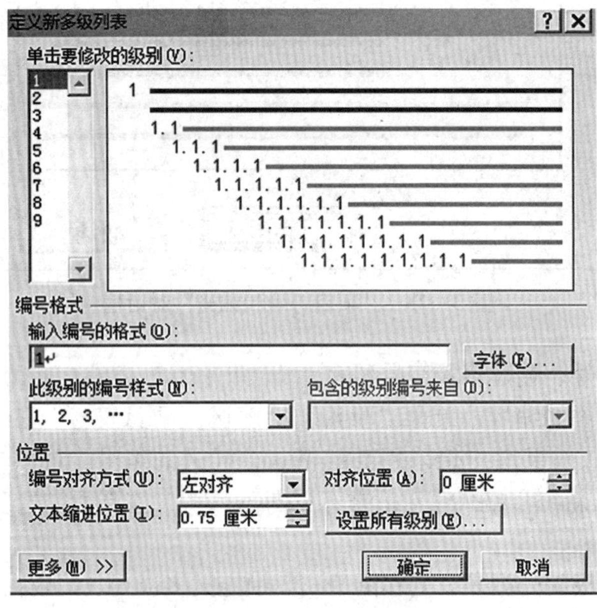

图 3—25　定义多级列表

每按一次 Tab 键（或单击工具栏上的“增加缩进量”按钮）编号会降低一个级别。而每按一次键 Shift 键＋ Tab 键（或单击工具栏上的“减少缩进量”按钮）

编号会上升一个级别。

【技能操作】按下列样式，设置项目符号为“➢”。

获 得 奖 励

- ➢ 2012——2013 学年被评为“优秀三好学生”的称号；
- ➢ 2013——2014 学年被评为“优秀团员”的称号；
- ➢ 2013 年，获浙江省“创新创业”挑战赛一等奖；
- ➢ 2014 年获校级学生会优秀干事；
- ➢ 2015 年获得学校叠被子比赛二等奖。

6. 样式与模板

(1) 样式。

样式是指一组已经命名的字符、段落、表格等格式。它规定了标题、题注以及正文等各个文本元素的格式。用户可以将一种样式应用于某个段落、或段落中选定的字符上。这样所选定的段落或字符便具有这种样式定义的格式，利用它可以快速改变文本的外观。

Word 2010 提供的样式包括字符、段落、表格、链接段落和字符、列表等样式。

字符样式影响段落内选定文字的外观，例如文字的字体、字号、加粗及倾斜的格式设置等。即使某段落整体应用了某种段落样式，该段中的字符仍可以有自己的样式。

段落样式控制段落外观的所有方面，如文本对齐、制表位、行间距、边框等，也可能包括字符格式。

Word 本身自带许多样式，称为内置样式。如果 Word 提供的标准样式不能满足需要，就可以自己建立样式，称为自定义样式。用户可以删除自定义样式，却不能删除内置的样式。

单击“开始”选项卡“样式”功能区提供了常用样式列表，单击样式功能区右下角打开“样式”列表如图 3—26 所示。

从“样式”下拉列表框中可以明显区分出字符样式和段落样式。字符样式用一个加粗、带下划线的字母“a”表示，段落样式用段落标记符号“↵”来表示。

新建字符样式的方法如下：

打开“样式”列表如图 3—27 所示。

单击“样式和格式”任务窗格中的“新建样式”按钮，出现“新建样式”对话框，在“名称”框中键入样式的名称。

单击“创建新样式”对话框中的格式按钮右边的下三角按钮，在下拉列表框中选择“字符”和“段落”等分别设置新建样式的格式。如设置字符格式为“楷体”、段落格式为“左对齐”，行距为 1.5 倍。

图 3—26　样式列表

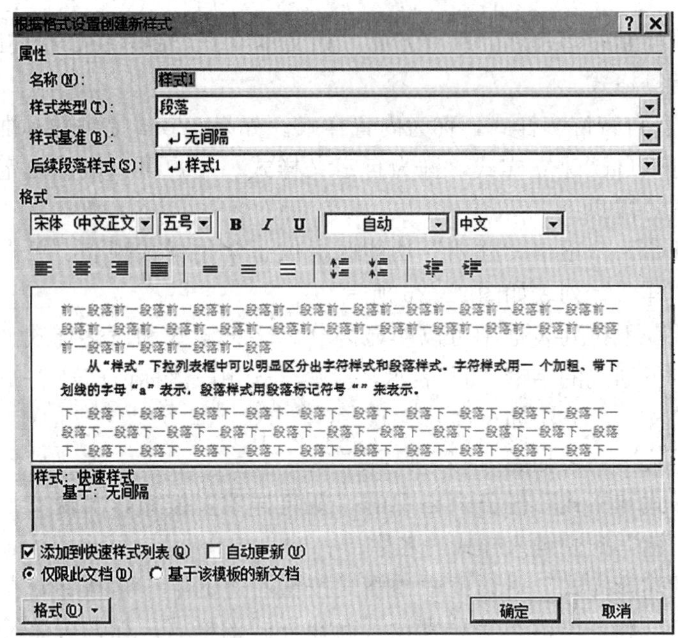

图 3—27　“创建新样式”对话框

单击“确定”按钮完成操作。

应用已定义的样式：

要应用段落样式，可单击段落或者选定要修改的一组段落。

要应用字符样式，可单击单词的一组单词。

单击“样式”列表中要应用的样式名即可。

修改样式：

单击图 3—26 所示“样式”列表中样式旁的下拉按钮。

下拉列表中单击“选择所有．实例”，即应用了该样式的所有文本选中。若单击了“修改”命令，则会打开“修改样式”对话框，对该样式重新进行设置。

修改完毕后，单击“确定”按钮。样式被修改后，文档中应用该样式的文本也会自动应用修改后的样式。

基于此模板的新文档中使用经过修改的样式，则可选中“添至模板”复选框。Word 会将更改后的样式添加至活动文档所基于的模板。

删除样式：

单击“样式”列表中样式旁的下拉按钮选择删除；或在式列表中右击要删除的样式的下拉列表，然后单击“删除”，在出现的对话框中单击“是”即可。

如果要清除某种格式的文本，首先选中要清除格式的文本，打开“样式”列表，单击“清除格式”命令，则文本原有的格式就会被清除，代之以当前文档使用的默认格式。

【技能操作】打开素材文件夹中的“个人简历．docx”，对标题设置为“标题 1”样式，对正文设置为“正文”样式。

（2）模板。

模板就是某种文档的式样和模型，又称样式库，是一群样式的集合。模板决定文档的基本结构和文档设置，例如页面设置、自动图文集词条、字体、快捷键指定方案、菜单、页面 、特殊格式和样式。利用模板可以生成一个具体的文档，因此模板就是一种文档的模型。

Word 提供许多文档模板，用户也可以下载或创建文档模板。

模板的使用：

1）单击“文件”选项卡中“新建”命令，如图 3—28 所示出现“新建文档”任务，选其中使用的模板类型。

2）单击“模板”对话框中的某一选项卡，选择需要的模板。再单击“确定”按钮即可。

提示：当选中某个模板时，某些模板的样式示例会显示在“预览”框中。

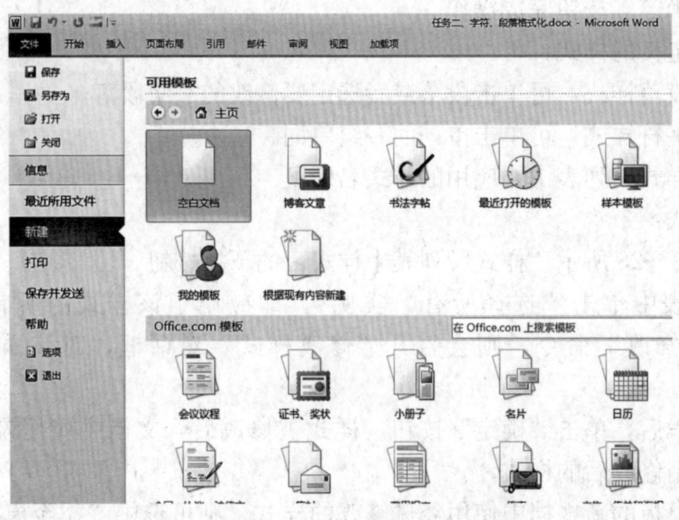

图 3—28 “模板”对话框

修改模板：

模板存放在文件夹 Templates 中。

单击“文件”“打开”命令，然后在 Templates 文件夹中找到并打开要修改的模板。

更改模板中的文本和图形、样式、格式、自动图文集词条等。单击“保存”按钮。

更改模板后，并不影响基于此模板的已有文档的内容。只有在选中“自动更新文档样式”复选框的情况下，打开已有文档时，Word 才更新修改过的样式。

创建模板：

单击“文件”“新建”命令，然后单击我的模板，选择空白文档、模板，如图 3—29 所示。

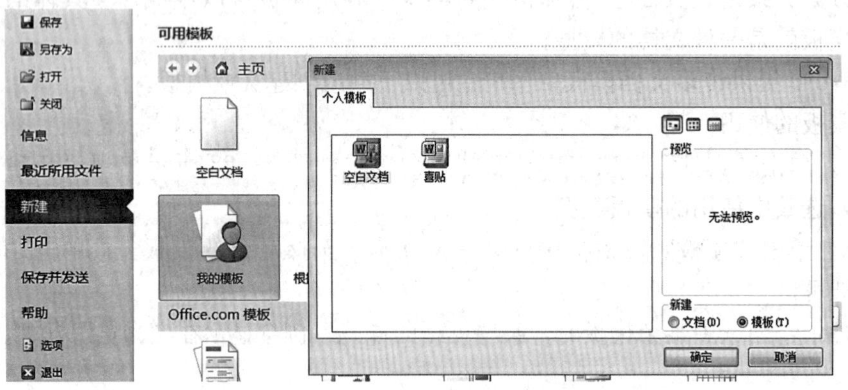

图 3—29 “创建模板”对话框

【技能操作】在 Word 2010 Office. com 模板中，搜索个人简历模板，查看并修改，另存为个人简历模板。

7. 边框和底纹

边框和底纹的应用可以使文本的版面更醒目。在“字体”组中可以使用给文本添加灰色底纹，如果想要对文本设置更丰富的边框和底纹可以使用“段落”组中的下拉列表的边框和底纹选项进行设置，如图 3—30 所示。

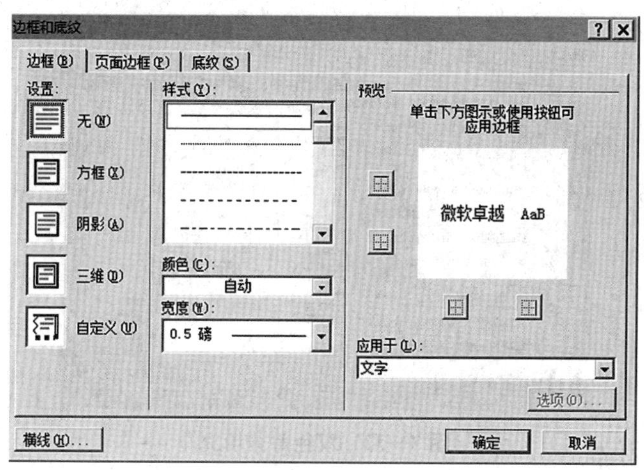

图 3—30　“边框和底纹”对话框

【技能操作】打开素材文件夹中的“技能专长 . docx”，为文档中的文字添加边框和底纹，效果如图 3—31 所示。

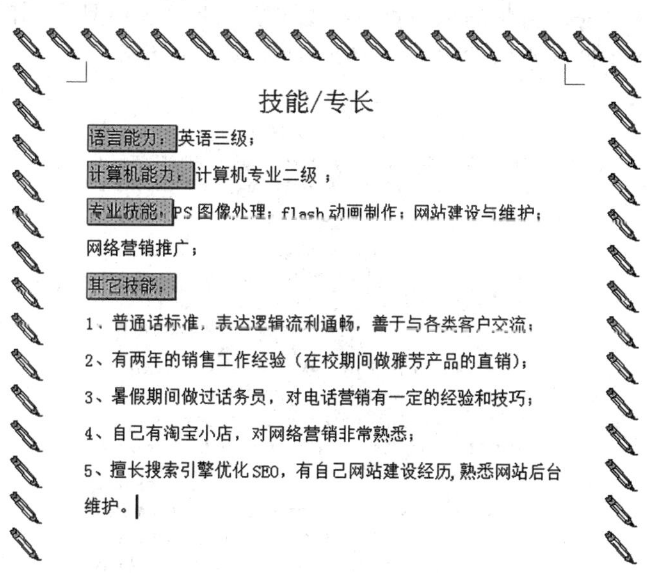

技能/专长

语言能力：英语三级；

计算机能力：计算机专业二级；

专业技能：PS 图像处理；flash 动画制作；网站建设与维护；网络营销推广；

其它技能：

1、普通话标准，表达逻辑流利通畅，善于与各类客户交流；

2、有两年的销售工作经验（在校期间做雅芳产品的直销）；

3、暑假期间做过话务员，对电话营销有一定的经验和技巧；

4、自己有淘宝小店，对网络营销非常熟悉；

5、擅长搜索引擎优化 SEO，有自己网站建设经历，熟悉网站后台维护。

图 3—31　文字边框效果图

8. 页面颜色和水印

为文档的页面添加背景颜色和水印可以满足一些特殊的需要。

【技能操作】打开素材文件夹中的“自我评价.docx”，为文档添加页面背景。

打开素材，单击“页面布局”功能区的“页面背景”组中的“页面颜色”按钮，在展开的列表中，选择页面的颜色。

单击“填充效果”打开对话框，设置双色填充，效果如图 3—32 所示。

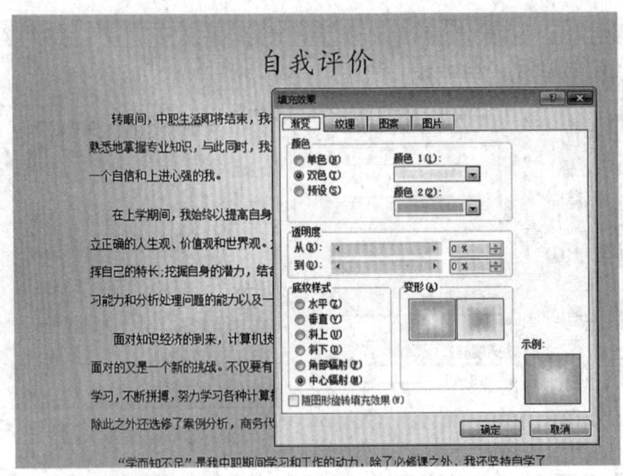

图 3—32 双色背景填充

也可以使用纹理或图片进行填充背景。

【技能操作】打开素材文件夹中的“自我评价.docx”，为文档添加水印。

打开素材，单击“页面布局”功能区的“页面背景”组中的“水印”按钮，在展开的列表中，系统自带的水印效果，也可以“自定义水印”。如打开“自定义水印”对话框设置图片水印“Word 2010”如图 3—33 所示。

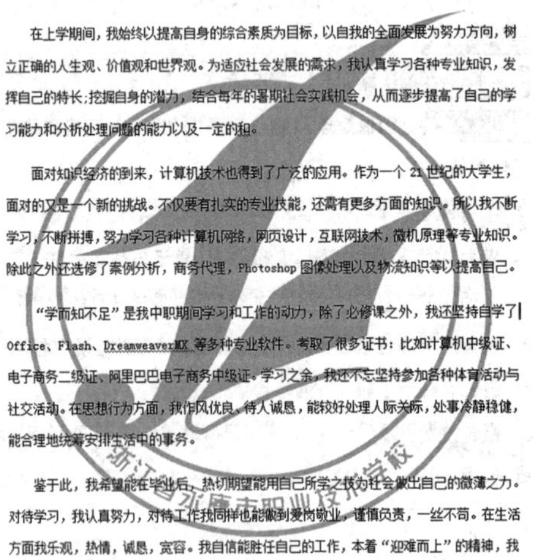

在上学期间，我始终以提高自身的综合素质为目标，以自我的全面发展为努力方向，树立正确的人生观、价值观和世界观。为适应社会发展的需求，我认真学习各种专业知识，发挥自己的特长;挖掘自身的潜力，结合每年的暑期社会实践机会，从而逐步提高了自己的学习能力和分析处理问题的能力以及一定的和。

面对知识经济的到来，计算机技术也得到了广泛的应用。作为一个 21 世纪的大学生，面对的又是一个新的挑战。不仅要有扎实的专业技能，还需有更多方面的知识。所以我不断学习，不断拼搏，努力学习各种计算机网络，网页设计，互联网技术，微机原理等专业知识。除此之外还选修了案例分析，商务代理，Photoshop 图像处理以及物流知识等以提高自己。

“学而知不足”是我中职期间学习和工作的动力，除了必修课之外，我还坚持自学了 Office、Flash、DreamweaverMX 等多种专业软件。考取了很多证书：比如计算机中级证、电子商务二级证、阿里巴巴电子商务中级证。学习之余，我还不忘坚持参加各种体育活动与社交活动。在思想行为方面，我作风优良、待人诚恳，能较好处理人际关系，处事冷静稳健，能合理地统筹安排生活中的事务。

鉴于此，我希望能在毕业后，热切期望能用自己所学之技为社会做出自己的微薄之力。对待学习，我认真努力，对待工作我同样也能做到爱岗敬业，谨慎负责，一丝不苟。在生活方面我乐观，热情，诚恳，宽容。我自信能胜任自己的工作，本着“迎难而上”的精神，我

图 3—33 图片水印

删除水印，可以单击“水印”列表下的“删除水印”。

📖任务实训

打开之前所建的“个人简历”文档，设置所有文本的字体效果，段落格式。设置合适的边框和底纹，添加页面背景，添加水印效果。

任务三 图形对象

📖任务引领

只有文字的简历不能吸引人，也不够形象。在文本中插入图片、图形、剪贴画、艺术字、公式，并对这些对象进行效果设置与排版，使文稿图文并茂。

📖任务目标

学会在文档中插入剪贴画和外部图片，并能对图片进行剪裁调整，设置环绕方式等。掌握绘制自选图形、添加文字调整大小样式的方法。学会在文档中插入艺术字、公式并进行编辑，能够完成对文本框的插入与设置等操作。

📖任务实施

一、剪贴画、图片、自选图形

1. 插入剪贴画

Word 2010 提供了多种类型的剪贴画，这些剪贴画构思巧妙，能够表达不同的主题，用户可以根据需要插入文档。

【技能操作】打开“个人简历封面 . docx”在合适的位置插入剪贴画。

在文档中确定剪贴画的插入点，如图 3—34 所示单击“插入”选项卡“插图”面板工具组中的“剪贴画”按钮，在右侧窗口打开“剪贴画”任务窗，单击搜索按钮，打开“所有媒体文件类型”，单击所需的剪贴画即可插入到文档插入点，如图 3—35 所示。

图 3—34 插入剪贴画

图 3—35　插入剪贴画搜索

2. 插入外部图片

外部图片可以来源于网上下载、扫描、数码照片等。

【技能操作】打开“个人简历封面 . docx”，插入“图片 1. jpg”。

单击“插入”选项卡“插图”面板工具组中的“图片”按钮，打开“插入图片”对话框，选择图片所在位置（素材文件夹）选择所要插入的“图片 1. jpg”，单击“插入”按钮。

3. 图片的编辑调整及环绕方式设置

（1）图片的编辑调整。

Word 2010 对插入的图片可以根据需要进行调整编辑，以及添加各种艺术效果，在文本中的排版位置等。

【技能操作】编辑文档中插入的“图片 1. jpg”，对图片进行大小、格式等编辑。

单击选中图片，激活“图片工具-格式”功能选项面板，如图 3—36 所示。

图 3—36　“图片工具＋格式”功能选项面板

图片的大小的调整：单击图片，图片四周显示 8 个方形控制块，鼠标指针放置在控制块上，按住左键拖动可缩放调整图片的宽，高，若拖动四角的圆形控制点，则等比例缩放。如果要精确调整图片的大小，可以在选中图片后，在“大小”面板工具组中的“高度”“宽度”中直接输入数值。

图片的剪裁：单击选中图片，单击“大小”面板工具组中的“裁剪”按钮，鼠标指针指向裁剪控制柄，在图片上按住鼠标左键拖动将不需要的部分剪裁掉。

图片的美化：Word 2010 新增的图片美化功能可以将图片设置出艺术化的效果，如图 3—37 所示。如果程序窗口顶部的文件名旁有“［兼容模式］”字样，当前为＊.doc 格式文件，则需要将文档保存＊.docx 格式。单击图片，可以通过“调整”组中的“颜色”下拉列表，或“艺术效果样式”等对图片进行美化，也可以选中图片，单击“图片样式”右下角的打开“设置图片格式”对话框进行设置，如图 3—38 所示。

(a) 金属框架

(b) 矩形投影

图 3—37 图片美化

设置图片格式

填充
线条颜色
线型
阴影
映像
发光和柔化边缘
三维格式
三维旋转
图片更正
图片颜色
艺术效果
裁剪
文本框
可选文字

三维旋转
预设(P):
旋转
X(X): 0°
Y(Y): 0°
Z(Z): 0°
透视(E): 0°
文本
保持文本平面状态(K)
对象位置
距地面高度(D): 0 磅
重置(R)
关闭

图 3—38 设置图片格式

（2）图片的位置及环绕方式。

插入文本中的图片可以根据需要设置排版位置。

单击图片，单击“图片工具-格式”选项卡中“排列”面板工具组中的“位置”按钮，在下拉列表中如图 3—39 所示选择文字环绕方式，若图片要自由移动，可设置为非镶入型，单击“自动换行”按钮，如图 3—40 所示。

图 3—39　位置列表

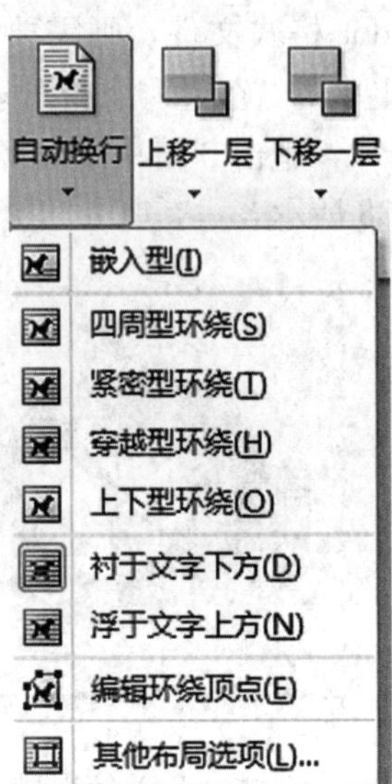

图 3—40　自动换行列表

【技能操作】打开“个人简历封面 .docx”，参考如图 3—41 所示。

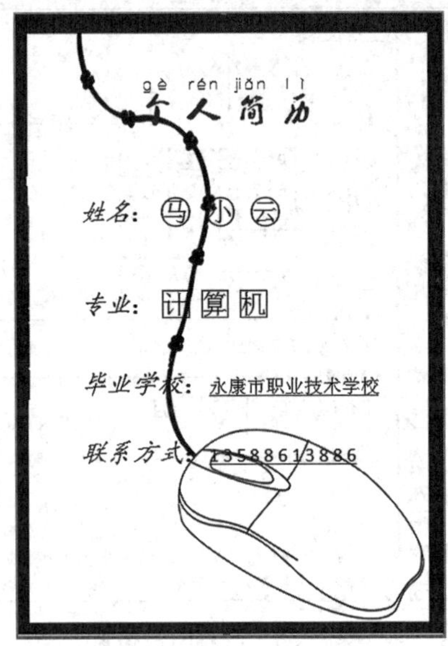

图 3—41　个人简历封面排版

【技能操作】将素材中的作品图片插入作品展示文档中，并调整好大小位置，参考图 3—42 所示。

图 3—42 作品展示

4. 自制图形的绘制和设置

利用 Word 的绘图功能可以很轻松、快速地绘制各种外面专业、效果生动的图形，还可以对图形编辑和美化操作，使图形效果更加精彩。

(1) 绘制自选图形、设置效果。

【技能操作】新建文档，绘制“笑脸”图形，进行旋转、大小、变形调整，设置图形样式、填充效果、三维效果。

绘制和调整图形：在文档中绘制图形，单击“插入”选项卡“插图”面板工具组中“形状”按钮，在展开的列表“基本形状”中的“笑脸”图形，然后在文档中按住鼠标左键并拖动，画出“笑脸”图形，如图 3—43 绘制图形所示。

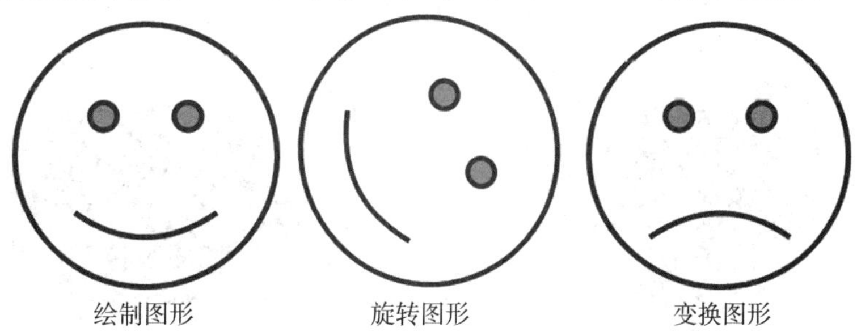

图 3—43 绘制、旋转、变换图形

选中图形，四周出现 8 个控制柄，拖动控制柄可以改变图形的大小。拖动绿色旋转控制柄可以旋转图形。如图 3—43 旋转图形所示。部分图形中还会出黄色控制柄，拖动可以变换图形，如图 3—43 变换图形所示。

设置图形样式：Word 2010 提供了多种样式可以美化图形。双击图形打开“绘图工具-格式”选项卡，单击“形状样式”面板工具组“样式”列表右下角“其他”按钮，在展开的图形样式列表如图 3—44 中选择所需样式，应用效果如图 3—45 所示。

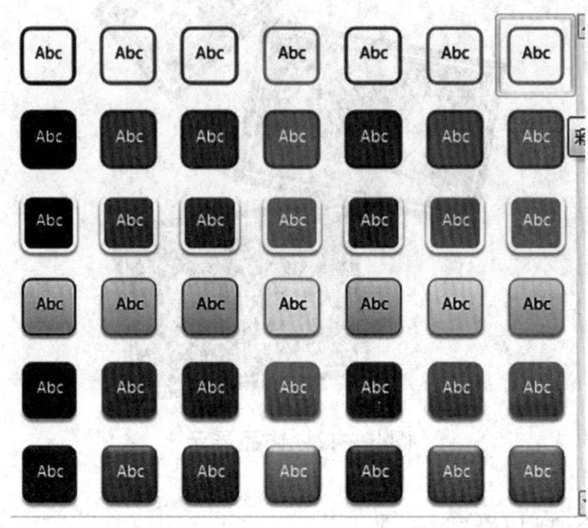

图 3—44　图形应用样式列表

设置图形的轮廓和填充效果：除了可以使用系统内置的样式美化图形外，用户可以自己设置图形的轮廓和 填充。单击 选中图形，选择“绘图工具-格式”选项卡中的“形状轮廓”可设置图形轮廓颜色与线形，在“形状填充”中可以形状填充颜色、渐变、图片、纹理，在“形状效果”中可设置形状外观效果。

给图形添加阴影和三维效果：选中图形，打开“形状效果”下拉列表选择“三维旋转”在打开的列表中选择“三维旋转选项”然后在打开的“设置图片”对话框里设置图形阴影、三维、旋转、线条等各种效果，如图 3—46 所示。

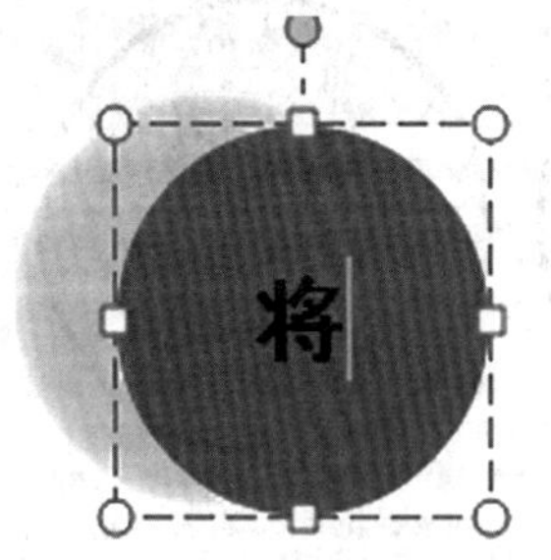

图 3—45　应用样式后的图形

图 3—46　三维旋转阴影

(2) 排列次序与组合图形。

【技能操作】分别绘制太阳、笑脸、心形，设置不同的叠放层次，并进行组合。

分别绘制自选图形：太阳、笑脸、心形，并填充三种不同的颜色。默认情况下，Word 按插入的对象先后顺序进行层次叠放。选中要改变叠放次序的图形，如心形，单击“绘图工具格式”选项卡上“排列”组中的上移一层或下移一层按钮对图形的叠放层次进行调整，或者“置于顶层”“置于底层”，叠放效果如 3—47 所示。

图 3—47　叠放效果

组合图形：当文档中绘制多个图形时，为了方便统一调整位置、大小，将它组合一个图形单元。单击选中一个图形，按下 Shift 键，依次单击要组合的其他图形，然后单击“排列”面板工具组中的“组合”按钮，效果如图 3—48 所示。

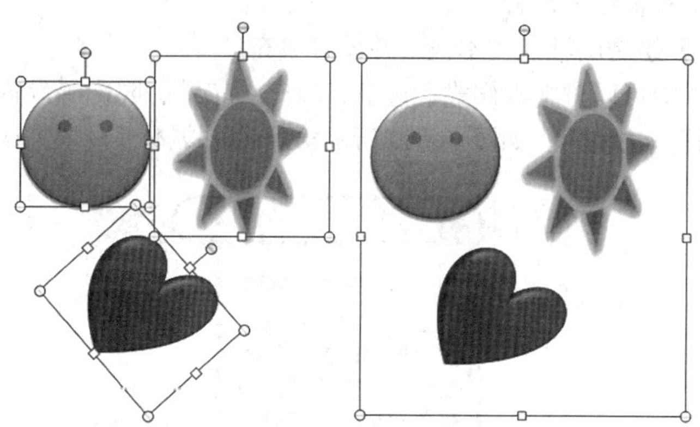

图 3—48　图形的组合

二、文本框、艺术字、公式

文本框也是 Word 的一种图形对象，用户可以在文本框里输入文字表格等，并且文本可以放在页面的任意位置，使排版更灵活；应用艺术字创建的文档更美观。

1. 文本框

(1) 创建文本框。

绘制文本框：单击“插入”选项卡“插图”面板工具组中的“形状”按钮，

在展开的列表中选择“基本形状”组中的“文本框”或“垂直文本框”形状，然后在文档中移动鼠标可绘制出横排或直排的文本框。“形状”列表中的“标注”组也可绘制各种形状的文本框。文本框绘制完成后，在框内闪烁光标处输入文字，并可进行文字的格式设置。

插入系统内置文本框：单击“插入”选项卡“文本”面板中的“文本框”按钮，在展开的列表中选择“内置”设置区的某种文本框样式，即可插入所选的文本框，修改文本框内容即可。

将普通图形转换为文本框：绘制的自选图形，也可以转换为文本框输入文本，右击图形，在弹出的快捷菜中选择“添加文字”，如图 3—49 所示。

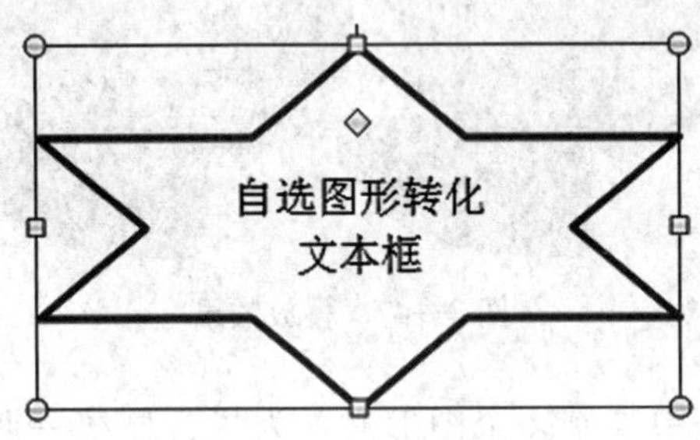

图 3—49 自选图形转换文本框

（2）设置文本框格式设置。

【技能操作】绘制画轴式文本框，并设置填充。

Word 2010 中可以对文本样式、边框、填充、三维、阴影等设置，设置方法与自选图形的设置方法相同，如图 3—50 所示给画轴式文本框设置渐变填充。

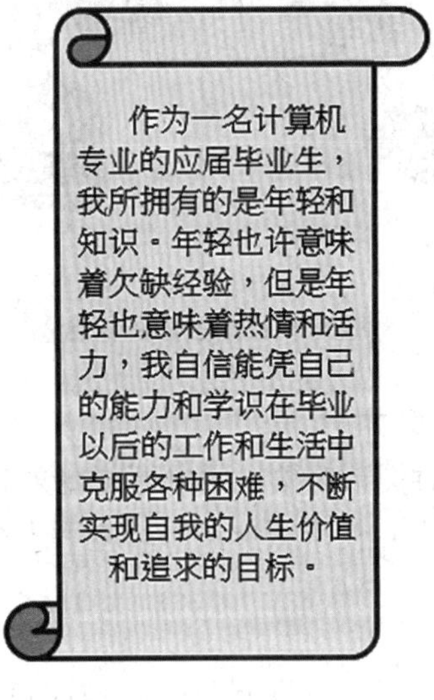

作为一名计算机专业的应届毕业生，我所拥有的是年轻和知识。年轻也许意味着欠缺经验，但是年轻也意味着热情和活力，我自信能凭自己的能力和学识在毕业以后的工作和生活中克服各种困难，不断实现自我的人生价值和追求的目标。

图 3—50 文本框格式设置

2. 使用艺术字

创建艺术字：单击“插入”选项卡“文本”面板中的“艺术字”按钮，打开“艺术 字样式”列表，选择一种艺术字样式，在文档的插入点位置出现一个艺术字文本框占位符“请在此放置您的文字”，输入艺术文字即可，设计的艺术效果如图3—51所示。

艺术字格式的设置：对艺术字也可以设置填充、轮廓、三维、阴影、变形效果等，单击“绘图工具-格式”选项卡上“艺术字样式”组中“文本填充、文本轮、文本效果”按钮进行相应效果设置，设置方法与自选图形相同。其中在“文本效果”下的“转换”可以转换艺术字不同的形状。

【技能操作】应用艺术字工具，创建“母亲节快乐”艺术字，并设置出不同的艺术效果，参考图3—51。

国庆节快乐 国庆节快乐

国庆节快乐 国庆节快乐

图3—51　艺术字效果

🕮任务实训

打开“个人简历”文件，在封面这一页插入素材中的图片，调整图片的环绕方式为衬于文字下方。在自我评价这一页的后面插入新的一页，插入素材中的个人作品图片，调整图片的环绕方式以及美化图片。封面这一页的“个人简历”用艺术字来插入，“姓名”“电话号码”“毕业学校”插入文本框，方便调整文本的位置和大小。

任务四　表格设计

🕮任务引领

在个人简历中需要展示个人的基本信息，其中包括性别、籍贯、毕业院校、教育背景、获奖情况等，可以将这些信息放在表格中，让招聘单位一目了然。

🕮任务目标

学会创建表格，掌握对表格的选择、插入、删除、合并、拆分等编辑；学会对表格进行美化设计；学会创建斜线表头；掌握编排表格文字的操作方法；能应用公式对表格数据进行简单的计算。

📖任务实施

一、表格的创建及编辑

1. 表格的创建、选定、移动和删除

（1）表格的创建。

使用网格创建表格：确定创建表格的位置，单击“插入”选项卡“表格”面板中的“表格”按钮，在显示的网格中移动鼠标指针选择所需要的行和列如图 3—52 所示，此时在文档中显示表格的创建效果，单击鼠标创建表格如图 3—53 所示。

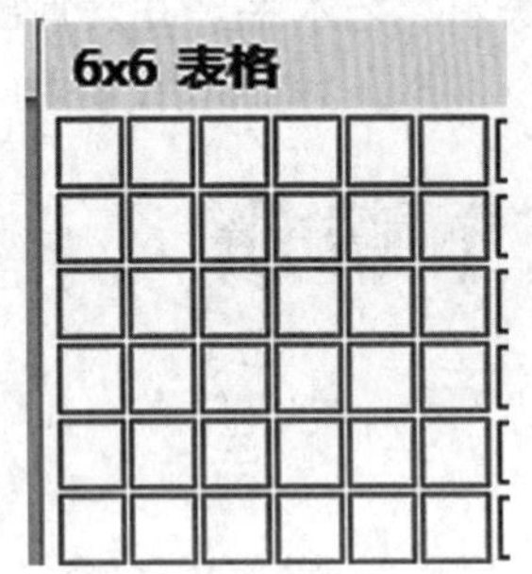

图 3—52　表格网格

↵	↵	↵	↵	↵	↵
↵	↵	↵	↵	↵	↵
↵	↵	↵	↵	↵	↵
↵	↵	↵	↵	↵	↵
↵	↵	↵	↵	↵	↵

图 3—53　应用表格网格创建表格

【技能操作】制作如图 3—53 所示表格。

使用“插入表格”对话框创建表格：确定创建表格的位置，单击“插入”选项卡“表格”面板中的“表格”按钮，在展开的列表中选择“插入表格”，打开“插入表格”对话框，在对话框内输入行、列，在“自动调整操作”设置区中选择一种定义列宽的方式，单击“确定”即可创建表格。

绘制表格：使用绘制表格可以很方便地绘制不规则的复杂表格或对表格进行修改。单击“插入”选项卡“表格”面板中的“表格”按钮，在展开的列表中选择“绘制表格”选项。将鼠标移至文档窗口，鼠标指针变为铅笔形，单击并拖动鼠标，此时将出现一个可变的虚线框，松开鼠标左键，画出表格的外边框。在表格内移动并按住鼠标左键向右拖动，如出现水平虚线后松开鼠标，即可画出一条横线如图 3—54 右图，依次方法可以在表格内拖动画出任意表格线。若绘制表格线时出现绘制错误时，可应用“表格工具-设计”选项卡“绘图边框”组中的“擦除”按钮，在需要删除的表格线上单击拖动使表线加粗，松开左键加粗的表格被擦除。

（2）表格的选定和移动。

当表格建立完毕要选定整个表格，可以单击表格左上角的“表格位置控制点”按钮选定整个表格，拖动此按钮即可移动表格位置。也可以单击“表格工具-布局”选项卡“表”面板中的“选择”按钮，在展开的列表中选择相应的选项，如图 3—55 所示。

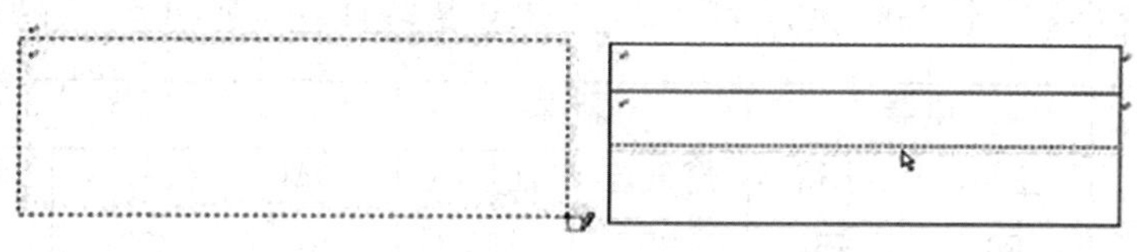

图 3—54 绘制表格

图 3—55 选择表格

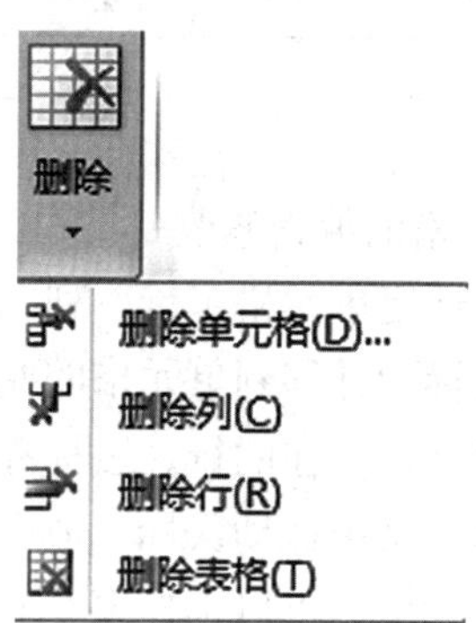

图 3—56 删除表格

（3）表格的删除。

单击表格左上角的“位置控制点”按钮，选中整个表格，按键盘上退格键（Backspace）删除表格。也可以使用“表格工具-布局”选项卡“表”组中的“删除”按钮，在展开的列表中选择相应的选项删除列、行、单元格、表格，如图 3—56所示。

【技能操作】使用表格绘制如下表格。

（4）表格内容与对齐。

输入表格内容时，在表格中的相应单元格内单击，输入内容即可。也可以使用上、下、左、右方向键在单元格之间移动以确定插入点输入内容。

表格内容对齐方式的设置：选中要设置对齐的单元格、行、列及整个表格，单击“表格工具-布局”选项卡“对齐方式”面板中“对齐”按钮，如图 3—57 所示，或右击选中的表格对象，在弹出的快捷菜单对齐方式。

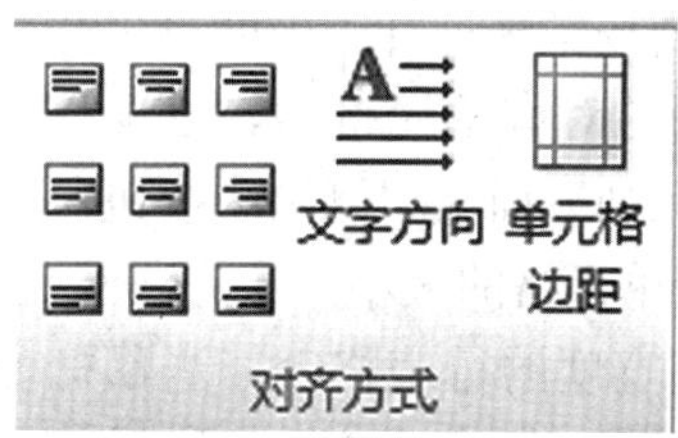

图 3—57 表格内容对齐

【技能操作】制作某商场部分电器一季度销售统计表，如图 3—58 所示。

	电器		燃具		灯具		
	空调	冰箱	燃气灶	油烟机	台灯	吊灯	壁灯
1月	80	75	80	89	81	90	93
2月	81	83	74	72	78	95	82
3月	70	77	71	73	77	77	82

图 3—58　电器商场销售统计表

2. 表格的编辑修改

(1) 选定单元格、行、列。

将鼠标指针移到单元格的左下角，当鼠标变为↗时，单击选中该单元格，双击则选中单元格所在的行。鼠标移到列的顶端，当指针变⬇为时，单击选中该列。

在单元格中拖动鼠标，或者将插入点设置于某个单元格中，按住 Shift 键+上下左右光标键，可以选择多个相邻的单元格。按住 Ctrl 键+鼠标拖动，可以选定不连续的单元格。

除了使用鼠标选定，还可以使用菜单命令选定：将插入符定位于某个单元格中，单击“表格工具-布局”选项卡“表”面板“选择”按钮，在展开的列表选择相应的选项。

(2) 插入行、列、单元格。

要在已做好的表格中插入行、列或单元格，首先将插入点置于要添加行或列相邻位置的单元格中，单击“表格工具-布局”选项卡“行和列”面板“上方插入”或“在下方插入”按钮，插入空白行，如果是“在左侧插入”或者“在右侧插入”则插入一个空白列 。

如果要插入单元格，先确定插入点位置，然后单击“行和列”面板中右下角按钮，打开“插入单元格”对话框，选择插入行、列、单元格，或使用右键快捷菜单插入行、列或单元格。

【技能操作】练习插入行、列、单元格，修改电器商场统计表。

(3) 删除行、列、单元格。

【技能操作】删除电器商场销售统计表中的第三行。

将插入点定位于要删除的对应单元格中，或选择好要删除的区域，单击“表格工具-布局”选项卡“行和列”面板“删除”按钮，选择删除行、列或单元格。

(4) 调整行高、列宽及单元格的大小。

将鼠标指针置于要调整宽度的行表格上，当鼠标变为上下双向箭头时，拖动鼠标调整行高，鼠标置于列表线上，当变为左右双向箭头时，拖动鼠标改变列宽。选定一个单元格，在列的线上拖动可以改变单元格的宽度。

若要精确调整行高和列宽，可在表格的任意单元格中单击或选中要调整的多行或多列，然后单击“表格工具-布局”选项卡“单元格大小”面板“高度”或“宽度”编辑框，如图 3—59 所示，输入相应数值后回车即可。也可以打开“单元格”面板右下角 的“表格属性”对话框按钮，在对话框中调整行高和列宽以及单元格的宽度。

（5）合并、拆分单元格。

合并单元格：选中要合并的两个或多个单元格，单击“表格工具-布局”选项卡“合并”面板（见图 3—60）“合并单元格”按钮可合并选中的单元格。

拆分单元格：将插入点置于要拆分的单元格内，单击“合并”面板（见图 3—60）“拆分单元格”按钮，在打开对话框中设置要拆分的行、列数，单击确定完成拆分。

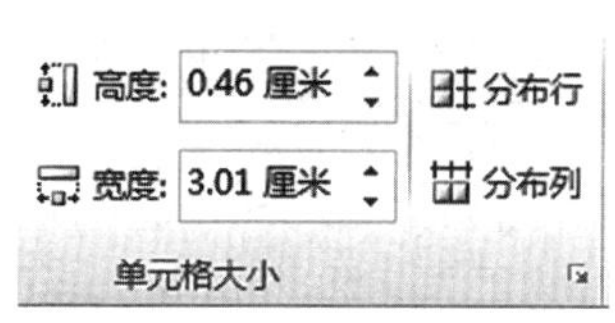

图 3—59 精确调整行高列宽

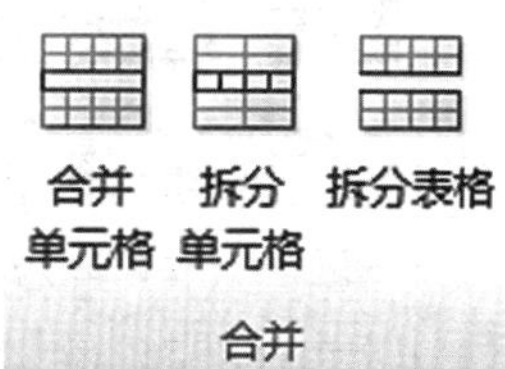

图 3—60 合并与拆分

二、表格格式化与数据统计

完成表格的创建与编辑，为了使表格更加美观，可以对表格进行美化设计，如设置边框和底纹等，或自动套用格式，还可以对表格数据进行简单的统计计算。

1. 表格的格式化设计

（1）套用预置表格格式。

Word 2010 提供了 30 多种预置的表格样式，无论是新建的空白表还是已经输入数据的表格，都可以通过套用预置的表样式来快速格式化设计。

将插入点置于表格内任意位置，单击“表格工具-设计”选项卡“表格样式”面板“样式”列表框右下角“其他”按钮，打开样式列表，如图 3—61 所示，选择要使用的表格样式，单击确定即可自动套用该样式。

若要取消套用的样式，如图 3—61 所示，则在表格样式列表下方单击“清除”即可。

【技能操作】制作班级课程表，应用表格预置格式进行美化设计。

（2）自主设置边框和底纹。

默认情况下，创建的表格边框为黑色单实线，无填充色，用户如果对表样式提供的格式不满意，可以自主为单元格或表格设置不同的边线和填充风格。

设置边框：单击“表格工具-设计”选项卡“绘图边框”面板“边框”、“笔样式”、“笔画粗细”、“笔颜色”等按钮，从弹出的列表中选择边框样式。

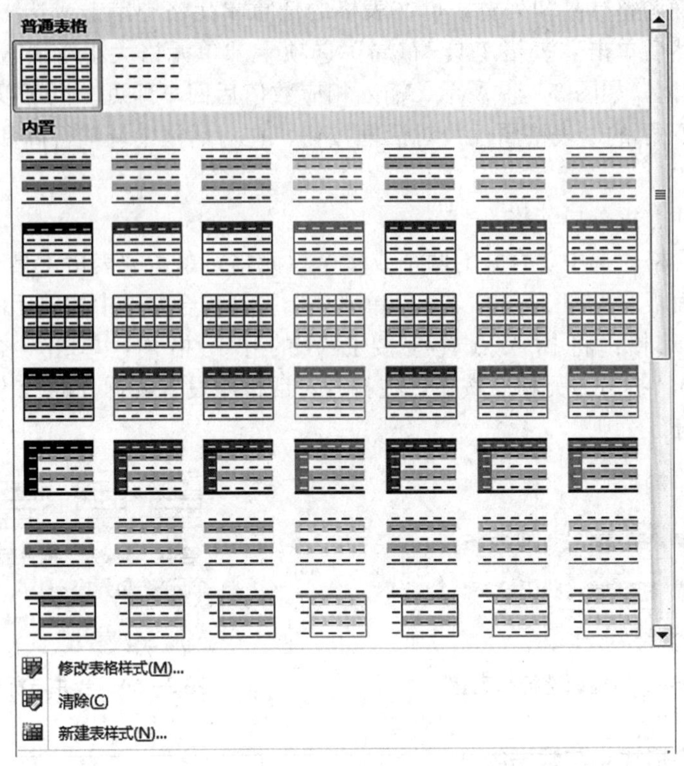

图 3—61　表格套用内置样式

如果要设置更复杂的边框和底纹，可以点击“绘图边框”右下角按钮，打开“边框和底纹”对话框进行设置，设置方法与段落的边框和底纹设置方法相同。

【技能操作】打开课程表，练习设置外框线为蓝色双线，内线为棕色细实线，表头标题行填充绿色。

2. 跨页表格标题行重复和斜线表格

(1) 标题行重复。

当创建的表格超过一页时，为了使每一页都有标题行，可以设置跨页标题行重复。

将插入点置于表格标题行中的一个单元格中，单击“表格工具-布局”选项卡“数据”组中的“重复标题行”按钮设置该行为标题行重复。

(2) 制作斜线表头。

在实际制作表格的过程中，为了更清楚地标识表格内容，需要使用斜线表头(见图 3—62)。制作斜线表头有两种方法：

利用“边框”列表绘制斜线表头：将插入点置于绘制斜线表头的单元格中，单击“表格工具-设计”选项卡“绘图边框”面板“笔样式、粗细、颜色”设置线形，然后应用“绘制表格”按钮单元格中拖动画出斜线表头。应用文本框工具添加文字。也可以使用“表格工具-设计”选项卡中的“表格样式”面板“边框”中的斜上、下框线设置，如图 3—62 所示。

项目 月份	空调
1 月	80
2 月	81
3 月	78

图 3—62 绘制斜线表头

手动绘制表头：手动绘制可以绘制较复杂的表头。

【技能操作】如图 3—63 所示，应用多种方法练习为课程表设计斜线表头。

提示一种方法：应用“插入”选项卡“形状”组中的“直线”绘制斜线（如图 3—64 所示）；创建文本框并写入表头内容，将文本框的“形状填充”和“形状轮廓”设置为“无”；选中所有线条和文本框组合；调整大小并放入表头位置。

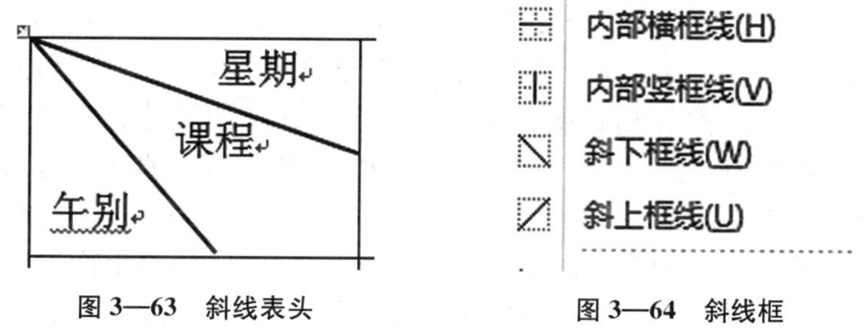

图 3—63 斜线表头　　图 3—64 斜线框

3. 表格中的计算

在表格中，可以通过输入+、—、*、/等运算符号创建公式进行计算，也可以使用 Word 2010 提供的函数进行数据运算。表格中的计算是以单元格区域为单位，每个单元格都有一个地址，和电子表格一样，列为 A 至 Z 的字母，行为从 1 开始的数字，以其所在的行和列的编号组成单元格地址编号。

如 A1 表示位于第一列、第一行的单元格；B3 表示位于第二列，第三行的单元格；A1：B3 表示从 A1 到 B3 组成的单元格区域，包括 A1、A2、A3、B1、B2、B3；A1，B3 表示 A1 和 B3 两个单元格；SUM（A1：C3）表示求 A1 到 C3 的和；AVERAGE（B1：B4）表示求 B1 到 B4 的平均值。

【技能操作】打开“班级成绩表.docx”，求成绩表的各项总分和平均分。

求总分：将插入点定位于“总分”下方的第一个单元格，即放计算结果的单元格，单击“表格工具－布局”选项卡“数据”组中的fx按钮，打开公式对话框，如图3—65所示，对话框中显示将单元格左侧的数据进行求和，单击“确定”即可。

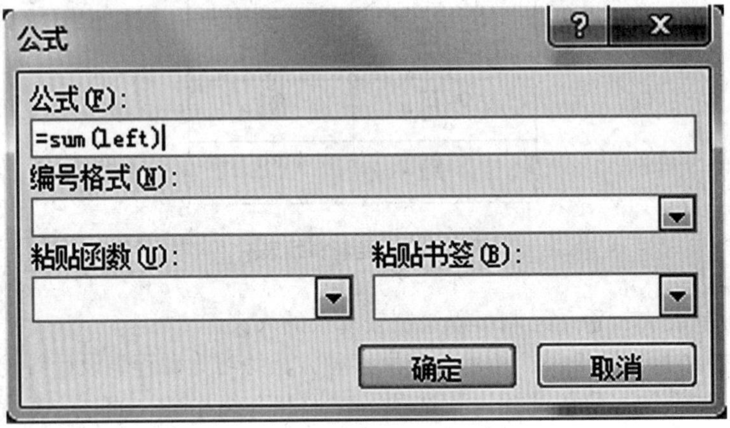

公式

公式(F):

=sum(left)

编号格式(N):

粘贴函数(U):　　粘贴书签(B):

确定　取消

图3—65　“公式”对话框

其余求和算法相同，当求第二行时，需要把公式中的区域ABOVE修改为LEFT，或者使用（B3：D3）即公式为＝SUM（LEFT）或＝SUM（B3：D3）。

求平均值：将插入点定位于平均分结果存放位置的单元格，选择公式按钮打开“公式”对话框，选择粘贴函数中的AVERAGE，编辑公式为＝AVERAGE(ABOVE)，单击“确定”计算机第一列数据的平均值。应用此方法完成其他项目单元格的求和、求平均值的计算。

在Word 2010公式中提供的常用位置参数有：ABOVE（上面）、LEFT（左面）、RIGHT（右面），也可以直接使用单元格区域表示，或者在公式中直接应用运算符创建表达式到单元格进行数据计算。例如“＝B4＋B5＋B6”需要注意的是公式必须是以“＝”开头。

在公式使用中，若表格存在合并或拆分的情况，则单元格以最多的行和列来命名。

🕮任务实训

打开“个人简历”文档，第二页输入个人基本信息，插入如下图的表格。在表格中输入个人信息，并将“教育背景”“技能/专长”“获奖奖励”放入表格中。

<table>
<tr><td colspan="5">个人基本信息</td></tr>
<tr><td>姓名</td><td>马小云</td><td>性别</td><td>男</td><td rowspan="5">照
片</td></tr>
<tr><td>出生年月</td><td>1999 年 4 月</td><td>民族</td><td>汉族</td></tr>
<tr><td>户口所在</td><td>浙江金华</td><td>学历</td><td>高中</td></tr>
<tr><td>E-MALL</td><td>13114423××@qq. com</td><td>QQ</td><td>13114423××</td></tr>
<tr><td>毕业院校</td><td>永康市职业技术学校</td><td></td><td></td></tr>
<tr><td colspan="5">教育背景</td></tr>
<tr><td colspan="5">2005～2010　王慈溪小学
2010～2013　永康三中
2013～今　永康职业技术学校</td></tr>
<tr><td colspan="5">获得奖励</td></tr>
<tr><td colspan="5">➢ 2012——2013 学年被评为“优秀三好学生”的称号；
➢ 2013——2014 学年被评为“优秀团员”的称号；
➢ 2013 年，获浙江省“创新创业”挑战赛一等奖；
➢ 2014 年获校级学生会优秀干事；
➢ 2015 年获得学校叠被子比赛二等奖</td></tr>
</table>

任务五　文档设置

任务引领

对文档内容进行排版后，最后一步对文档进行页码、页眉、页脚、页面、打印、引用、审阅等设置。

任务目标

学会给文档分页或分节，学会设置页码、页眉、页脚、脚注、尾注，学会对文档进行拼写、语法检查及字数统计，学会使用文档的审阅功能，学会使用大纲视图组织文档，学会给文档建立目录与索引，掌握页面设置与打印输出。

任务实施

一、文档设置技巧

1. 文档格式化

当需要给文档的不同页面创建不同的页眉、页脚时，这时需要给文档分节；

应用系统提供的拼写和语法检查可以帮助你检查更改错误，应用字数统计工具统计文档字数。对于长文档，应用大纲视图组织文档更方便。创建大纲后可以很方便地给文档建立目录，并可自动更新。

2. 文档的分页分节、页眉页脚

(1) 设置分隔符。

当文档内容满一页时，Word 会自动转到下一页，但在实际应用中，会遇到强制换页的情况，在编排长文档时经常需要给文档分节，以满足不同的页面设置，利用分隔符可以实现这些操作。Word 分隔符包括分节符和分页符，在不同的节里可以设置不同的页面格式如页边距、页眉、页脚、分栏等。如果要强制分页，可以插入分页符。

(2) 插入分节符。

将插入点置于需要分节符的位置，单击“页面布局”选项卡“页面设置”面板“分隔符”按钮，在展开的列表只选择“分节符”组中的“下一页”。此时在插入点的位置插入一个“下一页”分节符，并将分节符后的内容显示在下一页中。

若要删除插入的分节符，单击“开始”选项卡“段落”面板“显示/隐藏标记”，系统将显示系统标记，如分节符、段落等，将插入点置于标记的左侧，然后按 DELETE 键删除标记，则对应的功能也被取消。

(3) 插入分页符。

将插入点置于要插入分页符的位置，单击“分隔符”组中的“分页符”插入分页符，此时后面的内容将显示在下一页。

3. 添加页码、页眉、页脚

(1) 页码的插入。

使用“插入”选项卡“页眉和页脚”面板中的“页码”按钮，在打开的列表中选择插入位置，如页面顶端、页面底端，或设置页码格式。

(2) 添加页眉、页脚。

页眉和页脚分别位于页面的顶部和底部，常用来插入页码、时间、文档的标题等。

单击“插入”选项卡“页眉和页脚”面板“页眉”按钮，在展开的列表中选择页眉样式，如选择“字母表型”。进入页眉和页脚编辑状态，并在页眉区显示选择的页眉，同时功能区显示“页眉和页脚工具-设计”选项卡。单击“标题”标签，输入页眉内容。

单击“页眉和页脚工具-设计”选项卡“导航”组中的“转至页脚”按钮至页脚，也可以直接在页脚区双击进入页脚编辑状态，编辑方法同页眉。

页眉和页脚与文档的正文处在不同的层次上，编辑页眉和页脚时不能编辑正文。同样，编辑正文时不能编辑页眉和页脚，页眉页脚内容的编辑方法同正文相同，可以插入图片图形等。页眉和页脚与正文的转换，可以在所在区域双击即可。

进行页眉、页脚、页码编辑状态，应用删除键可将相应内容删除。

(3) 设置首页不同或奇偶页不同的页眉和页脚。

在 Word 中进行长文档排版时，每节的首页通常不要页眉和页脚，并且奇数页和偶数页的内容和位置也不相同，这时就需要首页不同或奇偶页不同的页眉页脚设置。

(4) 为不同的章节设置不同的页眉或页脚。

在长文档中若需要设置每一章根据内容有不同的页眉内容，这时就需要在每一章设置页眉。在 Word 中，在不同的节中可以设置不同的排版格式，所以只要分节就可以完成。

4. 拼写和语法、文档字数统计

(1) 拼写和语法。

文本输入结束后，在某些词语或句子的下面会出现红色或蓝色波浪线，蓝色波浪线表示语法错误，红色波浪线表示拼写错误。用户可以以波浪线位置右击检查错误，也可以单击“审阅”选项卡“校对”面板组中的“拼写和语法”按钮进行检查。

(2) 文档字写统计。

Word 字数统计功能可以统计整篇文档的字数，也可以统计选定文本的字数。

打开文档，将光标定于文档任意处，单击“审阅”选项卡“校对”面板“字数统计”按钮，弹出“字数统计”对话框，在对话框中可以得到页数、字数等统计信息。

选中文字内容，单击“字数统计”可得到选中文字的“字数统计”信息。

5. 文档审阅

在日常工作中，文件常常需要在相关人员之间传阅、修改，这就需要对文档传阅、修改，这就需要对文档进行审阅，审阅主要包括两个方面：一是文档的审阅者通过对文档添加批注的方式，对文档的某些内容提出自己的看法或建议，而文档作者可以据此决定是否修改；二是文档审阅者在文档修订模式下修改原文档，而文档作者是拒绝还是接受。

(1) 为文档添加批注。

审阅者在文档中添加批注，并可以使批注以不同的底纹颜色和用户名对不同审阅者的批注加以区别。

打开自己建立的“个人简历”文档，切换至“审阅”选项卡，如图 3—66 所示。

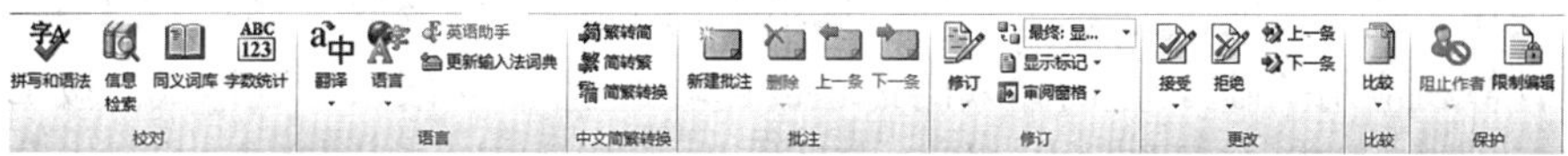

图 3—66　“审阅”选项卡

单击“修订”按钮，在展开的列表中选择“更改用户名”打开“选项”对话框，在“常用”选项右侧输入“用户名”和“缩写”单击确定。当多个审阅者审阅同一篇文档时，这一步是很重要的，否则作者无法得知批注是谁的意见。

用鼠标拖动选中文中需要添加批注的文字，单击“批注”组中“新建批注”按钮，在打开的批注框中输入批注内容，如图 3—67 所示。

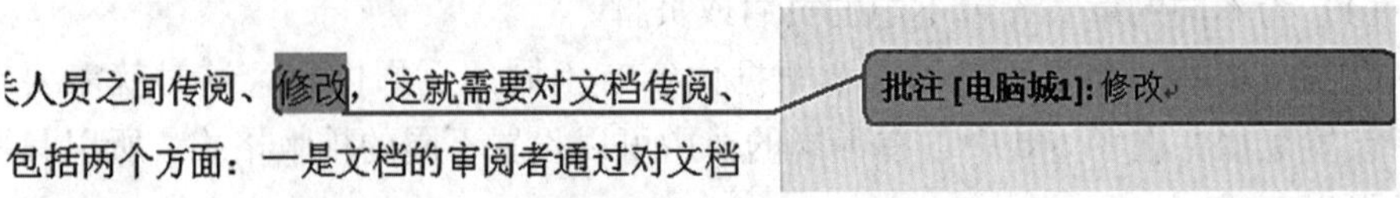

关人员之间传阅、修改，这就需要对文档传阅、
包括两个方面：一是文档的审阅者通过对文档
批注 [电脑城1]: 修改

图 3—67　添加批注

在“批注”组中单击“下一条”或“下一条”可以查看各条批注，若接受批注，可按批注提示进行修改，则批注消失；或不接受批注，可将插入符定位于批注框中，单击“批注”组中的“删除”按钮。

如图 3—68 所示，可以删除一条批注，也可以一次删除所有批注。

（2）修订文档。

修订功能可以突出显示审阅者对文档所做的修改，而文档的作者可以决定接受或拒绝，如图 3—69 和图 3—70 所示。

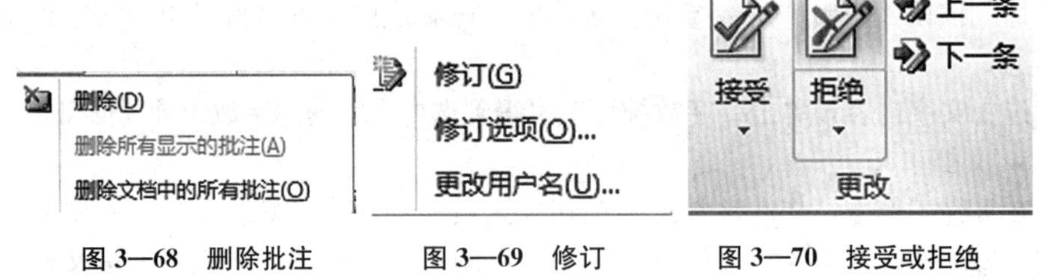

图 3—68　删除批注　　图 3—69　修订　　图 3—70　接受或拒绝

6. 使用大纲视图组织文档

大纲视图常用于编写和修改具有多级标题的长文档。使用大纲视图不仅可以方便地编写文档大纲，还可以重新组织文档结构。

（1）在大纲视图下创建文档结构。

当完成对一篇文档的构思后，应该先把文档的纲目框架建立，这就是大纲。

【技能操作】在大纲视图中建立“计算机应用基础”文档结构。

按 CTRL＋N 新建空白文档，单击“视图”选项卡“文档视图”面板“大纲视图”按钮，进入大纲图模式，“大纲”选项卡用于调整文档结构，输入文档标题文本“计算机应用基础”，这时输入的标题被自动赋予为“1 级”标题样式。按 Enter 键换行，输入下一个标题文本“第 1 章计算机基础知识”，用同样的方法输入其他的标题文本，如图 3—71 所示。

（2）改变标题级别。

通过改变文档的标题级别，可以为提取多级目录做准备。默认情况下，在大纲视图中输入的标题均为 1 级，可以根据文档段落的需要设置级别。

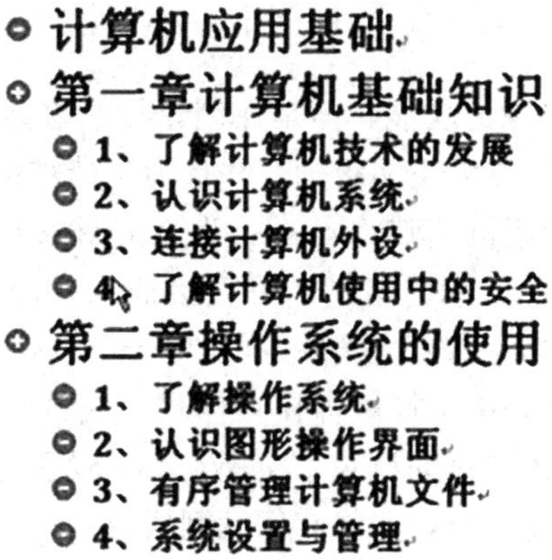

计算机应用基础
第一章计算机基础知识
1、了解计算机技术的发展
2、认识计算机系统
3、连接计算机外设
4、了解计算机使用中的安全
第二章操作系统的使用
1、了解操作系统
2、认识图形操作界面
3、有序管理计算机文件
4、系统设置与管理

图 3—71 输入结构标题

【技能操作】改变“计算机应用基础”文档结构的标题级别。

选中调整级别的标题内容，或将插入点置于该段中，单击“大纲级别”下拉列表，选择所需级别，或单击提升级别`>>按钮，或降低级别 p W 按钮，可以完成级别的调整。调整后的大纲级别如图 3—72 所示。

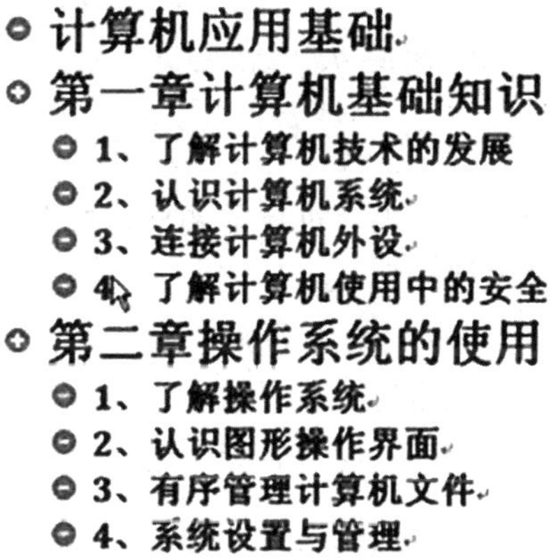

计算机应用基础
第一章计算机基础知识
1、了解计算机技术的发展
2、认识计算机系统
3、连接计算机外设
4、了解计算机使用中的安全
第二章操作系统的使用
1、了解操作系统
2、认识图形操作界面
3、有序管理计算机文件
4、系统设置与管理

图 3—72 改变标题级别

在大纲工具中可以应用＋对标题展开，应用—对标题进行折叠，还可以使用▲▼按钮对标题的顺序进行调整。

【技能操作】练习在“计算机应用基础”文档结构中对大纲进行展开和折叠，调整第二章标题 3、4 的顺序。

7. 编制目录

目录的作用是列出文档中各级标题及其所在的页码。一般情况下，所有的正式出版物都有目录，其中包含书刊中的章节及各章节的页码位置等，方便读者查阅。

(1) 插入目录。

Word 具有自动创建目录的功能，但是在创建目录之前，需要先为要提取的目录标题设置标题级别（不能置为正文级别）并且为文档添加页码。

【技能操作】打开“计算机基础 . docx”，为该文档添加目录。

该文档已为标题设置好了标题级别，可直接插入目录。将光标置于文档中要放置目录的位置，此处一般为文档的第一页。单击“引用”选项卡“目录”面板“目录”按钮，在展开的列表中选择一种目录样式，或打开“插入目录”对话框设置目录级别等选项，如选择“自动目录 1”，Word 将搜索整个文档中 3 级标题及以上的标题，以及标题所在的页码，并将它们编制成目录，结果如图 3—73 所示。

目录

关于中学生心理健康的调查报告……2
一,研究目的:……2
二,研究对象与研究方法:……2
三,结果与分析:……3
1,中学生心理健康的定义……3
2,中学生心理健康的标准……3
四.讨论与建议:……6

图 3—73 插入目录

(2) 更新目录。

目录以文档的内容为依据，当内容进行了调整，如页码或标题发生了变化，则要更新目录，使目录与文档保持一致。

【技能操作】在“关于中学生理健康的调查报告 . docx”中已创建目录，删除部分内容，使页码发生变化，然后再更新目录。

单击需要更新目录的任意位置，此时在目录左上角将显示“更新目录”选项，单击该选项，或者单击“目录”组中的“更新目录”按钮，在打开的“更新目录”对话框中的操作，单击“确定”即可。

二、页面设置及打印输出

编排好文档后需要打印出来，还需要进行哪些设置呢?

掌握文档页面设置：纸张大小、方向、页边距；会对编排好的文档进行打印预览，掌握打印设置，会将文档按指定设置和份数打印出来；会管理打印队列任务。

1. 文档的页面设置

新建文档时，Word 对文档的纸张大小、方向、页边距都做了默认设置，用户也可以据自己的需要对这些设置进行修改。

默认情况下，Word 文档使用的纸张大小是 A4，宽度为 21 厘米，高度为 29.7 厘米，方向为纵向。

【技能操作】新建文档，设置打印纸张为 B5，方向为纵向，文档顶端和底端各留 2.5 厘米，左右为 3 厘米。

打开文档，单击“页面布局”选项卡“页面设置”面板“纸张大小”按钮，在展开的列表中选择所需纸型 B5，若列表中没有所需纸型，可单击列表底部的“其他页面大小”项打开“页面设置”对话框如图 3—74 进行设置，也可以自定义纸张的大小。

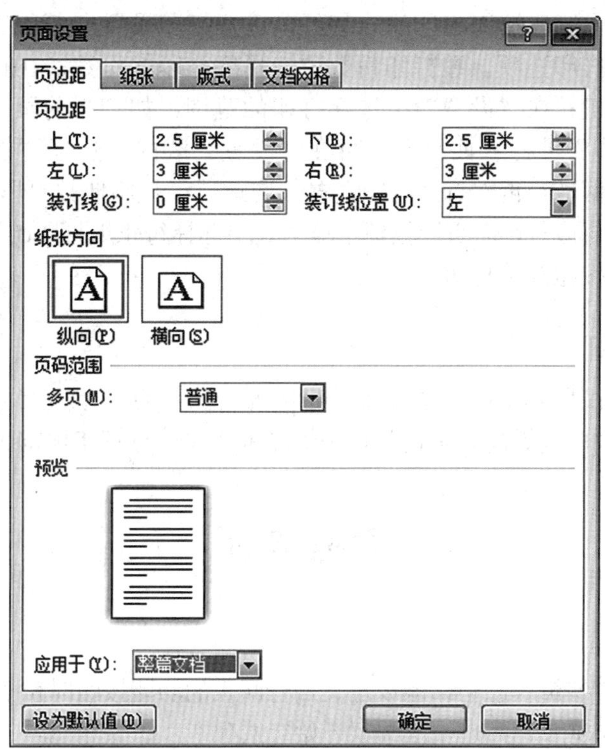

图 3—74 “页面设置”对话框

单击“页面设置”面板“纸张方向”按钮选择“纵向”或“横向”，此处选择默认的纵向。

单击“页面设置”面板“页边距”按钮，在列表中选择所需要边距，否则单击“自定义边距”选项打开“页面设置”对话框进行设置，如图 3—74 所示在边距框中，左右输入 3 厘米，上下输入 2.5 厘米。

2. 打印文档

已进行页面设置并编排好的文档，可以将其打印出来，为了防止出错，一般在打印前先进行打印预览。

【技能操作】对进行了页面设置的素材进行打印预览、打印设置。

打开文档，单击“文件”选项卡，在列表中选择“打印”项，在窗格右侧可看到打印效果。如果文档是多页的，可以单击右窗格下侧的“上一页，下一页”按钮进行翻页。

在右侧窗格的右下角，通过单击拖动 53% ⊖——▽——|——⊕ 可以放大或缩小预览效果。

单击右侧窗格右下角的“缩放到页面”按钮，将以当前页面显示比例进行预览。

如果用户的电脑连接有打印机，就可以进行打印设置和打印了。单击打印界面的左窗格设计打印选项。在打印份数中选择要打印的份数；在打印机列表中选择要使用的打印机；在“设置”中选择打印的范围，如“当前页，所有页，或者某页到某页”；若要进行双面打印，可在“设置”区内先选择“仅打印奇数页”，完成之后，将纸翻转，再次打开打印设置，选择“仅打印偶数页”；若要进行多版打印，可单击“每版打印 1 页”按钮下拉列表中选择每张纸打印的页数。设置完毕后单击“打印”按钮开始打印。

任务实训

打开“个人简历”文档，在封面后面插入新的一页，生成目录。设置打印文档纸张为 A4，方向为纵向，页边距均为 3 厘米，并进行打印预览。

思考练习

一、单项选择题

1. 在 Word 2010 编辑状态中，能设定文档行间距的功能按钮时位于（　　）中。

   A.“文件”选项卡　　B.“开始”选项卡

   C.“插入”选项卡　　D.“页面布局”选项卡

2. 通常情况下，下列选项中不能用于启动 Word 2010 的操作是（　　）。

   A. 双击 Windows 桌面上 Word 2010 快捷方式

   B. 单击“开始”—“所有程序”—“Microsoft office— Microsoft Word 2010”

   C. 在 Windows 资源管理器中双击 Word 文档图标

   D. 单击 Windows 桌面上的 Word 2010 快捷方式图标

3. Word 2010 文档中，每个段落都有自己的段落标记，段落标记的位置在（　　）。

A. 段落的首部　　B. 段落的结尾处
C. 段落的中间位置　　D. 段落中，但用户找不到的位置

4. Word 具有的功能是（　　）。
A. 表格处理　　B. 绘制图形
C. 自动更正　　D. 以上三项都是

5. Word 2010 的“文件”选项卡下的“最近所用文件”选项所对应的文件是（　　）。
A. 当前被操作的文件　　B. 当前已打开的 Word 文档
C. 最近被操作的 Word 文件　　D. 扩展名为 . docx

6. 下面关于 Word 标题栏的叙述中，错误的是（　　）。
A. 双击标题栏，可最大化或还原 Word 窗口
B. 拖曳标题栏，可将最大化窗口拖到新位置
C. 拖曳标题栏，可将非最大化窗口拖到新位置
D. 以上三项都不是

7. Word 2010 中的文本替换功能所在的选项卡是（　　）。
A. “文件”　　B. “开始”　　C. “插入”　　D. “页面布局”

8. 在 Word 2010 的编辑状态下，“开始”选项卡下“剪贴板”组中“剪贴”和“复制”按钮成浅灰色而不能用时，说明（　　）。
A. 剪贴板上已经有信息存放了　　B. 在文档中没有选中任何内容
C. 选定的内容是图片　　D. 选定的文档太小，剪贴板放不下

9. 在 Word 中，如果在输入的文字或标点下面出现红色波浪线，表现（　　），可用“审查”功能区中的“拼写和语法”来检查。
A. 拼写和语法错误　　B. 句法错误
C. 系统错误　　D. 其他错误

10. 在 Word 2010 的编辑状态下，文档窗口显示出水平尺寸，拖动水平标尺上沿的“首行缩进”滑块，则（　　）。
A. 文档中各段落的首行起始位置都重新确定
B. 文档中被选择的各段落首行起始位置都重新确定
C. 文档中各行的起始位置都重新确定
D. 插入点所在的起始位置都重新确定

11. 在 Word 2010 中，要新建文档，其第一步操作应该选择（　　）选项卡。
A. 视图　　B. 文件　　C. 插入　　D. 开始

12. 在 Word 2010 软件中，下列操作中能够切换“插入和改写”两种编辑状态的是（　　）。
A. 按 ctrl＋I　　B. 用鼠标单击状态栏中的“修订”
C. 按 shift＋I　　D. 用鼠标单击状态栏的“修订”

13. Word 2010 文档的默认扩展名为（　　）。

A. . text　　B. . doc　　C. . docx　　D. . jpg

14. 根据文件的扩展名，下列文件按属于 Word 2010 文档的是（　　）。

A. text. wav　　B. text. txt　　C. text. png　　D. text. docx

15. 在 Word 2010 的编辑状态，可以显示页面四角的视图方式是（　　）。

A. 草稿视图方式　　B. 大纲视图方式

C. 页面视图方式　　D. 阅读版式视图方式

16. 当前活动窗口文档 d1. docx 下的窗口，单击该窗口的“最小化”按钮后（　　）。

A. 不显示 d1. docx 文档的内容，但 d1. dock 文档并为关闭

B. 该窗口和 d1. docx 文档都被关闭了

C. d1. docx 文档未被关闭，且继续显示其内容

D. 关闭了 d1. docx 文档但该窗口并未被关闭

17. 能被看到 Word 2010 文档的分栏效果的页面格式是（　　）视图。

A. 页面　　B. 草稿　　C. 大纲　　D. web 板式

18. 在 Word 2010 中，各级标题层次分明的是（　　）。

A. 草稿视图　　B. web 板式视图

C. 页面视图　　D. 大纲视图

19. 在 Word 软件中，下列操作中不能建立一个新文档的是（　　）。

A. 在 Word 2010 窗口的“文件”选项卡下，选择“新建”命令

B. 按快捷键“Ctrl＋N”

C. 选择“快速访问工具栏”中的“新建”按钮（若该按钮不存在，则可添加“新建”按钮）

D. 在 Word 2010 窗口的“文件”选项卡下，选择“打开”命令

20. 在 Word 2010 中，可以很直接地改变段落的缩进方式，调整左右边界和改变表格的列宽，应该利用（　　）。

A. 字体　　B. 样式　　C. 标尺　　D. 编辑

21. 在 Word 2010 中“打开”文档的作用是（　　）。

A. 为指定的文档打开一个空白窗口

B. 将指定的文档从内存中读入，并显示出来

C. 将指定的文档从外存中读入，并显示出来

D. 显示并打印指定文档的内容

22. 在 Word 2010 下，不用打开文件按对话框就直接打开最近使用过的文档的方法是（　　）。

A. 快捷键 Ctrl＋O

B. 在 Word 2010 窗口的“文件”选项卡，选择“最近所用文件”选项

C. 悬着“快速访问工具栏”中的“打开”按钮

D. 在 Word 2010 窗口的“文件”选项卡，选择“打开”命令

23. 在 Word 2010 中编辑文档时，为了使文档更清晰，可以对页眉页脚进行编辑，如输入时间，日期，页码，文字等，但要注意的是页眉页脚只允许在（　　）中使用。

A. 大纲视图　　B. 草稿视图　　C. 页面视图　　D. 以上都不对

24. 在 Word 2010 下“文件”选项卡中，“最近所用文件”选项卡显示文档名的个数最都可设置为（　　）。

A. 10 个　　B. 50 个　　C. 25 个　　D. 20 个

25. 在 Word 2010 中，要打开已有文档，在“快速访问工具栏”中应单击的按钮是（　　）。

A. 打开　　B. 保存　　C. 新建　　D. 打印

26. 在 Word 2010 中，用智能 ABC 输入法编辑 Word 2010 文档时，如果需要进行中英文切换，可以使用的键是（　　）。

A. Shift＋空格　　B. Ctrl＋Alt　　C. Ctrl＋.　　D. Ctrl＋空格

27. 在 Word 2010 的编辑状态下，打开了 W1. docx 文档，若要将经过编辑或修改后的文档以“W2. docx”为名存盘，应当执行“文件”选项卡中的命令是（　　）。

A. 保存　　B. 另存为 html　　C. 另存为　　D. 版本

28. 在 Word 的编辑状态，打开了一个文档编辑，要进行“保存”操作后，该文档（　　）。

A. 被保存在原文件夹下

B. 可以保持在已有的其他文件夹下

C. 可以保存在新建文件夹下

D. 保存后文档被关闭

29. 在 Word 2010 的编辑状态，打开文档“ABC. docx”，修改后另存为“ABD. docx”，则文档 ABC. docx（　　）。

A. 被文档 ABC 覆盖　　B. 被修改为关闭

C. 未修改被关闭　　D. 被修改并关闭

30. 在 Word 2010 窗口中，如果双击某行文字左端的空白处（此处鼠标指针将变为空心头状），可选择（　　）。

A. 一行　　B. 多行　　C. 一段　　D. 一页

31. 在 Word 2010 编辑状态下打开一个文档，对文档作了修改，进行关闭文档操作后（　　）。

A. 文档被关闭，并自动保存修改后的内容

B. 文档不能关闭，并提示出错

C. 弹出对话框，并询问是否保存对文档的修改

D. 文档被关闭，修改后的内容不能保存

32. 在 Word 2010 的编辑状态，当前正编辑一个新的文档“文档 1”，当执行“文

件”选项卡中的“保存”命令后（　　）。

A. “文档 1”被存盘

B. 弹出“另存为”对话框，供进一步操作

C. 自动以“文档 1”为名存盘

D. 不能以“文档 1”存盘

33. 在 Word 2010 编辑状态下，绘制文本框命令按钮所在的选项卡是（　　）。

A. “引用”　　B. “插入”　　C. “开始”　　D. “视图”

34. 在 Word 2010 编辑状态下，要想删除光标前面的字符，可以按（　　）。

A. Backspace　　B. Del　　C. Ctrl＋P　　D. Shift＋A

35. 在 Word 2010 文档的编辑中，删除插入点右边的文字内容应按的键是（　　）。

A. Backspace　　B. Del　　C. Ctrl＋P　　D. Shift＋A

36. 在 Word 2010 中，欲删除刚输入的汉字“李”字，错误的操作是（　　）。

A. 使用“撤销”命令　　B. Ctrl＋Z　　C. Backspace　　D. Delete

37. 在 Word 2010 软件中，对文件 A. docx 进行修改后退出时（或直接按“关闭”按钮），Word 会提出：“是否将更改保存到 A. docx 中”，如果希望保存原文件，将修改后的文件存为另一文件，应当选择（　　）。

A. 保存　　B. 保存　　C. 取消　　D. 帮助

38. 在 Word 2010 编辑状态中，使插入点快速移动到文档尾的操作是（　　）。

A. Home　　B. Ctrl＋End　　C. At＋End　　D. Crl＋Home

39. 在 Word 2010 叙述正确的是（　　）。

A. 不能够将“考核”替换为“kaoke”，因为一个是中文，一个是英文字符串

B. 不能够将“考核”替换为“中级考核”，因为他们的字符长度不相等

C. 能够将“考核”替换为“中级考核”，因为替换长度不必相等

D. 不可以将含空格的字符串替换为无空格的字符串

40. 在输入 Word 2010 中，将整篇文档的内容全部选中，可以使用的快捷键是（　　）。

A. Ctrl＋X　　B. Ctrl＋C　　C. Ctrl＋V　　D. Ctrl＋A

41. 再输入 Word 2010 文档过程中，为了防止意外而不是文档丢失，Word 2010 设置了自动保存功能，欲使自动保存时间间隔为 10 分钟，应一次进行的一组操作时（　　）。

A. 选择“文件”→“选项”→“保存”，再设置自动保存时间间隔

B. 按 Ctrl＋S 键

C. 选择“文件”→“保存”命令

D. 以上都不对

42. 不选择文本，设置 Word 2010 字体，则（　　）。

A. 不对任何文本起作用　　B. 全部文本起作用

C. 对当前文本起作用　　D. 对插入点后输入的文本起作用

43. 在 Word 2010 编辑状态下，绘制一个图形，首先应该选择（　　）。
A. “插入”选项卡→“图片”命令按钮
B. “插入”选项卡→“形状”命令按钮
C. “开始”选项卡→“更换样式”命令按钮
D. “插入”选项卡→“文本框”命令按钮
44. 在 Word 2010 的“字体”的对话框中，不可设定文字的（　　）。
A. 删除线　B. 行距　C. 字号　D. 字符间距
45. 在 Word 2010 编辑状态下，当前输入的文字显示在（　　）。
A. 鼠标光标处　B. 插入点处　C. 文档尾部　D. 当前行的尾部
46. 在 Word 2010 中，选择某段文本，双击格式刷进行格式应用时，格式刷可以使用的次数是（　　）。
A. 1　B. 2　C. 有限次　D. 无限次
47. 在 Word 2010 编辑状态下，插入图形并选择图形将自动出现“绘图工具”，插入图片并选择图片将自动出现“图片工具”，关于他们的“格式”选项卡的说法不对的是（　　）。
A. 在“绘图工具”下“格式”选项卡中有“形状样式”组
B. 在“绘图工具”下“格式”选项卡中有“文本”组
C. 在“图片工具”下“格式”选项卡中有“形状样式”组
D. 在“图片工具”下“格式”选项卡中有“排列”组
48. 在 Word 2010 的编辑状态，执行“开始”选项卡中的“复制”命令按钮后（　　）。
A. 插入点所在段落的内容将被复制到剪贴板
B. 被选择的内容复制到剪贴板
C. 光标所在段落的内容被复制到剪贴板
D. 被选择的内容被复制到插入点
49. Word 2010 的替换功能是在“开始”选项卡的（　　）组中。
A. “剪贴板”　B. “字体”　C. “段落”　D. “编辑”
50. 在 Word 2010 中，欲选定文本中不连续两个文字区域，应在拖曳（拖动）鼠标前，按住不放的是（　　）。
A. Ctrl　B. Alt　C. Shift　D. 空格
51. 在 Word 2010 编辑状态中，若要进行字体效果设置（如上标 M2），则首先单击“开始”选项卡，在（　　）组中可找到那个设置按钮。
A. “剪贴板”　B. “字体”　C. “段落”　D. “编辑”
52. Word 2010 文档中设置页码应选择的选项卡是（　　）。
A. “文件”　B. “开始”　C. “插入”　D. “视图”
53. 下面关于 Word 2010 字号的说法，错误的是（　　）。
A. 字号是用来表示文字大小的　B. 默认字号是五号字

C. 24 磅字比 20 磅字大　　D. 六号字比五号字大

54. 在 Word 2010 中，不缩进段落的第一行，而缩进其余的行，是指（　　）。

A. 首行缩进　　B. 左缩进　　C. 悬挂缩进　　D. 右缩进

55. 在 Word 2010 中，要使用“格式刷”命令按钮，应该先选择（　　）选项卡。

A. “引用”　　B. “开始”　　C. “插入”　　D. “视图”

56. 在 Word 2010 的编辑状态下，要将另一文档的内容全部添加在当前文档的当前光标处，应选择的操作时一次单击（　　）。

A. “文件”选项卡和“打开”项

B. “文件”选项卡和“新建”项

C. “插入”选项卡和“对象”命令按钮

D. “文件”选项卡和“超链接”命令按钮

57. 在 Word 2010 编辑状态下，插入图形并选择图形将自动出现“绘图工具”，插入图片并选择图片将自动出现“图片工具”，关于他们的“格式”选项卡说法不对的是（　　）。

A. 在“绘图工具”下“格式”选项卡中有“形状样式”组

B. 在“绘图工具”下“格式”选项卡中有“文本”组

C. 在“图片工具”下“格式”选项卡中有“图片样式”组

D. 在“图片工具”下“格式”选项卡中有“排列”组

58. 在 Word 编辑状态下，不可以进行的操作是（　　）。

A. 对选定的段落进行页眉、页脚设置

B. 在选定的段落进行查找、替换

C. 对选定的段落进行拼写和语法检查

D. 对选定的段落进行字数统计

59. 在 Word 2010 的编辑状态下，单击“开始”选项卡下“剪贴板”组中“粘贴”按钮后（　　）。

A. 被选择的内容移动插入点处

B. 被选择的内容移到剪贴板处

C. 剪贴板中的内容移到插入点处

D. 剪贴板的内容复制到插入点处

60. 要在 Word 2010 文档中创建表格，应使用的选项卡是（　　）。

A. “开始”　　B. “插入”　　C. “页面布局”　　D. “视图”

61. 可以在 Word 2010 表格中填入的信息（　　）。

A. 只限于文字形式

B. 只限于数字形式

C. 可以使文字、数字和图形对象等

D. 只限于文字和数字形式

62. 在 Word 2010 中，关于“套用内置表格样式”的用法，下列说法正确的是（　　）。
    A. 可在生成新表时使用自动套用格式或插入表格的基础上使用自动套用格式
    B. 只能直接用自动套用生成表格
    C. 每种自动套用的格式以及固定，不能对其进行任何形式的更改
    D. 在套用一种格式后，不能再改为其他格式
63. 对于 Word 2010 中表格的叙述，正确的是（　　）。
    A. 表格中的数据不能进行公式不算
    B. 表格中的文本只能垂直居中
    C. 可对表格中的数据排序
    D. 只能在表格的外框画粗线
64. 在 Word 2010 中，下面关于页面和页脚的叙述错误的是（　　）。
    A. 一般情况下，页面和页脚适用于整个文档
    B. 在编辑“页面和页脚”是可同时插入时间和日期
    C. 在页面和页脚中可以设置页码
    D. 一次可以为每一页设置不同的页眉和页脚
65. 若要设定打印纸张的大小，在 Word 2010 中可在（　　）进行。
    A. “开始”选项卡中的“段落”对话框中
    B. “开始”选项卡中的“字体”对话框中
    C. “页面布局”选项卡中的“页面布局”对话框中
    D. 以上说法都不正确
66. 如果用户想保存一个正在编辑的文档，但希望以不同文件名存储，可用（　　）命令。
    A. 保存　　B. 另存为　　C. 比较　　D. 限制编辑
67. 下面有关 Word 2010 表格功能的说法不正确的说（　　）。
    A. 可以通过表格工具将表格转换成文本
    B. 表格的第一个中可以插入表格
    C. 表格中可以插入图片
    D. 不能设置表格的边框线
68. 在 Word 2010 中，用快捷键推出 Word 的最快方法是（　　）。
    A. Alt+F4　　B. Alt+F5　　C. Ctrl+F4　　D. Alt+Shift
69. 给每位家长发送一份《期末成绩通知单》，用（　　）命令最简便。
    A. 复制　　B. 信封　　C. 标签　　D. 邮件合并

二、填空题

1. 在 Word 2010 中，选定文本后，会显示出________，可以对字体进行快速设置。
2. 在 Word 2010 中，相对文档进行字数统计，可以通过________功能区来实现。
3. 在 Word 2010 中，给图片或图像插入题注时选择________功能区中的命令。

4. 在“插入”功能区的________组中，可以插入公式和符号、编号等。
5. 在 Word 2010 中的邮件合并，除需要主文档外，还需要已制作好的________支持。
6. 在 Word 2010 中插入了表格后，会出现________选项卡，对表格进行“设计”和“布局”的操作设置。
7. 在 Word 2010 中，进行各种文本、图形、公式、批注等搜索可以通过________来实现。
8. 在 Word 2010 中的“开始”功能区的________组中，可以将设置好的文本格式进行“将所选内容保存为新快速样式”的操作。
9. 在 Word 2010 中求某行数值的平均值，可使用的统计函数是________。
10. 在 Word 2010 文档中插入数学公式，在“插入”选项卡中应选的命令按钮________。
11. 在 Word 2010 中的编辑状态下，如果要输入希腊字母 Ω，则需要使用________选项卡。
12. 在 Word 2010 中的编辑状态下，若要进行字体效果设置（如设置文字三维效果等），首先应打开________对话框。
13. 在 Word 2010 中，如果要插入符号（例如☆或℃），则首先要单击________选项卡。
14. 在 Word 2010 中，设置首字下沉先打开“开始”选项卡，然后在________组中进行。
15. 在 Word 2010 中，页眉和页脚的建立方法相似，都要使用“页眉”和“页脚”命令进行设置。均应首先打开________选项卡。
16. 在 Word 2010 中，对当前文档中的文字进行“字数统计”操作，应当使用的功能区是________功能区。
17. 在 Word 2010 的“页面设置”中，默认的纸张规格大小是________。
18. 在 Word 2010 中，可以把预先定义好的多种格式的集合全部应用在选定的文字上的特性文档成为________。
19. 在 Word 2010 中，在________对话框中可以设置表格的对齐方式、行高和列宽等。在 Word 2010 中，默认保存后的文档格式扩展名为________。

项目四 Excel 2010 电子表格

项目情景：从学生入学到毕业的三年时间里，班主任需要建立和管理的电子表格非常多。比如学生个人档案信息表、班级通信录、过程学分记录表、德育学分记录表、每个学期的期中期末考试成绩表、学分统计表等等。因此班主任通常会在班里挑选一名“班级信息管理员”来协助班级管理。要想能成为班主任的小助手锻炼自己，并在毕业后在工作岗位上能得心应手地处理数据表格，熟练掌握 Excel 2010 是非常有必要的。

Excel 2010 是 Microsoft 公司开发的 Office 2010 办公组件之一，专门用于数据处理、表格管理的软件。其主要功能是快捷地创建、编辑、统计数据，Excel 2010 软件拥有灵活的函数公式功能，对数据处理程序化、自动化，数据图表对数据分析更直观，其界面环境与 Word 2010 等软件完全兼容。

现在假如你是班级信息管理员，让我们一起来完成常见的几个任务，踏上 Excel 2010 学习之路吧！

任务一 创建班级成员信息表

任务引领

Excel 2010 的数据统计功能十分强大，那么其工作环境与载体是怎样的呢？让我们一起熟悉 Excel 2010 的窗口界面和环境设置，创建一张班级成员信息表。

🕮任务目标

1. 启动和退出 Excel 2010；
2. 熟识 Excel 窗口界面组成；
3. 理解工作簿与工作表的关系，掌握工作表相关操作；
4. 创建一张班级成员信息表，掌握数据录入、数据填充等操作。

🕮任务实施

一、启动和退出 Excel 2010

Excel 2010 的启动和退出与 Word 2010 类似，Excel 2010 的启动和退出的方法很多，这里介绍常用的几种方法。

(1) 以下任意一种方法可以启动 Excel 2010，打开软件后系统自动创建一个工作簿。

1) 执行“开始”菜单→“所有程序”→“Microsoft office”→“Microsoft Excel 2010”；

2) 双击 Windows 桌面上的 Microsot Excel 2010 快捷方式图标；

3) 找到要打开的 Excel 文件，双击打开该文件。

(2) 以下任意一种方法都可以退出 Excel 2010。

1) 单击关闭按钮；

2) 执行“文件”功能区中的“退出”命令；

3) 按下快捷组合键 Alt + F4。

在选择 Excel 2010 退出命令后，如果事先已对 Excel 2010 文档进行保存或没有对 Excel 2010 文档进行过任何编辑修改，Excel 2010 将直接退出；如果对 Excel 文档进行了编辑而没有进行保存操作，系统会弹出保存提示对话框。

二、认识 Excel 窗口界面组成

Excel 启动后的窗口界面如图 4—1 所示，很多对象与之前学习的 Word 相似甚至相同，现在请你参考表 4—1 中的各对象名称及作用，将对应字母填入到图 4—1 的对应标注中。

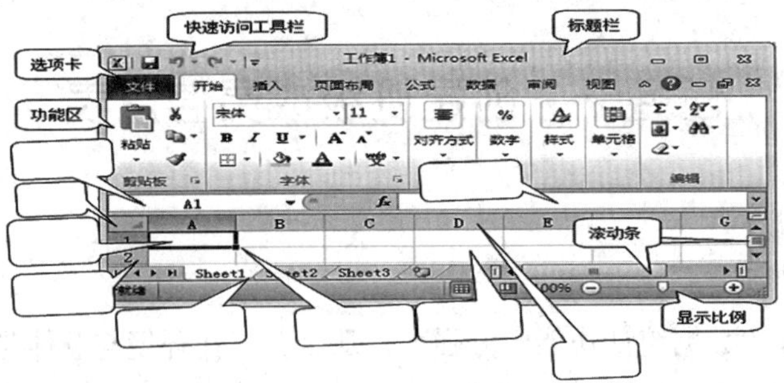

图 4—1 Excel 窗口界面组成

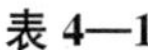

表 4—1　　窗口界面主要对象名称及作用

编号	对象名称	对象作用
A	工作簿	Excel 中用于储存数据的文件就是工作簿，其默认扩展名为 .xlsx，启动 Excel 2010 后系统会自动生成一个名称为“工作簿 1”的工作簿。一个工作簿就像一本作业簿，它可以有很多页，工作簿中的一页就是一张工作表。
B	工作表标签	一个个工作表组成一个工作簿。新建一个工作簿时，系统默认由 3 个工作表构成，分别在工作表标签处标识为 Sheet1、Sheet2、Sheet3，工作表的数量可以由用户增减，至少 1 个，最多 255 个。单击不同的工作表标签可在工作表之间进行切换。
C	列标	用字母对列进行编号，依次是 A、B、…直到 XFD，最多 16384 列，单击列标即可选中该列。
D	行号	用数字对行进行编号，依次是 1、2、…直到 1048576，单击行号即可选中该行。
E	单元格	它是电子表格中最小的组成单位，也是数据的基本存储单位。工作表编辑区中每一个长方形的小格就是一个单元格，每一个单元格都用其所在的单元格地址来标识，并显示在名称框中。单元格的地址由其所对应的列标和行号组成。例如 C3 单元格表示位于第 C 列第 3 行的单元格。
F	活动单元格	当前被选中进行操作的单元格，其周围被黑色边框突出显示。
G	填充柄	活动单元格右下角的小黑块。用鼠标拖动填充柄可以根据某种规则快速地填充数据。
H	名称框	一般状态下，显示活动单元格的地址。
I	编辑栏	主要用于显示、输入和修改活动单元格中的数据。在工作表的某个单元格输入数据时，编辑栏会同步显示输入的内容。一个单元格只能显示 1 024个字符（文本），但编辑栏可以显示全部 32 767 个字符（文本）。
J	全选按钮	单击它可以选取所在工作表的所有单元格。

三、创建班级成员信息表及输入列标题

【技能操作】以电商 152 班的班级成员信息表为例，创建一个新的工作簿，含有两张工作表，工作表标签分明为“基本信息”“通信录”，输入两张工作表内列标题如图 4—2 和图 4—3。最后将工作簿以“电商 152 信息表”文件名保存。

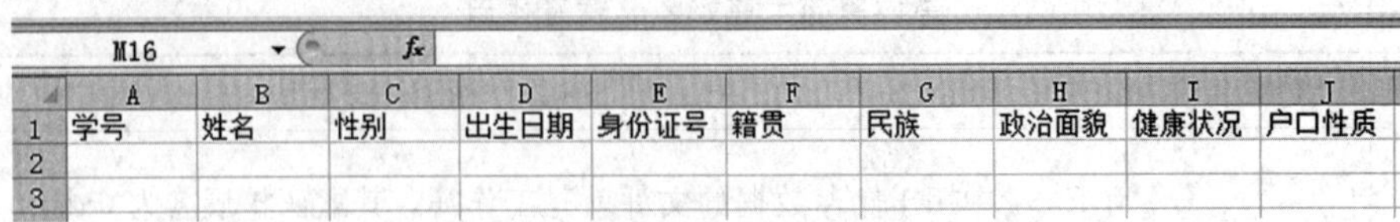

	A	B	C	D	E	F	G	H	I	J
1	学号	姓名	性别	出生日期	身份证号	籍贯	民族	政治面貌	健康状况	户口性质
2										
3										

图 4—2　电商 152 基本信息列标题

	A	B	C	D	E	F	G	H	I
1	学号	姓名	家庭住址	监护人1	联系电话	监护人2	联系电话	本人电话	QQ号
2									
3									

图 4—3　电商 152 通信录列标题

1. 工作簿的创建

（1）自动创建：当启动 Excel 2010 时，系统会自动创建一个名为“工作簿 1”的工作簿。

（2）手动创建：单击“文件”功能区→选择“新建”命令，Excel 2010 提供了许多可用模板，还提供了更具专业特点的 office. com 模板供用户下载，这里我们不需要模板就选择默认的“空白工作簿”→单击“创建”按钮即可。操作过程如图 4—4 所示。每新建一个工作簿，Excel 会依次以“工作簿 1、工作簿 2”来命名。

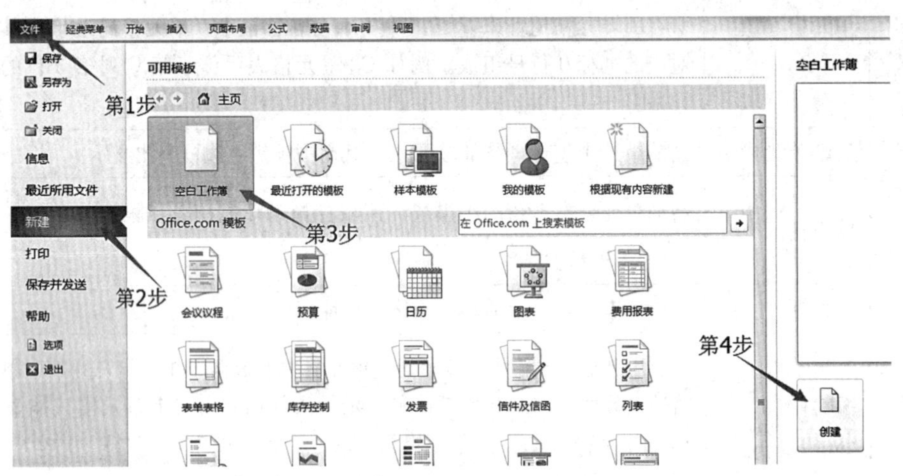

图 4—4　手动创建空白工作簿操作过程

2. 编辑工作表

（1）重命名工作表。

在 sheet1 工作表标签上点击鼠标右键→在弹出的快捷菜单中选择“重命名”→输入“基本信息”→按键盘上的回车键确认或者鼠标点击其他区域使重命

名生效。此外，还可以在工作表标签上直接双击鼠标，进入名称编辑状态，输入新名称后确认进行重命名。

用以上两种方法中的其中一种将 Sheet2 工作表标签重命名为“通信录”。

(2) 删除工作表。

在 Sheet3 工作表标签上点击鼠标右键→在弹出的快捷菜单中选择“删除”，即可删除多余的工作表 Sheet3。操作过程如图 4—5 所示。

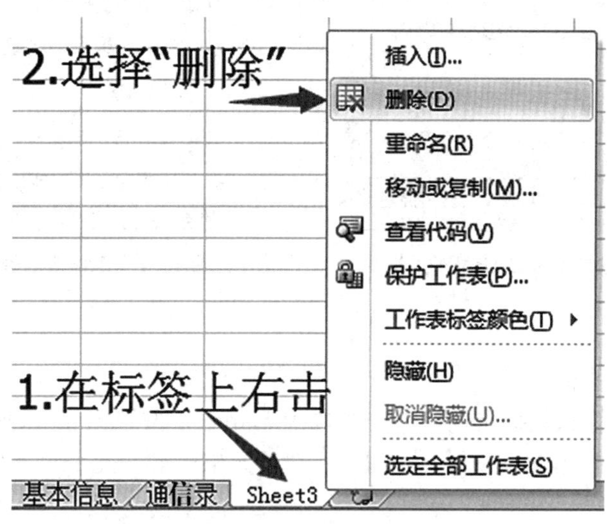

图 4—5　删除工作表操作过程

(3) 工作表的移动。

1) 使用拖动法移动工作表。

鼠标指向“基本信息”标签并按住左键拖动鼠标至“通信录”标签后，此时“基本信息”标签所在位置会出现一个黑色向下小箭头。该箭头所在位置即是释放鼠标以后“基本信息”工作表移动后的新位置。

2) 使用对话框移动工作表。

右击需要移动的工作表标签“基本信息”，在弹出的快捷菜单中单击“移动或复制”选项，如图 4—6 所示弹出“移动或复制工作表”对话框，在“下列选定工作表之前”列表框中单击“移至最后”选项，单击“确定”，所选的工作表标签“基本信息”就被移动到了“通信录”之后。如此，将班主任使用频次较高的通信录放在第一张工作表位置。

(4) 工作表其他操作。

在工作表标签上点击鼠标右键，在弹出的快捷菜单中还可以对工作表进行其他很多的操作，包括又插入一张新的工作表、复制工作表、保护工作表、为工作表标签设置不同颜色、隐藏工作表、选定全部工作表等，详见图 4—7。

图 4—6　移动或复制工作表对话框

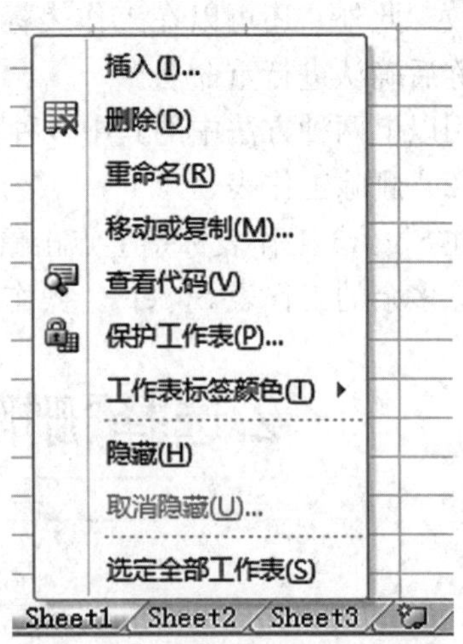

图 4—7　工作表右键快捷菜单

3. 输入列标题

（1）选取单元格。

在单元格中输入数据之前，首先要选中单元格。按照图 4—8 所示操作方法自己试着选中一个单元格、一行、一列、一个单元格区域，几个单元格区域。

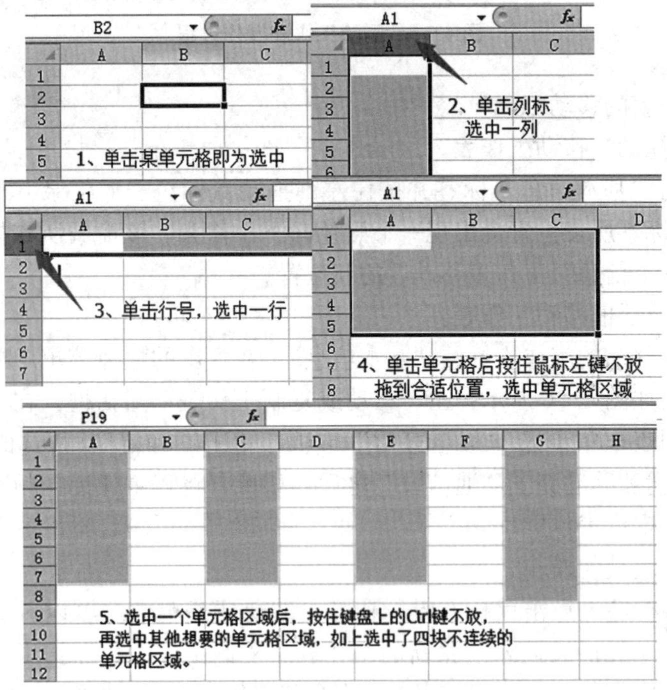

图 4—8　选中单元格的操作方法

（2）输入列标题数据。

如图 4—2 和图 4—3 所示，在相应的单元格中输入列标题。可以选中单元格后直接在单元格中输入，也可选中单元格后在编辑栏中进行输入。如图 4—9 所示，单元格和编辑栏同步显示单元格内容。一个单元格的数据输入完毕之后，按 Enter 键、Tab 键、光标键或单击下一个要输入数据的单元格都可以跳转到下一个要输入数据的单元格。

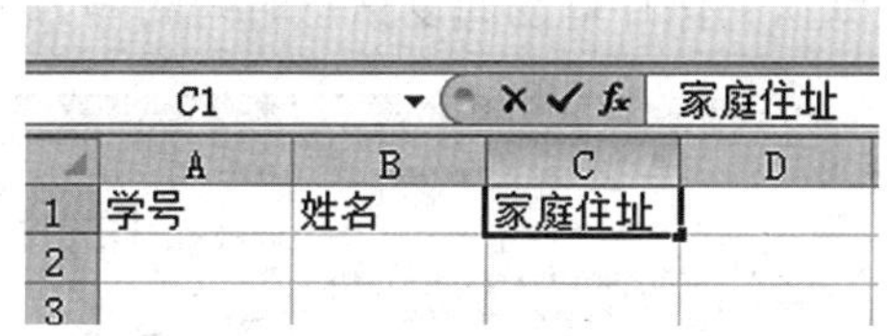

图 4—9　单元格和编辑栏输入列标题

小技巧：如果单元格内容短而少，采用直接选中单元格后输入较为方便快捷。如果内容长而多，则选中单元格后在编辑栏中输入数据会更直观、显示得更完整。另外，利用编辑栏适合修改单元格中的数据。因为单击选中某一个单元格输入数据，如果原先已有数据，则会清除原有数据，只显示新输入的数据。

四、输入数据——班级成员信息

1. 冻结标题行

选中“通信录”工作表的第 2 行→选择“视图”功能区→“冻结窗格”→冻结拆分窗格。这样做的作用是滚动工作表其余部分时，能够保持标题行一直可见，以便更好地与标题行对应来输入数据或查阅数据等。图 4—10 是冻结标题行的操作过程。“基本信息”工作表的冻结标题行操作也是一样。

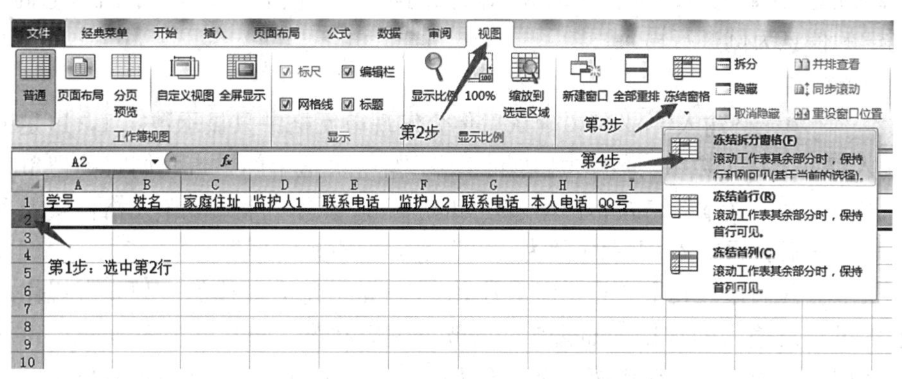

图 4—10　冻结列标题操作过程

2. 工作簿的保存

手动保存：Excel 2010 中常用保存工作簿的方法有三种：

（1）单击“文件”功能区，在选项中选择“保存”或“另存为”命令；

（2）在快速访问工具栏中单击“保存”按钮；

（3）使用 Ctrl ＋ S 快捷键。

自动保存：Excel 提供了“自动保存”功能，以免因死机、停电或其他意外事故造成数据丢失。点击“文件”功能区，点击“选项”按钮，打开“Excel 选项”对话框，单击左侧列表中的“保存”项，打开自定义保存的设置属性页进行保存设置即可，图 4—11 是默认的保存自动回复信息时间间隔为 10 分钟。

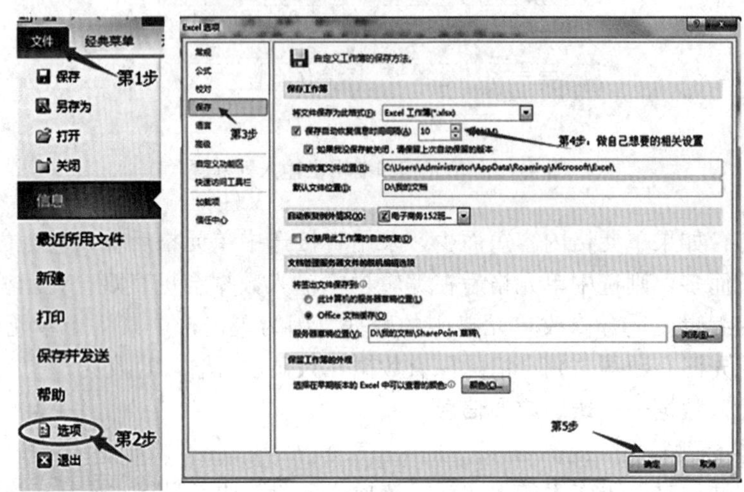

图 4—11　设置自动保存操作过程

五、输入班级成员信息数据

【技能操作】请帮助班主任输入你们班同学的具体信息数据。下面以电商 152 班同学的信息为例进行输入。

1. 输入学号

在 A2 单元格输入学号 01，确认后你会发现单元格中只显示数字 1，这是因为 01 输入以后默认为数字，数字 01 等同于 1。要解决这个问题，我们需要把单元格的格式设置为“文本”格式，操作过程如图 4—12 所示。将 A2 单元格格式设置为文本格式之后，再输入 01 就显示为“01”了，而不是“1”。

接下去我们输入其余学号，但学号 01－30 是一组有规律的序列。有规律的序列和大量重复输入的数据（如籍贯、民族、健康状况、户口性质等），Excel 2010 可以使用填充柄进行自动快速填充。方法如下：选中 A2 单元格→鼠标放到右下角的填充柄处时形状变为实心黑色的“＋”→按住鼠标左键不放拖动至目标位置后松开鼠标即完成了填充。其操作过程如图 4—13 所示。

单元格默认输入文本是左对齐，输入数字是右对齐。如果是以文本形式存在的数字，就如我们设置单元格格式为文本格式之后输入的学号 01，会在左上角有一个绿色的小三角块提示，但打印时不会输出该三角块。

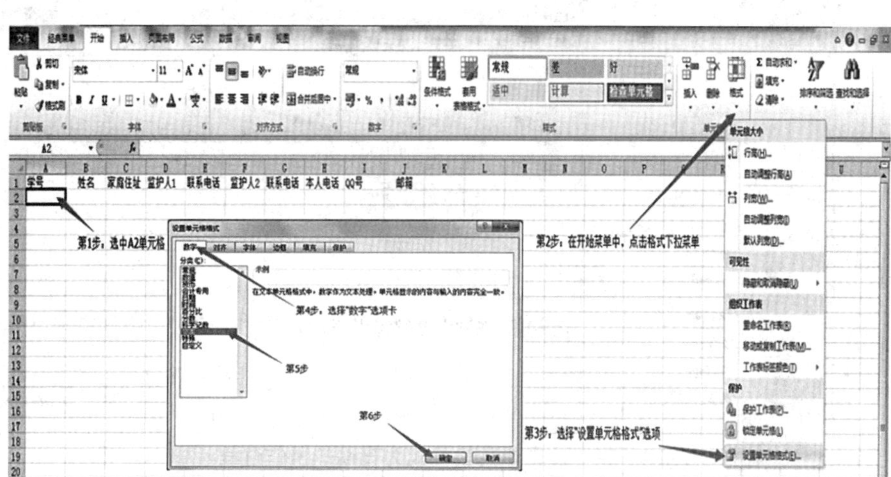

图 4—12 单元格“文本”格式设置操作过程

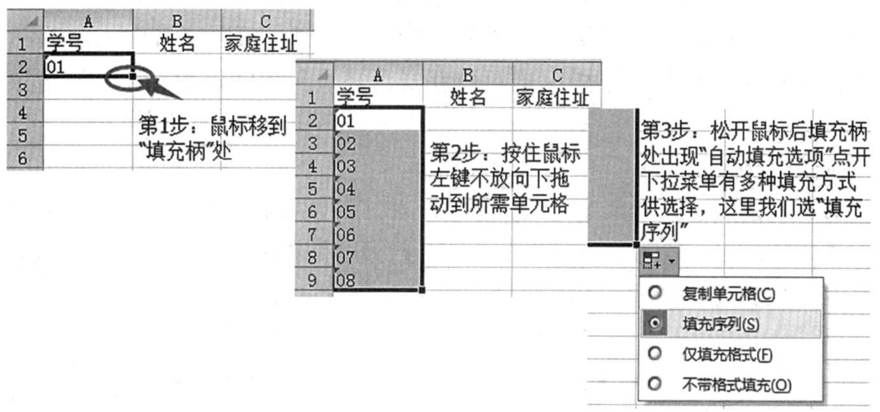

图 4—13 用填充柄为单元格自动填充数据操作过程

2. 输入出生年月

参考图 4—14 设置单元格格式的第二种方法（第一种方法参考图 4—12），将需填充出生年月的单元格区域设置单元格格式为“日期”。这里我选择日期的类型是为“2001/3/14”。接着，在单元格中输入每位同学的出生年月日。通常用连字符（—）或斜线（/）作为年月日输入时的分隔符。比如要输入某同学的出生日期是“2000 年 2 月 14 日”，可以在单元格中输入“2000—2—14”或者“2000/2/14”。但最终显示的是设置单元格格式的日期类型。我们刚才选择的类型是“2001/3/14”，所以无论你用哪种分隔符输入日期，最终在单元格中显示的都是“2000/2/14”。

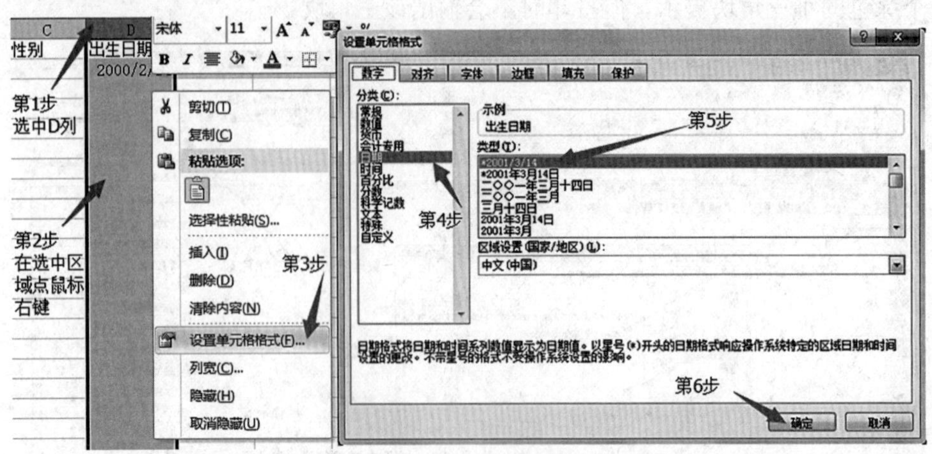

图 4—14　设置单元格格式为日期的操作过程

3. 输入身份证号码

当输入的数字长度超出单元格的宽度或位数大于 11 位时，Excel 2010 会自动以科学计数法显示。所以当我们要输入身份证号码时，可以参考输入学号时的方法将单元格格式转换成“文本”。也可以在身份证号码前加单引号“’”把数字以文本格式存在。

4. 输入性别

类似“性别”这种有限定范围的数据，我们可以制作数据下拉列表进行选取输入，无须手动一一输入。先参考图 4—15 打开“数据有效性”对话框，接着参考图 4—16 完成相关设置。

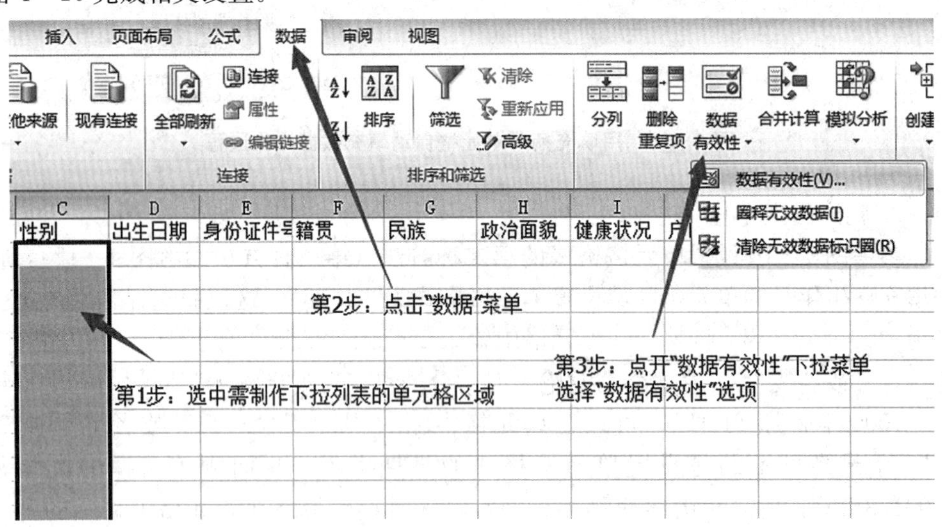

图 4—15　打开“数据有效性”对话框操作过程

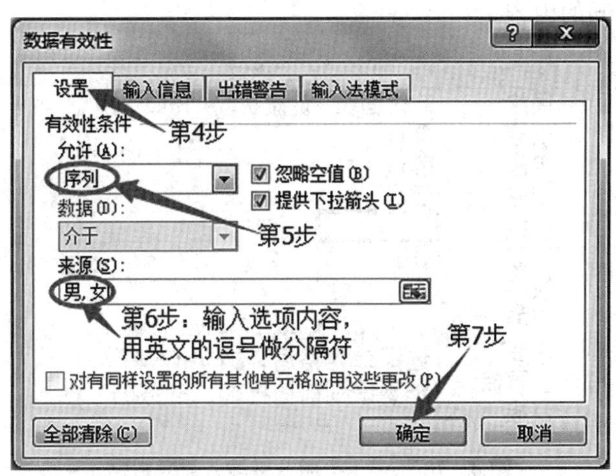

图 4—16　“数据有效性”对话框相关设置

下拉列表就制作好了，现在我们来看下效果，如图 4—17 所示，点击一个单元格后，在其右下角出现了下拉列表。点击下拉列表箭头，有“男”“女”两个选项。选择其中一个选项，则单元格中的内容即为该选项。

	A	B	C	
1	学号	姓名	性别	出生
2	01	丁　忠	男 女	
3	02	王　格		
4	03	王立强		
5	04	卢雯雯		
6	05	吕小磊		
7	06	吕柯卓		

图 4—17　性别下拉列表效果

5. 输入其他数据

输入“通信录”和“基本信息”工作表中的其他数据。碰到键盘上没有的符号，可以在“插入”功能区的“符号”组中选择“符号”按钮去插入。

碰到重复输入的数据，可以有多种方法“省时省力”。

(1) 使用“复制”和“粘贴”功能；

(2) 整列数据只有少数跟其他不同（如电商 152 班的“民族”一列数据，只有一位同学是土家族，其余同学都是汉族），这种情况可以用填充柄快速填充所有同学为汉族，再修改“冉霖睿”同学的民族为“土家族”；

(3) 按键盘上 Alt+↓组合键，会显示该列中已经输入的数据列表，如图 4—18 所示，再用鼠标或键盘进行选取输入；

(4) 用鼠标选中要输入相同数据的所有单元格区域方法参考图 4—18，选好以后直接在键盘上输入数据内容，然后按 Ctrl+Enter 组合键，则刚才选中的所有单元格都填充了相同的内容。

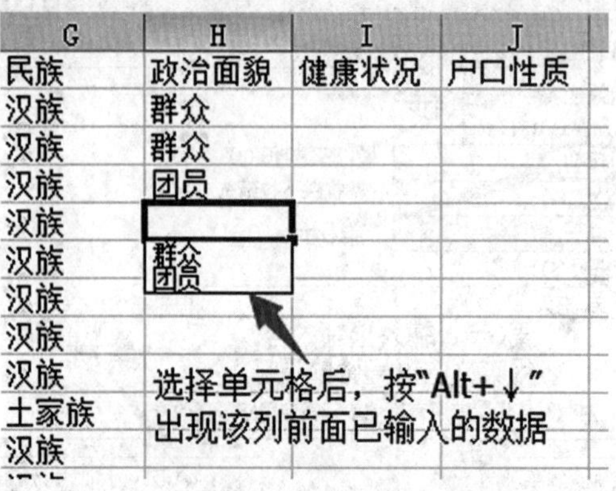

图 4—18　Alt+↓组合键输入重复数据

📖任务实训

参考素材中的“电商 152 班的班级成员信息表”根据自己班级实际情况和班主任的工作需要，制作班级成员信息表并录入相关数据。

任务二　优化班级成员信息表

📖任务引领

在任务一中，我们一起创建了班级成员信息表并输入了相关数据。但任务一中制作好的表格略显粗糙，不够精致。现在，让我们在任务二中对班级成员信息表进行优化。

📖任务目标

1. 插入或删除行、列；
2. 调整行高与列宽；
3. 设定单元格字符格式和对齐方式；
4. 为工作表设置边框和底纹；
5. 使用自动套用格式修饰工作表。

📖任务实施

虽然通过工作表标签的名称可以知道这是一张什么内容的表格。但是工作表标签的文字比较小且位置不醒目。因此，我们常常在表格的第一行添加醒目的大标题。以“基本信息”工作表添加大标题“电商 152 班成员基本信息”为例示范操作。

一、插入或删除行、列

在 Excel 2010 中我们可以根据需要插入或删除行和列。这里我们需要在第 1 行前面插入新的一行。单击选中第 1 行，选择“开始”功能区→“单元格”组→“插入”按钮，在弹出如图 4—19 所示“插入”下拉列表中选择插入的方式，这里选择“插入工作表行”。

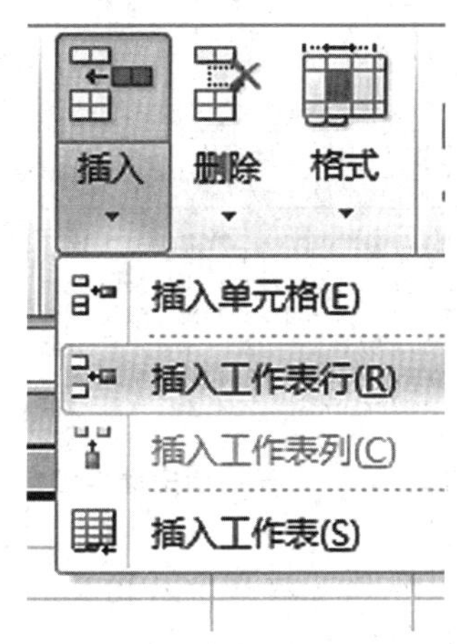

图 4—19　“插入”按钮下拉列表内容

也可以右击要插入行或列的相应位置，在弹出的快捷菜单中单击“插入”，弹出如图 4—20 所示“插入”对话框，选择相应插入项，单击“确定”按钮即可。

图 4—20　快捷菜单中得“插入”对话框

删除行或列的方法与插入行或列的方法很相似。选择要删除的行或列，选择“开始”功能区→“单元格”组→“删除”按钮，在弹出的“删除”下拉列表中选择删除项，或者右击要删除的行或列，在弹出的快捷菜单中单击“删除”，弹出“删除”对话框中选择相应删除项，单击“确认”按钮即可。

二、合并单元格后居中文字

在 A1 单元中输入文字“电商 152 班成员基本信息”，接着选中从 A1 到 J1 这 10 个单元格，然后选择“开始”功能区，在“对齐方式”组中点击“合并后居中”按钮的下拉列表如图 4—21 所示，选择“合并后居中”即可。

图 4—21　合并后居中操作过程 1

除了上面这种方法，还可以在“设置单元格格式”对话框中为大标题做“合并单元格”和“居中”操作如图 4—22 所示。

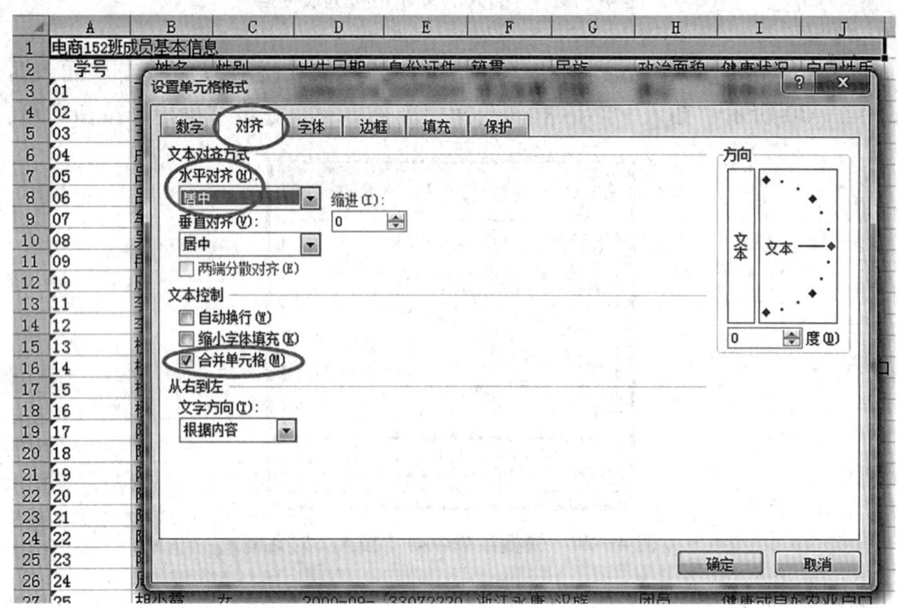

图 4—22　合并后居中操作过程 2

经过“合并后居中”操作后的大标题，如图 4—23 所示，表格顶部的单元格都进行了合并，且文字居中部，更加符合标题的常规效果。

	A	B	C	D	E	F	G	H	I	J
1	电商152班成员基本信息									
2	学号	姓名	性别	出生日期	身份证件	籍贯	民族	政治面貌	健康状况	户口性质
3	01	丁　忠	男	2000/2/14	33072220	浙江永康	汉族	群众	健康或良好	农业户口
4	02	王　格	男	2000/3/13	33072220	浙江永康	汉族	群众	健康或良好	农业户口
5	03	王立强	男	2000/9/3	33072220	浙江永康	汉族	团员	健康或良好	农业户口
6	04	卢雯雯	女	2000/10/6	33072320	浙江永康	汉族	团员	健康或良好	农业户口

图 4—23　大标题“合并后居中”效果

三、大标题字符格式化

将大标题的字体大小设置为 20，加粗突出显示。

字符格式化设置有两种方法如图 4—24 所示：第一种选中大标题以后通过“开始”功能区中的“字体”组做相关设置；第二种方法是通过“设置单元格格式”对话框中的“字体”功能区进行相关设置，两种方法效果一样。

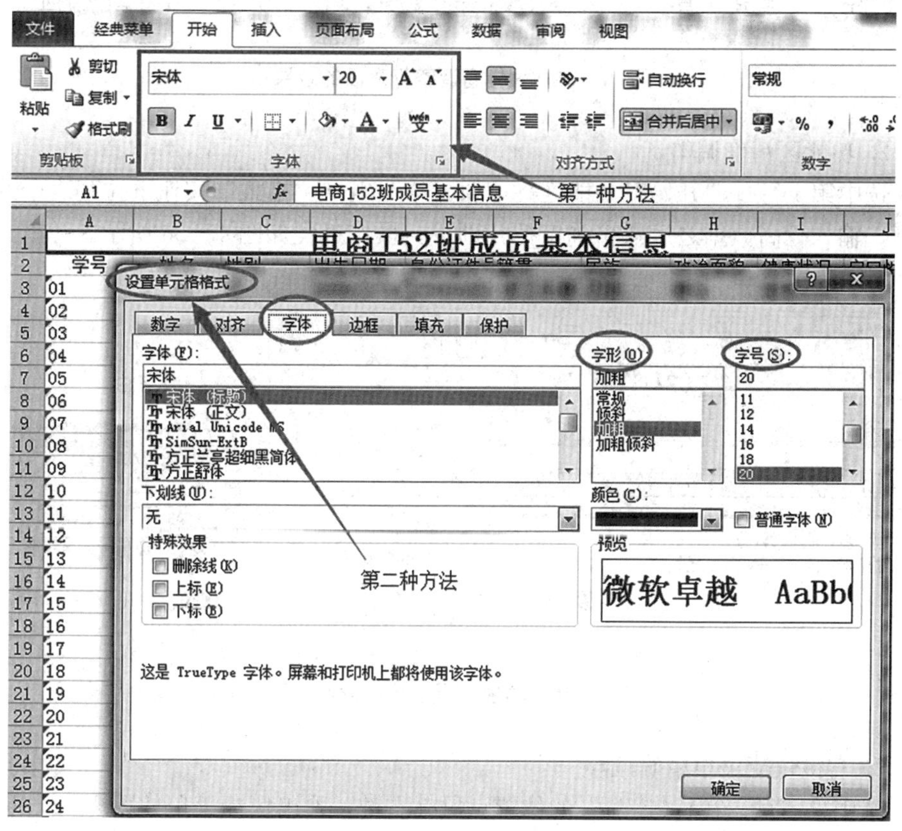

图 4—24　字符格式化的两种方法

四、调整行高（列宽）

经过字符格式化后的大标题，字体增大了，原先的单元格行高不够，所以文字无法完全显示如图 4—24 所示。因此，我们需要调整行高。以下几种方法可以调整选中行的行高。

1. 使用快捷方式适当调整行高

当鼠标放在行号 1 和行号 2 中间的分界线时，此时鼠标会变成一个上下箭头十字状 ✣，成为一个可以上下拖动的状态。这时，按住鼠标左键不动拖着这条中间线向下拖动，到合适位置松开鼠标即可，此时这一整行的单元格的高度都被设置成了一样的高度。效果如图 4—25 所示。

	A	B	C	D	E	F	G	H	I	J
1	电商152班成员基本信息									
2	学号	姓名	性别	出生日期	身份证件号	籍贯	民族	政治面貌	健康状况	户口性质
3	01	丁　忠	男	2000/2/14	22000021	浙江永康	汉族	群众	健康或良好	农业户口
4	02	王　格	男	2000/3/13	33072220	浙江永康	汉族	群众	健康或良好	农业户口
5	03	王立强	男	2000/9/3	33072220	浙江永康	汉族	团员	健康或良好	农业户口
6	04	卢雯雯	女	2000/10/6	33072320	浙江永康	汉族	团员	健康或良好	农业户口

图 4—25　大标题调整行高后的效果

2. 功能区精确调整

选中第 1 行→“开始”功能区→“单元格”组→“格式”按钮下拉列表中选择行高，输入行高数据之后点击确定按钮即可，操作过程如图 4—26 所示。

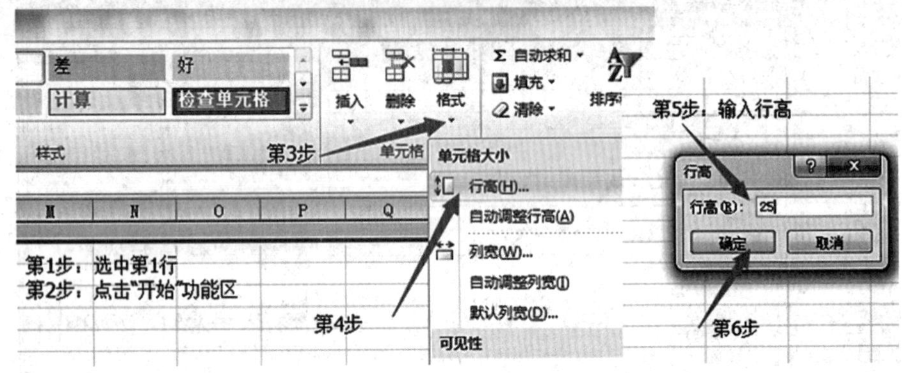

图 4—26　功能区调整行高操作过程

3. 右键快捷菜单精确调整

选中第 1 行，在行号“1”的位置点鼠标右键，弹出快捷菜单如图 4—27 所示，选择“行高”后，打开设置“行高”对话框，输入行高，点击确定按钮即可。

调整列宽与调整行高的方法是一样的。请同学们自主探索将表格的列宽做调整，使数据能够全部显示完成，没有遮挡。图 4—28 是调整列宽后的效果。

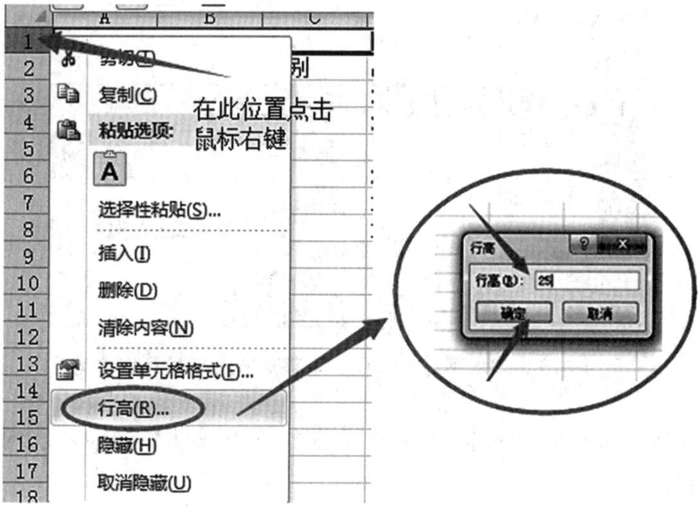

图 4—27 右键快捷菜单调整行高操作过程

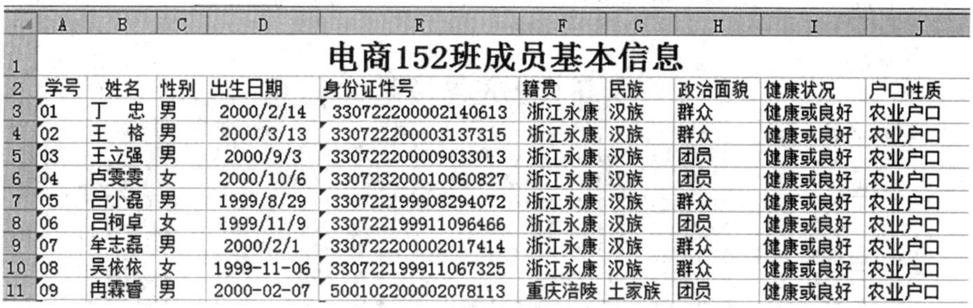

电商152班成员基本信息									
学号	姓名	性别	出生日期	身份证件号	籍贯	民族	政治面貌	健康状况	户口性质
01	丁 忠	男	2000/2/14	330722200002140613	浙江永康	汉族	群众	健康或良好	农业户口
02	王 格	男	2000/3/13	330722200003137315	浙江永康	汉族	群众	健康或良好	农业户口
03	王立强	男	2000/9/3	330722200009033013	浙江永康	汉族	团员	健康或良好	农业户口
04	卢雯雯	女	2000/10/6	330723200010060827	浙江永康	汉族	团员	健康或良好	农业户口
05	吕小磊	男	1999/8/29	330722199908294072	浙江永康	汉族	群众	健康或良好	农业户口
06	吕柯卓	女	1999/11/9	330722199911096466	浙江永康	汉族	团员	健康或良好	农业户口
07	牟志磊	男	2000/2/1	330722200002017414	浙江永康	汉族	群众	健康或良好	农业户口
08	吴依依	女	1999-11-06	330722199911067325	浙江永康	汉族	群众	健康或良好	农业户口
09	冉霖睿	男	2000-02-07	500102200002078113	重庆涪陵	土家族	团员	健康或良好	农业户口

图 4—28 调整列宽后的效果

小技巧：使用"开始"功能区→"格式"按钮下拉列表中的"自动调整行高"（"自动调整列宽"）命令，或者当鼠标变成上下箭头十字状 ✢（左右箭头十字状 ✢）后双击鼠标，Excel 会根据单元格内的数据自动调整行高（列宽）。

五、表内数据对齐方式

在 Excel 中，数据的对齐方式分水平对齐和垂直对齐两种。默认情况下，水平对齐格式为"常规"，即"文本"数据是左对齐，"数字"数据是右对齐；默认情况下，垂直对齐格式为"靠下"，即数据靠着单元格的下边框对齐。

现在我们选中表内数据，然后打开"设置单元格格式"对话框，选择"对齐"选项卡，找到"文本对齐方式"中的"水平对齐"和"垂直对齐"。现在来看看两者的下拉列表中都有哪些内容（如图 4—29 所示左边是"水平对齐"下拉列表内容，右边是“垂直对齐”下拉列表内容）。

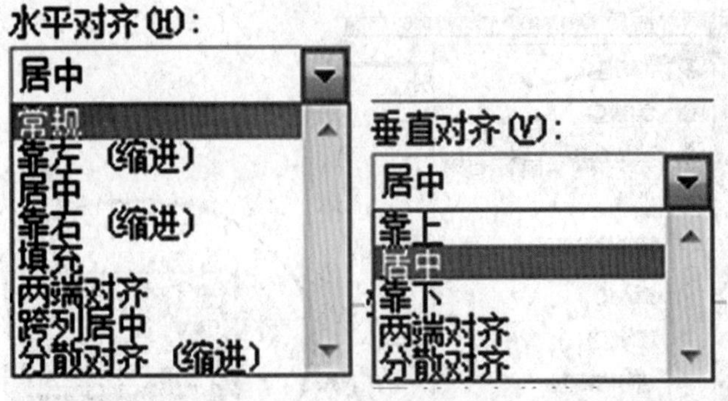

图 4—29 “水平对齐”和“垂直对齐”下拉列表内容

实际应用中，大标题和小标题一般都是水平和垂直都居中，表内数据根据个人需要进行设置。

六、设置边框

Excel 表格虽然看上去有边框线，但那实际上是网格线，打印时是不输出的（选择“文件”功能区→“打印”选项即可看到打印预览效果，图 4—30 是我们刚才制作的电商 152 班级基本信息表的打印预览效果，是白底黑色没有边框线的）。

电商152班成员基本信息

学号	姓名	性别	出生日期	身份证件号	籍贯	民族	政治面貌	健康状况
01	丁　忠	男	2000/2/14	330722200002140613	浙江永康	汉族	群众	健康或良好
02	王　格	男	2000/3/13	330722200003137315	浙江永康	汉族	群众	健康或良好
03	王立强	男	2000/9/3	330722200009033013	浙江永康	汉族	团员	健康或良好
04	卢雯雯	女	2000/10/6	330723200010060827	浙江永康	汉族	团员	健康或良好
05	吕小磊	男	1999/8/29	330722199908294072	浙江永康	汉族	群众	健康或良好
06	吕柯卓	女	1999/11/9	330722199911096466	浙江永康	汉族	团员	健康或良好
07	牟志磊	男	2000/2/1	330722200002017414	浙江永康	汉族	群众	健康或良好
08	吴依依	女	1999-11-06	330722199911067325	浙江永康	汉族	群众	健康或良好
09	冉霖睿	男	2000-02-07	500102200002078113	重庆涪陵	土家族	团员	健康或良好
10	应琪露	女	1999-10-07	330722199910079624	浙江永康	汉族	群众	健康或良好
11	李　想	男	2000-07-03	330722200007030911	浙江永康	汉族	群众	健康或良好
12	李馨雅	女	1999-08-04	330722199908043028	浙江永康	汉族	群众	健康或良好
13	杜英莉	女	2000-03-12	330722200003125368	浙江永康	汉族	团员	健康或良好

图 4—30 没有设置边框线打印预览效果

选中表内数据（一般不包括标题）后，打开“设置单元格格式”设置表格边框线的操作过程如图 4—31 所示。

七、插入背景、底纹

为工作表添加背景和设置底纹，可以增强表格的美感。现在先来看看怎样给表格添加图片背景。操作过程如图 4—32 所示。如果不满意设置的图片背景，则单击“页面布局”功能区的“页面设置”组中的“删除背景即可”。

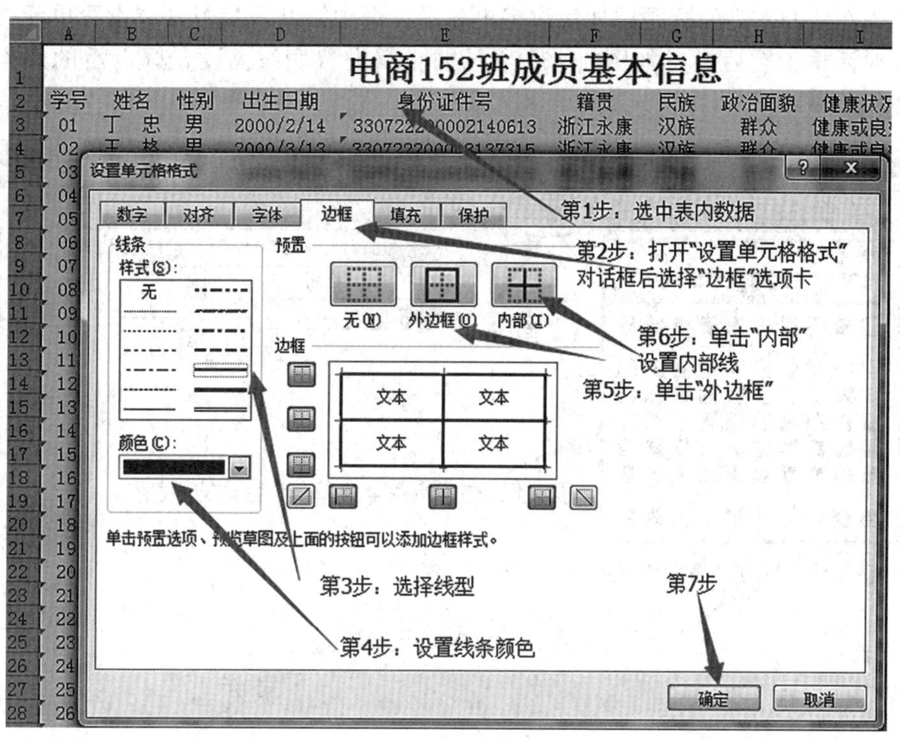

图 4—31　设置边框线操作过程

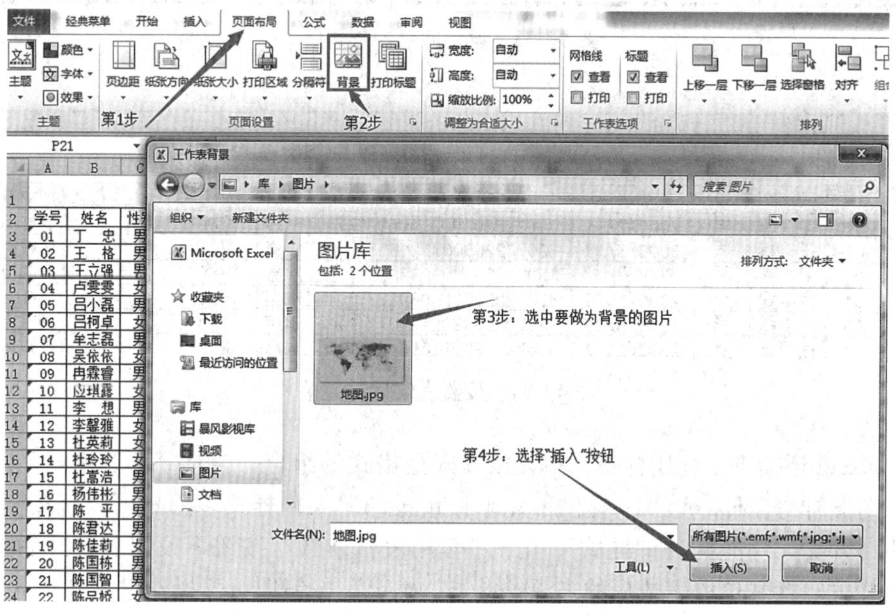

图 4—32　插入图片背景操作过程

现在我们来为列标题添加底纹突出显示。选中第 2 行后打开“设置单元格格式”对话框，然后参考如图 4—33 所示的步骤设置底纹。设置好以后的效果如图 4—34 所示。

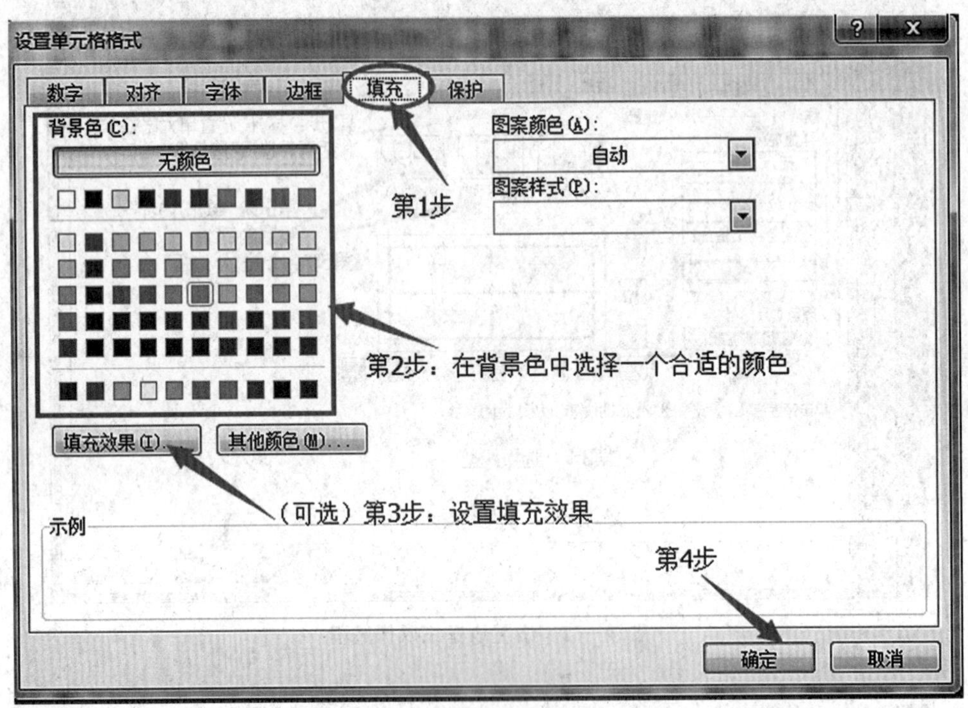

图 4—33　设置底纹操作过程

	A	B	C	D	E	F	G	H	I
1	电商152班成员基本信息								
2	学号	姓名	性别	出生日期	身份证件号	籍贯	民族	政治面貌	健康状况
3	01	丁　忠	男	2000/2/14	330722200002140613	浙江永康	汉族	群众	健康或良好
4	02	王　格	男	2000/3/13	330722200003137315	浙江永康	汉族	群众	健康或良好
5	03	王立强	男	2000/9/3	330722200009033013	浙江永康	汉族	团员	健康或良好
6	04	卢雯雯	女	2000/10/6	330723200010060827	浙江永康	汉族	团员	健康或良好
7	05	吕小磊	男	1999/8/29	330722199908294072	浙江永康	汉族	群众	健康或良好
8	06	吕柯卓	女	1999/11/9	330722199911096466	浙江永康	汉族	团员	健康或良好

图 4—34　设置底纹后的效果

Excel 还提供了套用样式。单元格样式是格式的组合，包括字体、字号、对齐方式与图样等。Excel 2010 提供了几十种预设的单元格样式，用户可以直接套用。点击“开始”功能区→“样式”组→“套用表格格式”按钮下拉列表打开后选择一种样式，接着选取表数据的来源，点击“确定”按钮即可。操作过程如图 4—35 所示。

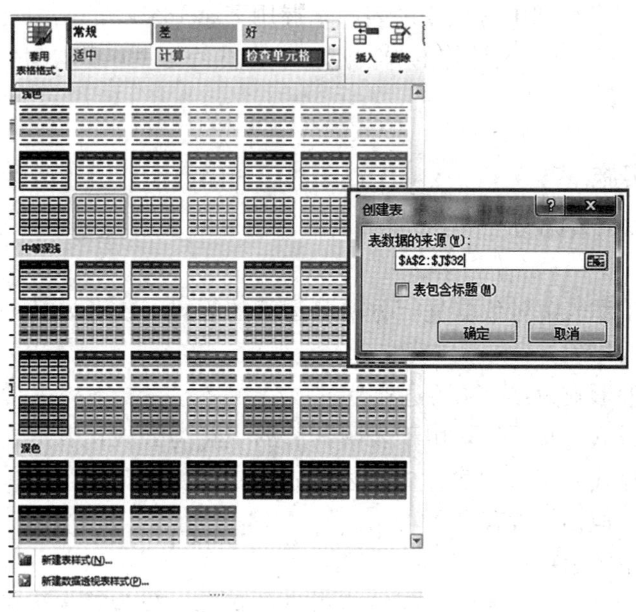

图 4—35　套用样式操作过程

🕮任务实训

参考以上操作内容，将你们班级的成员信息表进行优化和美化，使其更大方得体美观。

任务三　制作班级学生成绩表

🕮任务引领

期中考试结束后，班主任为了了解班级学生的学习动态，要求小张对各门科目期中考试成绩进行汇总、存档，并求出每位学生的总分，而 Excel 软件具有强大的成绩汇总、计算等功能。因此，本任务通过小张对 Excel 文档的建立和成绩的计算来学习公式与函数的功能及应用方法。

🕮任务目标

1. 了解 Excel 2010 工作表中运算符的含义；
2. 理解计算过程中单元格地址的引用，熟练运用填充柄填充数据；
3. 了解 Excel 2010 公式格式，学会用 Excel 2010 的公式计算成绩“总分”；

4. 建立一张学生期中考试成绩表，掌握用 Excel 2010 的函数计算成绩的“总分”，比较公式计算和函数计算的异同点；学会熟练运用函数计算“平均分”“最高分”“最低分”。

📖任务实施

一、用公式计算总分

1. 公式

公式是在工作表中对数据进行分析和运算的等式，或者说是一组连续的数据和运算符组成的序列。

公式的一般形式为：=<表达式>

公式以等号（=）开始，用于表明其后的字符为公式，表达式可以是算术表达式、关系表达式和字符串表达式，表达式可由运算符、常量、单元格地址、函数及括号组成，但不能含有空格。

（1）公式中的运算符。

运算符用于公式中的元素进行特定类型的运算，分为算术运算符、文本运算符、比较运算符和引用运算符。

1）算术运算符。

算术运算符可以完成基本的算术运算，如加、减、乘、除等，还可以连接数字并产生运算结果。表 4—2 列出了算术运算符的含义。

表 4—2　算术运算符及其含义

算术运算符	含义	实例
+（加号）	加法	A1+A2
-（减号）	减法或负数	A1-A2
*（星号）	乘法	A1* A2
/（正斜杠）	除法	A1/A2
%（百分号）	百分比	60%
^（乘方号）	乘方	3^2

2）文本运算符。

文本运算符只有一个“&”，使用该运算符可以将文本联结起来，其含义是将两个文本值连接或串联起来产生一个连续的文本值。

例：“大众”&“轿车”的结果是“大众轿车”。

3）比较运算符。

比较运算符可以比较两个数值并产生逻辑值，逻辑值只有两个结果，即 FLASE 和 TURE，分别表示假和真。表 4—3 列出了比较运算符的含义。

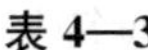

表 4—3　　比较运算符及其含义

比较运算符	含义	比较运算符	含义
＞（大于号）	大于	＞＝（大于等号）	大于等于
＜（小于号）	小于	＜＝（小于等于号）	小于等于
＝（等于号）	等于	＜＞（不等于号）	不等于

4）引用运算符。

引用运算符可以将单元格区域合并计算，它主要包括冒号、逗号、空格。表4—4 列出引用运算符的含义。

表 4—4　　引用运算符及其含义

引用运算符	含义	实例
：（冒号）	区域运算符，用于引用单元格区域。	A5：E10
，（逗号）	联合运算符，用于引用多个单元格区域。	B5：D15，F5：15
（空格）	交叉运算符，用于用两个单格区域的交叉部分。	B7：D7　C6：C8

（2）公式的创建、移动、复制与修改。

1）创建公式。

创建公式时，可以直接在单元格中输入，也可以在编辑栏中输入，输入方法与输入普通数据相似。如在 D3 单元格中输入公式"＝（A3＋B3＋C3）/3"。

2）移动与复制公式。

移动与复制公式的操作与移动、复制单元格内容的操作方法相似，所不同的是移动公式时，公式内的单元格引用不会更改，而复制公式时，单元格引用会根据引用类型而变化，即系统会自动改变引用的单元格地址。

3）修改或删除公式。

要修改公式，可单击含有公式的单元格，然后在编辑栏中进行修改，或双击单元格后直接在单元格中进行修改，修改完后按 Enter 键确认。

2. 单元格的引用

（1）相对引用。

相对引用指的是引用单元的行号和列标，如前面所给出的 A5、E10 等单元格地址的表示。所谓相对就是可以变化，它最大的特点说是在单元格中使用公式时如果公式的位置发生变化，那么所引用的单元格也会发生变化。

例如 C1 单元格公式有：＝A1＋B1，则将公式复制到 C2 单元格时变为：＝A2＋B2，将公式复制到 D1 单元格公式有：＝B1＋C1。

（2）绝对引用。

绝对引用，顾名思义就是当公式的位置发生变化时，所引用的单元格不会发生变化，无论移到任何位置，引用都是绝对的。绝对引用使用在单元格前加符号“$”，如$A$1表示单元格“A1”是绝对引用。

例如C1单元格有公式：=$A$1+$B$1，当将公式复制到C2单元格时仍为：=$A$1+$B$1；当将公式复制到D1单元格时仍为：=$A$1+$B$1。

（3）混合引用。

混合引用就是指只绝对引用行号或者列号，如$B6表示绝对引用列标，B$6则表示绝对引用行号，公式复制时地址的部分内容跟着发生变化。

例如C1单元格有公式：=$A1+B$1，当将公式复制到C2单元格时变为：=$A2+B$1，当将公式复制到D1单元格时变为：=$A1+C$1。

加上了绝对地址符“$”的列标和行号为绝对地址，在公式复制、移动时不会发生变化；没有加上绝对地址符号的列标和行号为相对地址，在公式向复制、移动时会发生变化；混合引用时部分地址发生变化。工作簿名和工作表名都是绝对引用，没有相对引用。

【技能操作】录入电子商务152班期中考试成绩，用公式计算出每位学生所有科目的总分，并将结果显示在H列。

步骤一：录入学生成绩。

（1）打开Excel 2010软件；

（2）在Sheet1工作表中，如图4—36所示录入相关信息，并将结果以“电商152期中考试成绩表”为文件名进行保存。

	A	B	C	D	E	F	G	H
1	电子商务152班期中考试成绩							
2	学号	姓名	语文	数学	英语	市场营销	电商基础	总分
3	01	丁　忠	61	55	49	80	60	
4	02	王　格	48	53	58	45	50	
5	03	王立强	64	76	51	60	62	
6	04	卢雯雯	81	67	83	70	65	
7	05	吕小磊	79	85	62	90	60	
8	06	吕柯卓	94	98	61	96	83	
9	07	牟志磊	94	56	63	75	85	
10	08	吴依依	61	60	55	75	79	
11	09	冉霖睿	58	21	58	86	62	
12	10	应琪露	54	66	40	70	60	
13	11	李　想	86	54	73	85	60	
14	12	李馨雅	80	63	79	85	84	
15	13	杜英莉	80	94	71	80	91	
16	14	杜玲玲	84	57	82	83	96	
17	15	杜嵩浩	54	59	43	44	40	
18	16	杨伟彬	59	45	40	65	60	
19	17	陈　平	50	39	46	40	58	
20	18	陈君达	74	35	48	89	60	
21	19	陈佳莉	93	59	77	96	40	
22	20	陈国栋	92	43	64	80	97	
23	21	陈国智	84	60	48	85	75	
24	22	陈品娇	90	90	90	95	95	
25	23	陈博文	22	68	48	50	40	
26	24	周一平	80	40	59	86	83	
27	25	胡小霞	72	80	73	89	77	
28	26	胡东东	76	72	77	96	89	
29	27	胡欣蔺	82	52	71	95	72	
30	28	胡嘉阳	80	48	67	89	79	
31	29	徐　琛	94	70	78	95	97	
32	30	徐丽杰	82	90	65	80	87	

图4—36　电子商务152期中考试成绩表

步骤二：用公式计算出单个学生的总分。选中 H3 单元格，直接输入“=C3+D3+E3+F3+G3”，然后按 Enter 键或单击编辑栏中的“✓”按钮，如图 4—37 所示。

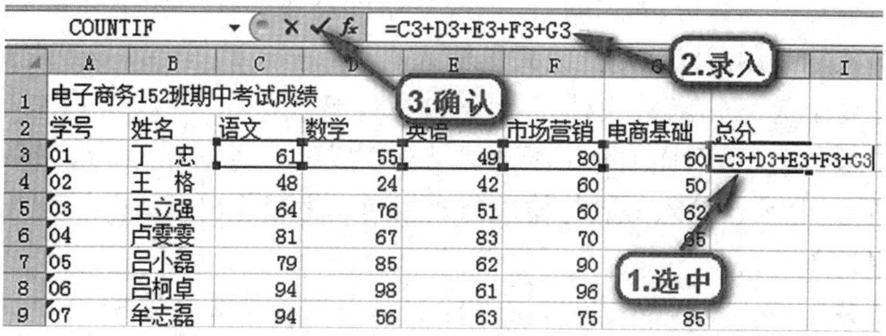

图 4—37　用公式求单个学生总分

步骤三：计算其他同学的总分。

方法一：将光标移至单元格，按步骤二方法计算出第 2 位同学的总分，其他同学依次类推；

方法二：利用填充柄的填充功能，选中 H3 单元格，将光标移至右下角使之变成“十”形，按住鼠标左键向下拖动，直到 H32 单元格再松开。如图 4—38 所示。

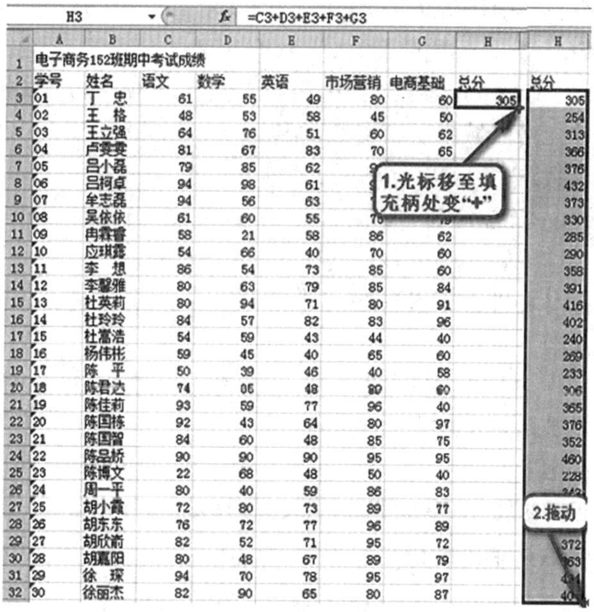

图 4—38　用公式求总分

步骤四：保存文件。单击“文件”菜单下的“另存为”命令，输入文件名为“电商 152 期中考试成绩表 1. xlsx”，选择保存位置，单击确定。

二、用函数计算

1. 函数定义

函数是一些预定义的公式，通过使用一些具有参数特定数值并按特定的顺序或结构执行计算。函数可用于执行简单或复杂的计算。在公式中合理地使用函数，可以大大节省输入的时间，简化公式的输入。

函数主要由等号、函数主体、括号和参数组成，如：=sum（参数 1，参数 2，……,参数 n）。下面详细介绍函数的结构组成：

（1）等号（=）：输入函数与输入公式相同，为避免被 Excel 自动判断为字符，必须以等号开头。

（2）函数主体：即函数名称，用来标识调用的是什么功能的函数，如 sum 代表求和函数。

（3）括号：用来输入函数参数。

（4）参数：是数字、文本、逻辑值、单元格引用、错误或数值。参数可以是常量，是公式或其他函数，可以是一个或多个参数，参数之间要用逗号分隔，可以在单元格中手工输入函数，也可使用函数向导输入函数。

2. 常用函数

Excel 提供了大量的内部函数，包括常用函数、财务、日期和时间、数学与三角函数、统计、查找与引用等。

（1）求和函数。

格式：=sum（参数 1，参数 2，……，参数 n）或=sum（参数 1：参数 2）

功能：计算单元格区域中所有参数的和。

（2）平均分函数。

格式：=average（参数 1，参数 2，……，参数 n）或=average（参数 1：参数 2）

功能：对所有参数进行算术平均值计算。

（3）最大值函数。

格式：=MAX（参数 1，参数 2，……，参数 n）或=MAX（参数 1：参数 2）

功能：返回参数清单中的最大值。

（4）最小值函数。

格式：=MIN（参数 1，参数 2，……，参数 n）或=MIN（参数 1：参数 2）

功能：返回参数清单中的最小值。

（5）计数函数。

格式：=count（参数 1，参数 2，……，参数 n）或=count（参数 1：参数 2）

功能：计算区域中包含数字的单元格的个数。

格式：=countif（参数 1，参数 2，……，参数 n）或=countif（参数 1：参数 2）

功能：计算某个单元格区域中满足给定条件的单元格数目。

【技能操作】用函数计算每位学生所有科目的总和，各科目平均分、最高分和最低分，并将结果显示在 H 列。

步骤一：打开素材“电商 152 期中考试成绩表 . xlsx”，选择“成绩统计”工作表，如图 4—39 所示。

A1 电子商务152班期中考试成绩

	A	B	C	D	E	F	G	H
1	电子商务152班期中考试成绩							
2	学号	姓名	语文	数学	英语	市场营销	电商基础	总分
3	01	丁 忠	61	55	49	80	60	
4	02	王 格	48	53	58	45	50	
5	03	王立强	64	76	51	60	62	
6	04	卢雯雯	81	67	83	70	65	
7	05	吕小磊	79	85	62	90	60	
8	06	吕柯卓	94	98	61	96	83	
9	07	牟志磊	94	56	63	75	85	
10	08	吴依依	61	60	55	75	79	
11	09	冉霖睿	58	21	58	86	62	
12	10	应琪露	54	66	40	70	60	
13	11	李 想	86	54	73	85	60	
14	12	李馨雅	80	63	79	85	84	
15	13	杜英莉	80	94	71	80	91	
16	14	杜玲玲	84	57	82	83	96	
17	15	杜蒿浩	54	59	43	44	40	
18	16	杨伟彬	59	45	40	65	60	
19	17	陈 平	50	39	46	40	58	
20	18	陈君达	74	35	48	89	60	
21	19	陈佳莉	93	59	77	96	40	
22	20	陈国栋	92	43	64	80	97	
23	21	陈国智	84	60	48	85	75	
24	22	陈品娇	90	90	90	95	95	
25	23	陈博文	22	68	48	50	40	
26	24	周一平	80	40	59	86	83	
27	25	胡小霞	72	80	73	89	77	
28	26	胡东东	76	72	77	96	89	
29	27	胡欣蔺	82	52	71	95	72	
30	28	胡嘉阳	80	48	67	89	79	
31	29	徐 琛	94	70	78	95	97	
32	30	徐丽杰	82	90	65	80	87	
33		平均分						
34		最高分						
35		最低分						

图 4—39 “成绩统计”工作表

步骤二：用函数计算所有科目的总分。操作步骤如图 4—40 所示。

(1) 单击 H3 单元格，输入“=sum（C3：G3）”，然后按 Enter 键；或者单击 H3 单元格，再单击“公式”菜单下的自动求和按钮，在 H3 单元格上显示“=sum（C3：G3）”，然后按 Enter 键或单击编辑栏中的“✔”按钮，即求出第一位同学的总分。

(2) 选中 H3 单元格，将光标移至填充柄位置，当光标变成“✚”时按住鼠标左键向下拖动到 H32 单元格，再松开鼠标。

步骤二：用函数计算出各门科目的平均分、最高分和最低分。操作步骤如图 4—41 所示。

(1) 单击 C33 单元格，输入“=average（C3：C32）”，然后按 Enter 键；或者单击“公式”菜单下的自动求和下拉按钮，选择“平均值”命令，然后按 Enter 键。

(2) 分别单击 C34、C35 单元格，选择自动求和下拉按钮中的“最大值”和“最小值”命令，按上述方法依次求出最高分和最低分。求解时要注意函数括号内参数的区域，这里应选择为 C3：C32。

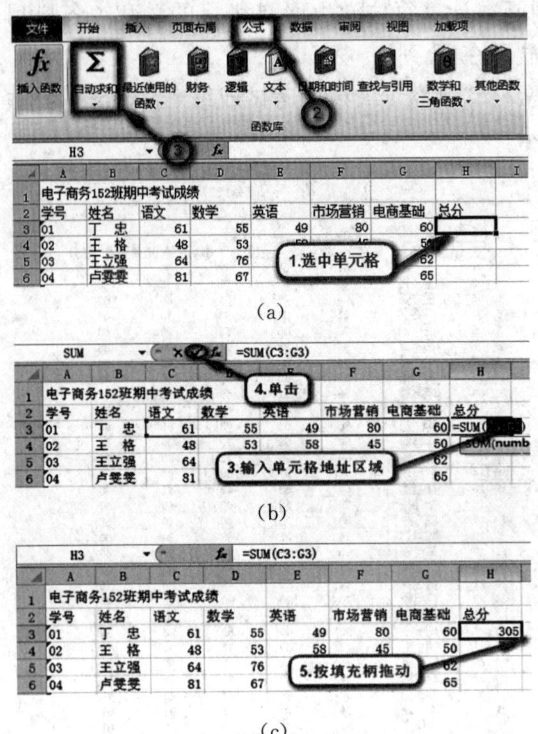

(a)

(b)

(c)

图 4—40　用函数求学生总分操作步骤

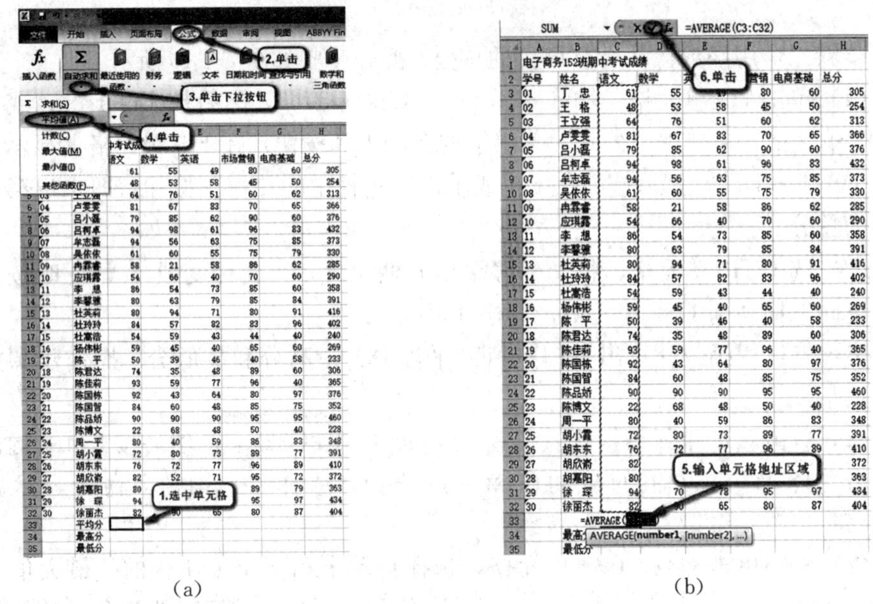

(a)　　　　　　　　　　　　(b)

图 4—41　用函数求单科平均分操作步骤

（3）求出所有科目的平均分、最高分和最低分，如图 4—42 所示。

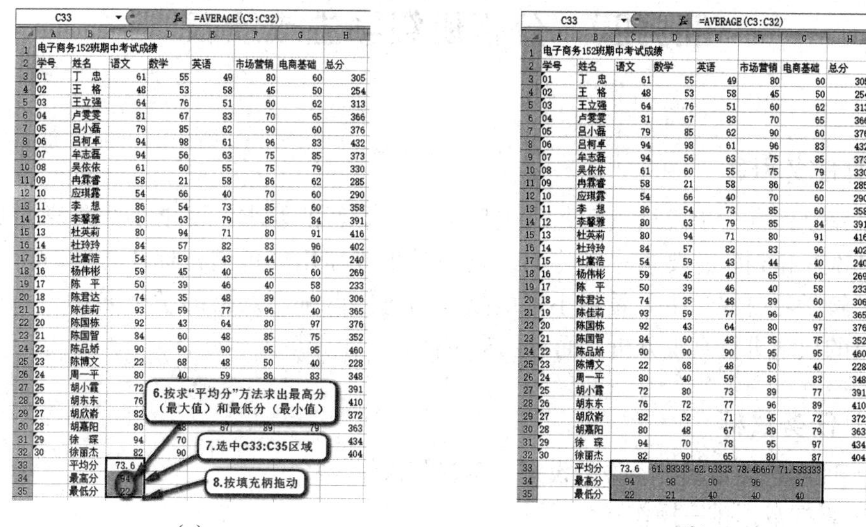

（a）　　　　（b）

图 4—42　所有科目平均分、最高分、最低分操作步骤

📖任务实训

1. 完成本任务技能操作内容。

2. 在“成绩统计”工作表中利用函数统计出班级男女生总人数。

3. 如果学校举行歌咏比赛，决赛成绩如图 4—43 所示，请根据所学的公式与函数求解出各位选手的最后平均得分（要求去掉一个最高分，一个最低分，并将结果保留两位小数）。

××学校“十佳歌手”比赛成绩

参赛号	参赛选手	成绩1	成绩2	成绩3	成绩4	成绩5	成绩6	成绩7	总评分
1	周　珍	91	91	93	90	90	92	85	
2	景慧洁	84	82	88	90	89	82	90	
3	涂鹏其	86	78	90	92	80	91	86	
4	周靖婷	89	80	85	86	90	89	85	
5	胡　骏	75	75	81	75	75	80	70	
6	华昊盛	73	76	78	74	75	75	73	
7	梅　楚	87	91	95	95	92	93	90	
8	胡田田	91	91	88	86	91	93	84	
9	胡伟铭	81	81	78	78	80	78	80	
10	董婷雯	88	85	89	89	90	93	92	
11	王文环	80	75	79	76	75	74	78	
12	吴广名	85	87	86	85	89	87	84	
13	王华华	82	88	80	84	90	86	88	
14	施爱宇	88	82	84	82	83	88	87	
15	张悦琅	91	90	86	90	88	92	87	
16	吕晓芃	93	93	92	92	93	89	95	
17	李燕誉	88	90	87	88	88	89	87	
18	王振方	88	94	91	92	94	87	89	
19	吴玲玲	90	84	90	86	90	86	88	
20	吴宇玉	90	84	86	88	85	88	88	

图 4—43　××学校“十佳歌手”比赛成绩表

任务四　分析班级学生成绩表

📖任务引领

小张制作好学生成绩表后，班主任又提出了新的要求，要求小张将学生成绩按某种次序排列，并要求小张将不及格的学生成绩用红色进行标注。同时班主任为了了解学习薄弱学生，希望小张能整理出每门课都不及格的学生名单，并对各门科目的成绩进行直观分析。面对这重重任务，小张该怎么办？

📖任务目标

1. 理解条件格式中条件的设定，掌握其操作技巧；
2. 掌握数据排序操作；
3. 了解筛选的概念，掌握自动筛选和高级筛选的操作技巧；
4. 学会数据的分类汇总；
5. 学会用图表分析数据，掌握图表的制作方法。

📖任务实施

一、条件格式

在 Excel 2010 中应用条件格式，可以让满足特定条件的单元格以醒目方式突出显示，使用用户对工作表数据进行更好的比较和分析。

1. 添加条件格式的意义

(1) 突出显示单元格规则：突出显示所选单元格区域中符合特定条件的单元格。

(2) 项目选取规则：其作用与突出显示单元格规则相同，只是设置条件的格式不同。

(3) 数据条、色阶和图标集：使用数据条、色阶（颜色的种类或深浅）和图标来标识各单元格中数据值的大小，从而方便查看和比较数据。

【技能操作】在“电商 152 期中考试成绩 . xlsx”工作簿的“成绩分析 1”工作表中，将总分在 400 分以上的学生进行突出显示。

步骤一：打开“电商 152 期中考试成绩 . xlsx”工作簿，选中要添加条件的单元格区域 H3：H32 或选中 H 列，如图 4—44（a）所示。

步骤二：单击“开始”选项卡“样式”面板中的“条件格式”按钮，在展开的列表中选择“突出显示单元格规则”，在其子列表中选择条件，如选择“大于”。

步骤三：在如图 4—44（a）所示的对话框中，设置“大于”条件值为 400，并设置大于该值时的单元格显示格式，单击“确定”按钮后即可看到单元格区域 H3：H32 中总分 400 分以上为突出显示，如图 4—44（b）所示。

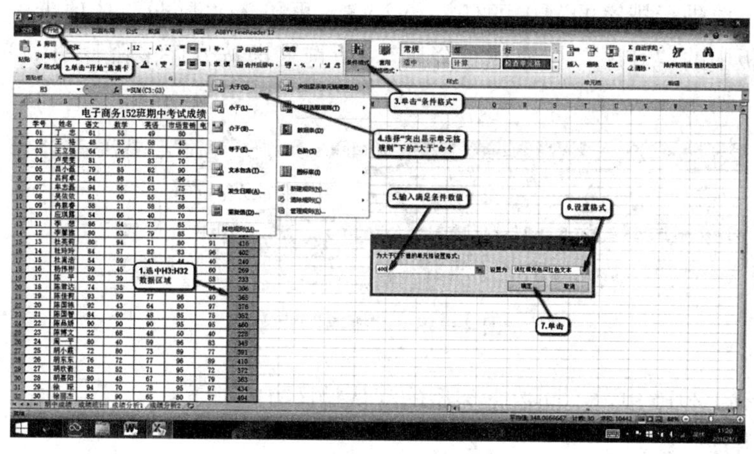

（a）

K16

电子商务152班期中考试成绩

学号	姓名	语文	数学	英语	市场营销	电商基础	总分
01	丁　忠	61	55	49	80	60	305
02	王　格	48	53	58	45	50	254
03	王立强	64	76	51	60	62	313
04	卢雯雯	81	67	83	70	65	366
05	吕小磊	79	85	62	90	60	376
06	吕柯卓	94	98	61	96	83	432
07	牟志磊	94	56	63	75	85	373
08	吴依依	61	60	55	75	79	330
09	冉霖睿	58	21	58	86	62	285
10	应琪露	54	66	40	70	60	290
11	李　想	86	54	73	85	60	358
12	李馨雅	80	63	79	85	84	391
13	杜英莉	80	94	71	80	91	416
14	杜玲玲	84	57	82	83	96	402
15	杜嵩浩	54	59	43	44	40	240
16	杨伟彬	59	45	40	65	60	269
17	陈　平	50	39	46	40	58	233
18	陈君达	74	35	48	89	60	306
19	陈佳莉	93	59	77	96	40	365
20	陈国栋	92	43	64	80	97	376
21	陈国智	84	60	48	85	75	352
22	陈品娇	90	90	90	95	95	460
23	陈博文	22	68	48	50	40	228
24	周一平	80	40	59	86	83	348
25	胡小巍	72	80	73	89	77	391
26	胡东东	76	72	77	96	89	410
27	胡欣蔚	82	52	71	95	72	372
28	胡嘉阳	80	48	67	89	79	363
29	徐　琛	94	70	78	95	97	434
30	徐丽杰	82	90	65	80	87	404

（b）

图 4—44　“条件格式”操作步骤

2. 清除条件格式

要删除条件格式，可先选中应用了条件格式的单元格区域，然后在“条件格式”列表中单击“清除规则”项；若选择“清除整个工作表的规则”项，可以清除要整个工作表的条件格式。

二、数据排序

排序是对工作表中的数据进行重新组织安排的一种方式，可以实现数据从高到低或者从低到高的自动排列，排序后的数据一目了然。

1. 简单排序

简单排序是指对数据表中的单列数据按照 Excel 默认的升序或降序的方式进行排列。单击要进行排序的列中的任一单元格，再单击“数据”选项卡上“排序和筛选”面板中的“升序”按钮或“降序”，所选列即按升序或降序方式进行排序，如图 4—45 所示。

图 4—45 “排序”面板

在 Excel 2010 中，不同数据类型的默认排序方式如下：

(1) 升序排序。

数字：按从最小的负数到最大的正数进行排序。

日期：按从最早的日期到最晚的日期进行排序。

文本：按照特殊字符、数字（0－9）、小写英文字母（a…Z）、大写英文字母（A…Z）、汉字（以拼音排序）排序。

逻辑值：FALSE 排在 TRUE 之前。

空白单元格：总是放在最后。

(2) 降序排序。

与升序排序的顺序相反。

2. 多关键字排序

多关键字排序就是对工作表中的数据按两个或两个以上的关键字进行排序。在此排序方式下，为了获得最佳结果，要排序的单元格区域应包含列标题。

对多个关键字进行排序时，在主要关键字完全相同的情况下，会根据指定的次要关键字进行排序；在次要关键字完全相同的情况下，根据指定的下一个次要关键字进行排序，依次类推。

【技能操作】将“电商 152 期中考试成绩 . xlsx”“成绩分析 1”工作表中的数据按总分从高到低排列，在总分相同情况下按语文成绩高低排列。具体操作步骤如图 4—46 所示。

步骤一：打开“电商 152 期中考试成绩表 . xlsx” Excel 2010 文件，单击“成绩分析 1”工作表。

步骤二：选中所需排序的单元格区域 A2：H32，单击“数据”菜单下的“排序”命令，弹出相应的“排序”对话框。

步骤三：在“主要关键字”右边的下拉按钮中选择“总分”，然后单击“添加条件”按钮，增加一个次要条件，其次要关键字为“语文”，“次序”选项仍选择

"降序"。

步骤四：单击"确定"按钮。

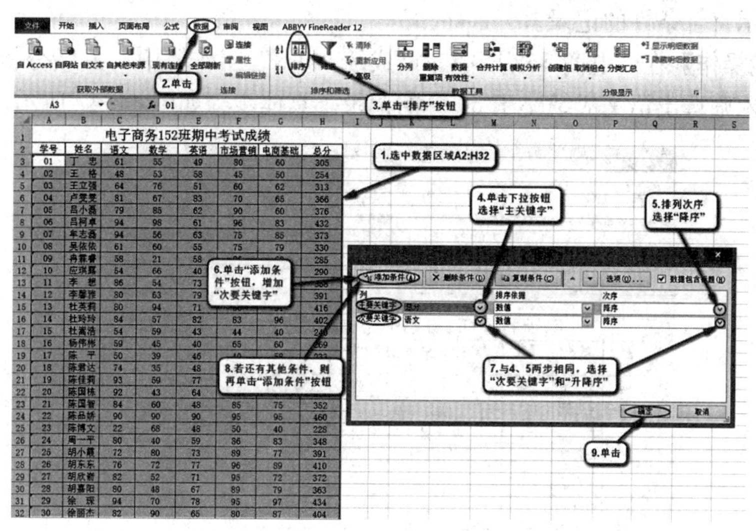

(a)

H2　总分

	A	B	C	D	E	F	G	H
1	电子商务152班期中考试成绩							
2	学号	姓名	语文	数学	英语	市场营销	电商基础	总分
3	22	陈品娇	90	90	90	95	95	460
4	29	徐　琛	94	70	78	95	97	434
5	06	吕柯卓	94	98	61	96	83	432
6	13	杜英莉	80	94	71	80	91	416
7	26	胡东东	76	72	77	96	89	410
8	30	徐丽杰	82	90	65	80	87	404
9	14	杜玲玲	84	57	82	83	96	402
10	12	李馨雅	80	63	79	85	84	391
11	25	胡小霞	72	80	73	89	77	391
12	20	陈国栋	92	43	64	80	97	376
13	05	吕小磊	79	85	62	90	60	376
14	07	牟志磊	94	56	63	75	85	373
15	27	胡欣嵛	82	52	71	95	72	372
16	04	卢雯雯	81	67	83	70	65	366
17	19	陈佳莉	93	59	77	96	40	365
18	28	胡嘉阳	80	48	67	89	79	363
19	11	李　想	86	54	73	85	60	358
20	21	陈国智	84	60	48	85	75	352
21	24	周一平	80	40	59	86	83	348
22	08	吴依依	61	60	55	75	79	330
23	03	王立强	64	76	51	60	62	313
24	18	陈君达	74	35	48	89	60	306
25	01	丁　忠	61	55	49	80	60	305
26	10	应琪露	54	66	40	70	60	290
27	09	冉霖睿	58	21	58	86	62	285
28	16	杨伟彬	59	45	40	65	60	269
29	02	王　格	48	53	58	45	50	254
30	15	杜嵩浩	54	59	43	44	40	240
31	17	陈　平	50	39	46	40	58	233
32	23	陈博文	22	68	48	50	40	228

(b)

图 4—46　排序操作步骤

三、筛选

在对工作表数据进行处理时，有时需要从工作表中找出满足一定条件的数据，这时应用 Excel 的数据筛选功能筛选并显示符合条件的数据，而将不符合条件的数据隐藏起来。Excel 提供筛选、按条件筛选和高级筛选三种方式，无论使用哪种方式进行筛选操作，数据表中必须有列标签。

1. 自动筛选

自动筛选一般用于简单的条件筛选，筛选时将不需要显示的记录暂时隐藏起来，只显示符合条件的记录。

【技能操作】在“电商 152 期中考试成绩 . xlsx”工作簿中“成绩分析 2”工作表中，要求筛选出语文成绩小于 60 分的记录。具体步骤如图 4—47 所示。

1.光标停留在数据区域任一位置
2.单击“数据”选项卡
3.单击“筛选”命令
4.每列出现下拉按钮，表示处于筛选状态

H6　=SUM(C6:G6)

电子商务152班期中考试成绩

学号	姓名	语文	数学	英语	市场营	电商基	总分
01	丁　忠	61	55	49	80	60	305
02	王　格	48	53	58	45	50	254
03	王立强	64	[illegible]	[illegible]	[illegible]	[illegible]	313
04	卢雯雯	81	[illegible]	[illegible]	[illegible]	[illegible]	366
05	吕小磊	79	[illegible]	[illegible]	[illegible]	[illegible]	376
06	吕柯卓	94	98	61	96	83	432
07	牟志磊	94	56	63	75	85	373
08	吴依依	61	60	55	75	79	330
09	冉霖睿	58	21	58	86	62	285
10	应琪露	54	66	40	70	60	290
11	李　想	86	54	73	85	60	358
12	李馨雅	80	63	79	85	84	391
13	杜英莉	80	94	71	80	91	416
14	杜玲玲	84	57	82	83	96	402
15	杜嵩浩	54	59	43	44	40	240
16	杨伟彬	59	45	40	65	60	269
17	陈　平	50	39	46	40	58	233
18	陈君达	74	35	48	89	60	306
19	陈佳莉	93	59	77	96	40	365
20	陈国栋	92	43	64	80	97	376
21	陈国智	84	60	48	85	75	352
22	陈品娇	90	90	90	95	95	460
23	陈博文	22	68	48	50	40	228
24	周一平	80	40	59	86	83	348
25	胡小霞	72	80	73	89	77	391
26	胡东东	76	72	77	96	89	410
27	胡欣蔚	82	52	71	95	72	372
28	胡嘉阳	80	48	67	89	79	363
29	徐　琛	94	70	78	95	97	434
30	徐丽杰	82	90	65	80	87	404

(a)

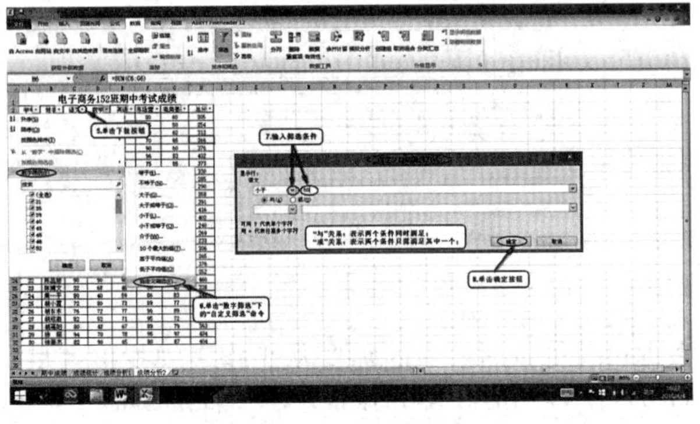

(b)

图 4—47　自动筛选操作步骤

步骤一：打开“电商 152 期中考试成绩 . xlsx”工作簿，选中“成绩分析 2”工作表，单击“电子商务 152 班期中考试成绩”表中的任意非空单元格。

步骤二：单击“数据”选项卡“排序和筛选”面板中的“筛选”按钮，“电子商务 152 班期中考试成绩”表中数据的第一行处于可筛选状态，在每一列字段名的右边都出现一个下拉按钮。

步骤三：单击“语文”旁的下拉按钮，在弹出的列表项中单击“数字筛选”，单击“小于”，要打开的对话框中光标处输入“60”。

步骤四：单击“确定”。筛选结果如图 4—48 所示，语文选项旁出现“”，代表对“语文”项进行筛选。

C2　　fx　语文

	A	B	C	D	E	F	G	H
1	电子商务152班期中考试成绩							
2	学号	姓名	语文	数学	英语	市场营	电商基	总分
4	02	王　格	48	53	58	45	50	254
11	09	冉霖睿	58	21	58	86	62	285
12	10	应琪露	54	66	40	70	60	290
17	15	杜高浩	54	59	43	44	40	240
18	16	杨伟彬	59	45	40	65	60	269
19	17	陈　平	50	39	46	40	58	233
25	23	陈博文	22	68	48	50	40	228

图 4—48　语文小于 60 的自动筛选记录

小贴士：

(1) 以上筛选结果可显示在原位置，也可将其复制到其他工作表中。

(2) 单击“语文”列右侧的按钮，在展开的列表中单击“从语文中清除筛选”可取消筛选。若单击“数据”选项卡中的“筛选”按钮，也可取消筛选。

(3) 在“自定义自动筛选方式”对话框中，其中“与”“或”代表逻辑运算关系。“与”代表上面显示的条件和下面显示条件都需同时满足，如要求筛选出语文在 80—90 之间的记录，则在上面条件中输入“小于，90”，下面条件中输入“大于，80”，它们两者的逻辑关系为“与”；“或”代表两个条件不同时满足，如筛选出语文在 60 分以下或者 90 分以上的记录，这时两个条件之间只要满足一个条件即可，就需选择“与”逻辑。

(4) 在筛选过程中，可用通配符？和 * 代表单个或多个字符。通配符“?”代表单个字符，通配符“ * ”代表任意多个字符。

【技能操作】在“电商 152 期中考试成绩表 . xlsx”“成绩分析 2”工作表中，筛选总分在 350 分到 400 分之间的学生记录。结果如图 4—49 所示。

【技能操作】在“电商 152 期中考试成绩表 . xlsx”“成绩分析 2”工作表，筛选出各门科目都小于 60 分的学生记录。

参照自动筛选的步骤对每一科目进行筛选操作，结果如图 4—50 所示。

H2 　 f_x 总分

	A	B	C	D	E	F	G	H
1	电子商务152班期中考试成绩							
2	学号	姓名	语文	数学	英语	市场营	电商基	总分
6	04	卢雯雯	81	67	83	70	65	366
7	05	吕小磊	79	85	62	90	60	376
9	07	牟志磊	94	56	63	75	85	373
13	11	李　想	86	54	73	85	60	358
14	12	李馨雅	80	63	79	85	84	391
21	19	陈佳莉	93	59	77	96	40	365
22	20	陈国栋	92	43	64	80	97	376
23	21	陈国智	84	60	48	85	75	352
27	25	胡小霞	72	80	73	89	77	391
29	27	胡欣蔚	82	52	71	95	72	372
30	28	胡嘉阳	80	48	67	89	79	363

图 4—49　总分在 350 分到 400 分之间的自动筛选记录

	A	B	C	D	E	F	G	H
1	电子商务152班期中考试成绩							
2	学号	姓名	语文	数学	英语	市场营	电商基	总分
4	02	王　格	48	53	58	45	50	254
17	15	杜嵩浩	54	59	43	44	40	240
19	17	陈　平	50	39	46	40	58	233

图 4—50　每门科目在 60 分以下的自动筛选记录

思考：

（1）在上例操作中，每位学生共有 5 门课，筛选条件是每门科目“小于，60”，若采用自动筛选就需进行 5 次筛选。若该学生有 10 门、20 门科目，是否也需进行 10 次、20 次自动筛选操作？

（2）在上例操作中，每位学生 5 门课都同时处于 60 分以下，各门科目之间满足“与”逻辑关系，但如果要求筛选有一门科目处于 60 分以下的记录，即各门科目之间满足“或”逻辑关系，则自动筛选能否完成？

2. 高级筛选

高级筛选用于条件较复杂的筛选操作，其筛选结果可显示在原显示数据表格中，不符合条件的记录被隐藏起来，也可以在新的位置显示筛选结果，不符合条件的记录同时保留在数据表中，从而便于进行数据的对比。

在高级筛选中，筛选条件又可分为多条件筛选和多选一条件筛选两种。

（1）多条件筛选。

多条件筛选是指查找出同时满足多个条件的记录。

（2）多选一条件筛选。

多选一条件筛选是指在查找时只要满足几个条件当中的一个，记录就会显示出来。多选一条件筛选的操作与多条件类似，需要将条件输入不同的行中。

【技能操作】在“电商 152 期中考试成绩 . xlsx”“成绩分析 2”工作表，筛选出所有科目都小于 60 分的学生记录，并将结果在 K 列显示。具体操作步骤如图

4—51 所示。

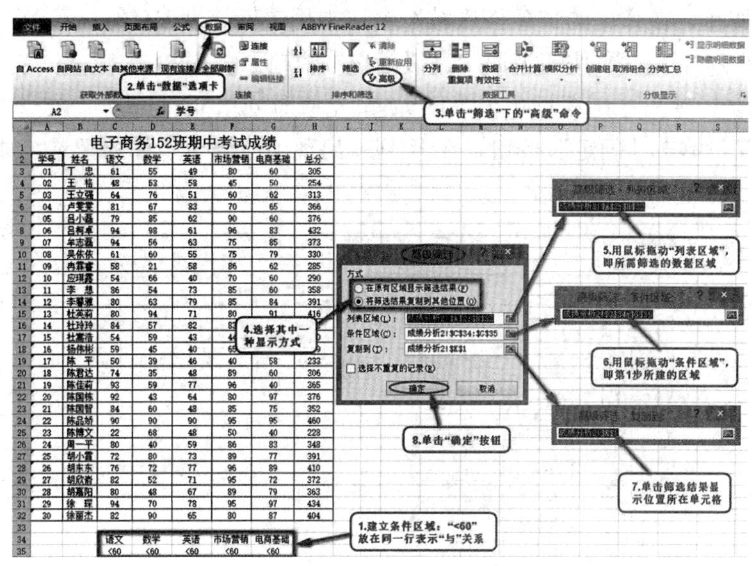

图 4—51　所有科目不及格的高级筛选操作步骤

步骤一：打开“电商 152 期中考试成绩 . xlsx”，选中“成绩分析 2”工作表。

步骤二：建立条件区域。

（1）单击“电子商务 152 班期中考试成绩”表中 C2：G2 单元格区域（即选中包含语文、数学、英语、市场营销、电商基础的单元格），单击“复制”命令，将光标移至“电子商务 152 班期中考试成绩”表的下方空白单元格区域处，单击“粘贴”命令。

（2）在 C35：G35 单元格区域依次在英文状态下输入“＜60”，每一科目“＜60”都放在同一行，代表各条件同时满足，即满足“与”逻辑关系，这样筛选的条件就建好了。

步骤三：将光标返回“电子商务 152 班期中考试成绩”表数据区域中的任一非空单元格，单击“数据”选项卡下的“筛选”中的“高级”命令。

步骤四：弹出“高级筛选”对话框，在该对话框中显示方式有两个单选按钮，其中“在原有区域显示筛选结果”表示结果显示在原位置，不符合条件的记录被隐藏起来；另一单选按钮“将筛选结果复制到其他位置”表示筛选结果通过复制命令在另一位置显示，原位置显示原来数据表中的内容。根据操作要求将结果复制到 K 列，所以选择“将筛选结果复制到其他位置”显示方式。

“列表区域”表示所需筛选的数据区域（本操作中指＄A＄2：＄H＄32 单元格区域，这里采用绝对地址），单击右边的按钮，在弹出列表区域窗口中用鼠标拖动＄A＄2：＄H＄32，然后再单击按钮返回“高级筛选”窗口。

“条件区域”指步骤二中所建立的条件区域 C34：G35，同样单击“条件区域”右边的按钮，在弹出的“条件区域”窗口中用鼠标拖动＄C＄34：＄G＄35 单元格区域，然后再单击按钮返回“高级筛选”窗口。

“复制到”窗口中用鼠标单击＄K＄2 单元格即可。

步骤五：单击“确定”按钮，在 K 列就出现了所满足条件的记录，如图 4—52 所示。

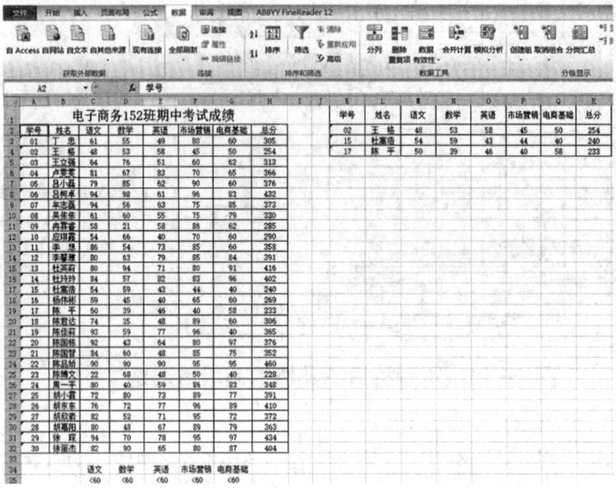

图 4—52　所有科目不及格的高级筛选操作结果

【技能操作】在“电商 152 期中考试成绩 . xlsx”工作簿中的“成绩分析 2”工作表，筛选出有一门科目小于 60 分的学生记录，并将结果在 K 列显示。操作步骤如图 4—53 所示。

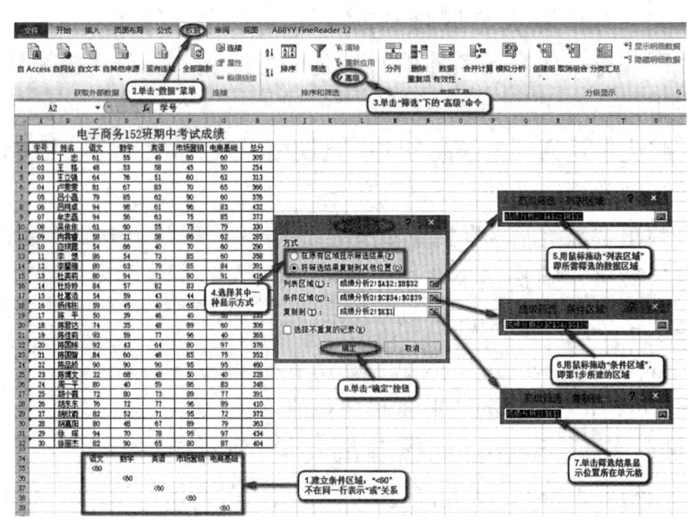

图 4—53　有一门科目不及格的高级筛选操作步骤

步骤一：打开“电商 152 期中考试成绩 . xlsx”工作簿，单击“成绩分析 2”工作表。

步骤二：建立条件区域。

（1）单击“电子商务 152 班期中考试成绩”表中 C2：G2 单元格区域，单击“复制”命令，将光标移至“电子商务 152 班期中考试成绩”表的下方空白单元格区域处，单击“粘贴”命令。

（2）本操作的条件是只需满足一门科目小于 60 就需筛选出来，即满足“语文，小于 60”，或者“数学，小于 60”，或者“英语，小于 60”，或者“市场营销，小于 60”，或者“电商基础，小于 60”，各条件之间满足“或”逻辑关系。因此在不同行输入“＜60”代表“或”逻辑。

步骤三：将光标移回“电子商务 152 班期中考试成绩”表中的任一非空单元格，单击“数据”选项卡下的“筛选”中的“高级”命令。

步骤四：弹出“高级筛选”对话框。根据操作要求将结果复制到 K 列，所以选择“将筛选结果复制到其他位置”显示方式。

单击“列表区域”右边的按钮，在弹出列表区域窗口中用鼠标拖动 $A$2：$H$32，然后再单击按钮返回“高级筛选”窗口；单击“条件区域”右边的按钮，在弹出的“条件区域”窗口中用鼠标拖动 $C$34：$G$39 单元格区域；然后再单击按钮返回“高级筛选”窗口；同理“复制到”选择 $K$2 单元格。

步骤五：单击“确定”按钮，在 K 列就出现了所满足条件的记录，如图 4—54 所示。

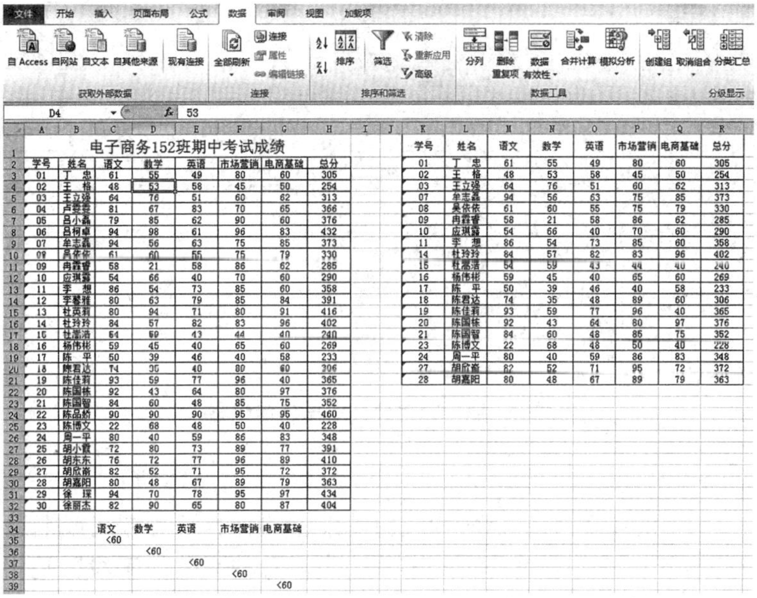

电子商务152班期中考试成绩

学号	姓名	语文	数学	英语	市场营销	电商基础	总分
01	丁 忠	61	55	49	80	60	305
02	王 格	48	53	58	45	50	254
03	王立强	64	76	51	60	62	313
04	卢姿姿	81	67	83	70	65	366
05	吕小磊	79	85	62	90	60	376
06	吕柯卓	94	98	61	96	83	432
07	牟志磊	94	56	63	75	85	373
08	吴依依	61	60	55	75	79	330
09	冉鑫睿	58	21	58	86	62	285
10	应琪霖	54	66	40	70	60	290
11	李 想	86	54	73	85	60	358
12	李馨雅	80	63	79	85	84	391
13	杜英莉	80	94	71	80	91	416
14	杜玲玲	84	57	82	83	96	402
15	杜蕾浩	54	59	43	44	40	240
16	杨伟彬	59	45	40	65	60	269
17	陈 平	50	39	46	40	58	233
18	陈君达	74	35	48	89	60	306
19	陈佳莉	93	59	77	96	40	365
20	陈国栋	92	43	64	80	97	376
21	陈国智	84	60	48	85	75	352
22	陈品娇	90	90	90	95	95	460
23	陈博文	22	68	48	50	40	228
24	周一平	80	40	59	86	83	348
25	胡小霞	72	80	73	89	77	391
26	胡东东	76	72	77	96	89	410
27	胡欣蔚	82	52	71	95	72	372
28	胡嘉阳	80	48	67	89	79	363
29	徐 琛	94	70	78	95	97	434
30	徐丽杰	82	90	65	80	87	404

语文	数学	英语	市场营销	电商基础
<60				
	<60			
		<60		
			<60	
				<60

学号	姓名	语文	数学	英语	市场营销	电商基础	总分
01	丁 忠	61	55	49	80	60	305
02	王 格	48	53	58	45	50	254
03	王立强	64	76	51	60	62	313
07	牟志磊	94	56	63	75	85	373
08	吴依依	61	60	55	75	79	330
09	冉鑫睿	58	21	58	86	62	285
10	应琪霖	54	66	40	70	60	290
11	李 想	86	54	73	85	60	358
14	杜玲玲	84	57	82	83	96	402
15	杜蕾浩	54	59	43	44	40	240
16	杨伟彬	59	45	40	65	60	269
17	陈 平	50	39	46	40	58	233
18	陈君达	74	35	48	89	60	306
19	陈佳莉	93	59	77	96	40	365
20	陈国栋	92	43	64	80	97	376
21	陈国智	84	60	48	85	75	352
23	陈博文	22	68	48	50	40	228
24	周一平	80	40	59	86	83	348
27	胡欣蔚	82	52	71	95	72	372
28	胡嘉阳	80	48	67	89	79	363

图 4—54 有一门科目不及格的高级筛选操作结果

四、分类汇总

分类汇总是指把数据表中的数据分门别类地进行统计处理，无须建立公式，Excel 2010 将会自动对各类别的数据进行求和、求平均值、统计个数、求最大值（最小值）和总体方差等多种计算，并且分级显示汇总的结果，从而增加了工作表的可读性，使用户更快地获得需要的数据并做出判断。

分类汇总分为简单分类汇总、多重分类汇总和嵌套分类汇总三种方式。无论哪种方式，要进行分类汇总的数据表必须有列标签，而且在分类汇总之前必须先对数据排序，以使得数据中拥有同一类关键字的记录集中在一起，然后再对记录进行分类汇总操作。

1. 简单分类汇总

指对数据表中的某一列以一种汇总方式进行分类汇总。

【技能操作】将“电商 152 期中成绩成绩”按性别进行汇总。操作步骤和汇总结果如图 4—55、图 4—56 所示。

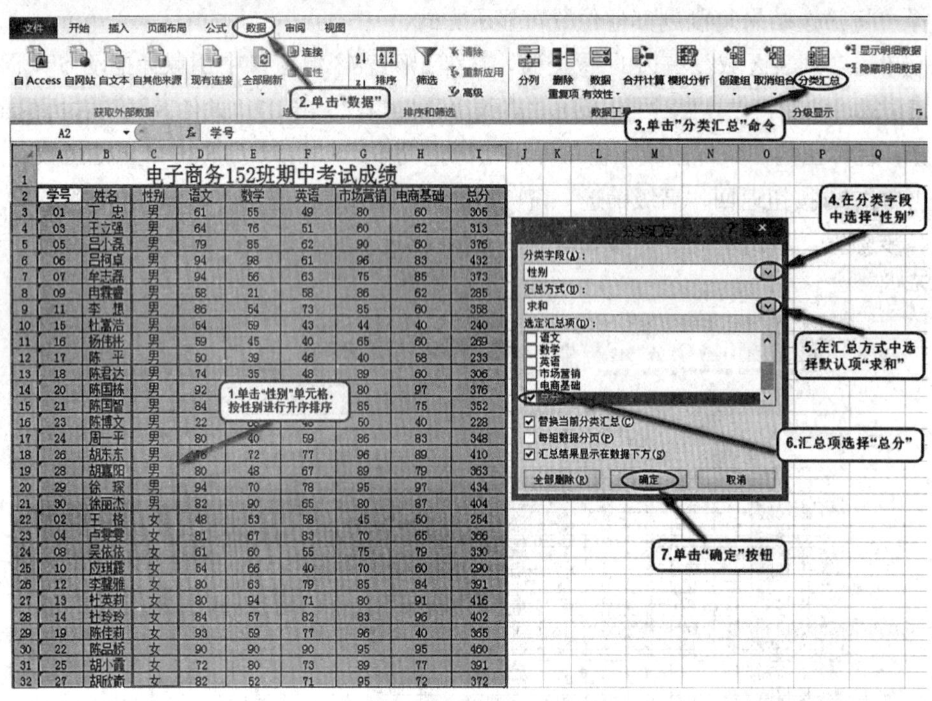

图 4—55 简单分类汇总操作步骤

2. 多重分类汇总

对工作表中的某列数据选择两种或两种以上的分类汇总方式或汇总项进行汇总，就叫多重分类汇总。也就是说，多重分类汇总的“分类字段”是相同的，而汇总方式或汇总项不同，而且第 2 次汇总在每次汇总运算的结果之上进行的。

电子商务152班期中考试成绩

行	学号	姓名	性别	语文	数学	英语	市场营销	电商基础	总分
3	[illegible]	丁 忠	男	61	55	49	80	60	305
4	[illegible]	王立强	男	64	76	51	60	62	313
5	[illegible]	吕小磊	男	79	85	62	90	60	376
6	06	吕柯卓	男	94	98	61	96	83	432
7	07	牟志磊	男	94	56	63	75	85	373
8	09	冉霖睿	男	58	21	58	86	62	285
9	11	李 想	男	86	54	73	85	60	358
10	15	杜嵩浩	男	54	59	43	44	40	240
11	16	杨伟彬	男	59	45	40	65	60	269
12	17	陈 平	男	50	39	46	40	58	233
13	18	陈君达	男	74	35	48	89	60	306
14	20	陈国栋	男	92	43	64	80	97	376
15	21	陈国智	男	84	60	48	85	75	352
16	23	陈博文	男	22	68	48	50	40	228
17	24	周一平	男	80	40	59	86	83	348
18	26	胡东东	男	76	72	[illegible]	[illegible]	[illegible]	410
19	28	胡嘉阳	男	80	48	[illegible]	[illegible]	[illegible]	363
20	29	徐 琛	男	94	70	78	95	97	434
21	30	徐丽杰	男	82	90	65	80	87	404
22			男 汇总						6405
23	02	王 格	女	48	53	58	45	50	254
24	04	[illegible]	女	81	67	83	70	65	366
25	[illegible]	[illegible]	女	61	60	55	75	79	330
26	[illegible]	[illegible]	女	54	66	40	70	60	290
27	[illegible]	[illegible]	女	80	63	79	85	84	391
28	13	杜英莉	女	80	94	71	80	91	416
29	14	杜玲玲	女	84	57	[illegible]	[illegible]	[illegible]	402
30	19	陈佳莉	女	93	59	[illegible]	[illegible]	[illegible]	365
31	22	陈品娇	女	90	90	90	95	95	460
32	25	胡小霞	女	72	80	73	89	77	391
33	27	胡欣嵛	女	82	52	71	95	72	372
34			女 汇总						4037
35			总计						10442

分级显示按钮
展开和折叠明细数据按钮
性别“男”总分汇总
性别“女”总分汇总

图 4—56 简单分类汇总操作结果

【技能操作】在“成绩分析 3”工作表中，计算出男女生参加考试人数，并放在“总分”项下，其步骤如图 4—57 所示。

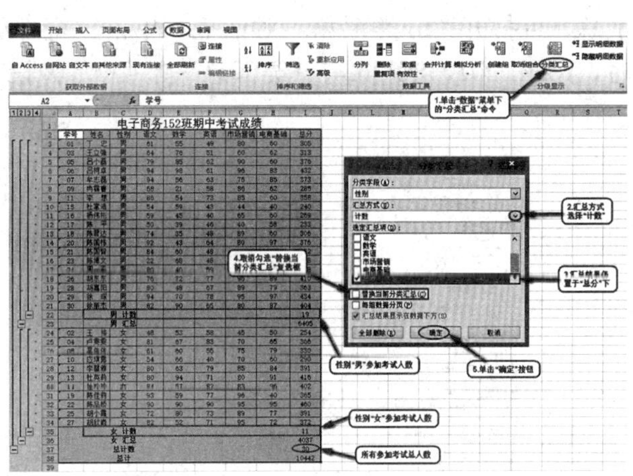

图 4—57 多重分类汇总操作步骤

3. 嵌套分类汇总

嵌套分类汇总是指在一个已经建立了分类汇总的工作表中再进行另外一种分类汇总，两次分类汇总的字段是不相同的，其他项可以相同，也可以不同。

在建立嵌套分类汇总前首先对工作表中需要进行分类汇总的字段进行多关键字排序，排序的主要关键字应该是第 1 级汇总关键字，排序的次要关键字应该是第 2 级汇总关键字，其他的依次类推。

有几套分类汇总就需要进行几次分类汇总操作，第 2 次汇总是在第 1 次汇总的结果上进行的，第 3 次汇总操作是在第 2 次汇总的结果上进行的，依次类推。

【技能操作】在“成绩分析 3”工作表中，计算出“市场营销”科目的平均分，其步骤如图 4—58 所示。

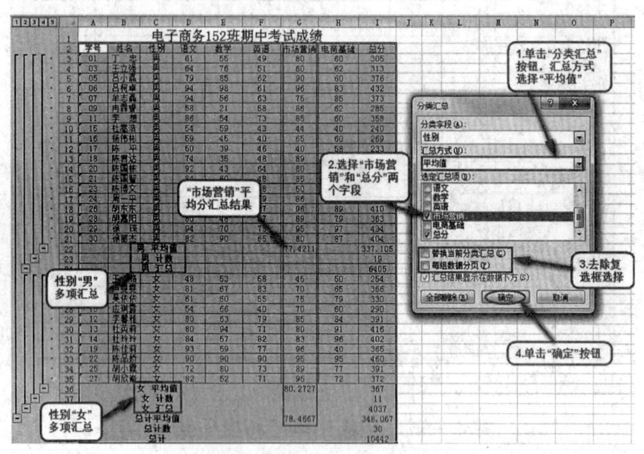

图 4—58 嵌套分类汇总操作步骤

4. 取消分类汇总

要取消分类汇总，可打开“分类汇总”对话框，单击“全部删除”按钮。删除分类汇总的同时，Excel 2010 会删除与分类汇总一起插入到列表中的分级显示。如图 4—59 所示。

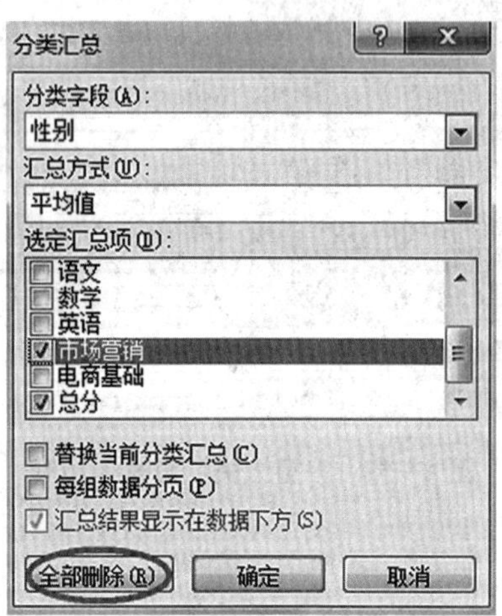

图 4—59 取消分类汇总

五、制作数据图表

数据以图表形式显示，将会使数据直观和生动，有利于理解，更具有可读性，还能帮助分析数据。

1. 创建数据图表

【技能操作】在“图表”工作表中，需要生成一张各科目平均分成绩比较分析表。创建步骤如图 4—60 所示。

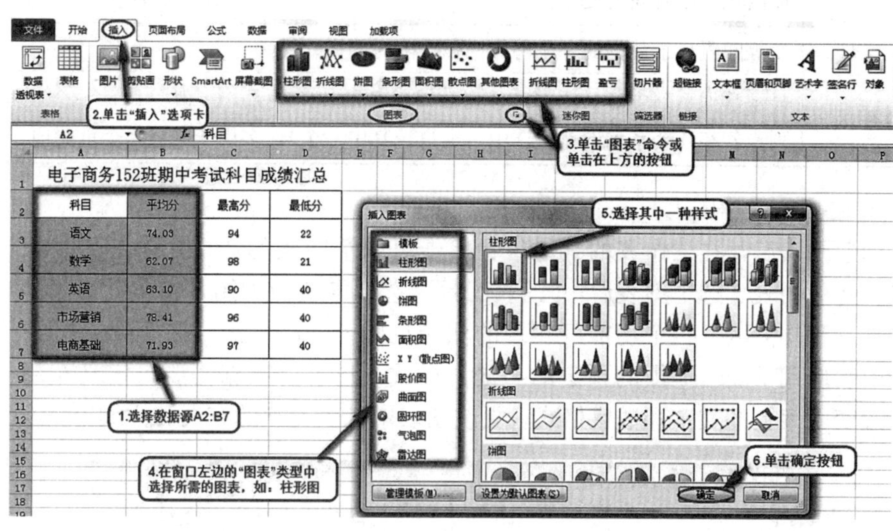

(a)

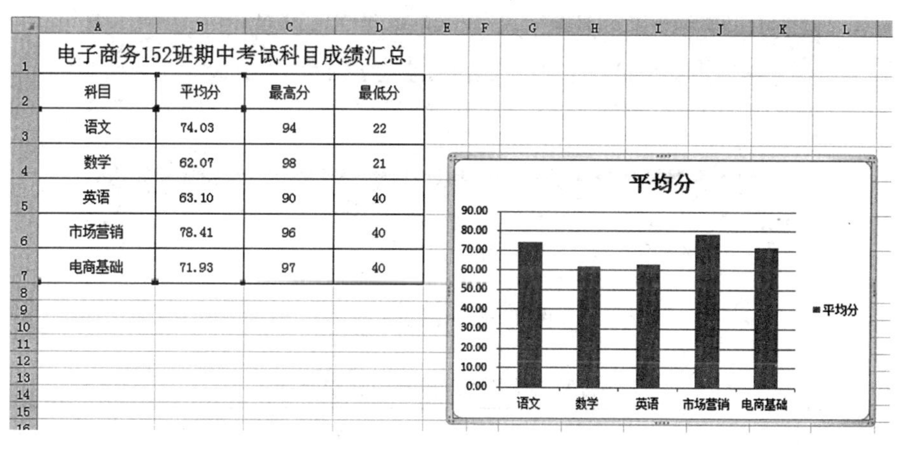

(b)

图 4—60　插入图表操作步骤

Excel 为用户提供了不同的图表类型，使用时要根据工作需要选择，以最合适、最有效的方式展现工作的数据特点，常见的图表类型和功能如表 4—5 所示。

表 4—5　　常见图表类型的功能特点

图表类型	功能特点
柱形图	显示一段时间内数据的变化或者描述各项之间的比较，主要反映几个序列之间的差异，或者各序列随时间的变化情况。
条形图	描述各个项之间的对比情况，纵轴为分类，横轴为数值，突出了数值的比较，而淡化了随时间的变化。
拆线图	以等间隔显示数据的变化趋势，强调随时间变化速率。
饼图	显示数据系列中每一项占该系列数据总和的比例关系，一般只显示一个数据系列（若有几个系列同时被选中，也只选其中一个），多用于突出某个重要项。

2. 格式化数据图表

创建图表后，在工作表的其他位置单击可取消图表的选择，单击图表区任意位置可选中图表。选中图表后，“图表工具”选项卡变为可用，它包括设计、布局和格式三种功能区，三个功能区实现的功能见图 4—61、表 4—6 所示。用户可快速为图表应用 Excel 提供的预定的布局、样式，还可以根据需要自定义布局和样式，改变图表上的文本和数字格式，更改图表中各个元素的布局和样式。

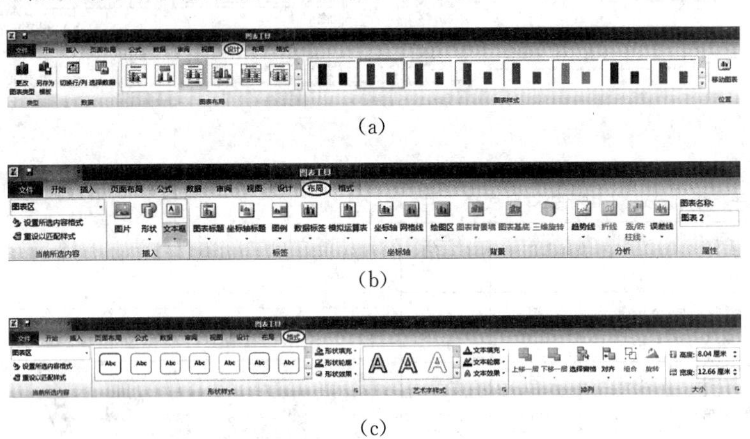

（a）

（b）

（c）

图 4—61　图表工具

表 4—6　　图表工具各功能区及对应功能

功能区名称	实现功能
设计	对图表的数据源、图表布局、图表样式及图表位置进行修改。
布局	对图表各类标签、坐标轴、网格线、绘图区进行修改；还可以根据图表添加趋势线、误差线等对图表分析。
格式	对图表形状样式、艺术字样式、排列及大小等进行设置。

【技能操作】在“图表”工作表中，请对在上一个技能操作中生成的图表进行格式化处理。

🕮任务实训

1. 完成本任务技能操作内容。

2. 在××学校“十佳歌手”比赛成绩中如图 4—43 所示按总评分从高到低排列，给出最后的冠军、亚军和季军。

3. 在“成绩分析 3”工作表中，要求将总分在 450 分以上的学生成绩用蓝色、加粗进行标识。

4. 请筛选出有一门课不及格的学生成绩清单，并将结果放在 I 列。

任务五　页面设置与打印

🕮任务引导

制作好 Excel 表格之后，我们常常需要将表格打印。在 Excel 2010 中也可以给数据表设置页面格式，页眉页脚和页码等，根据需要打印数据表。

🕮任务目标

1. 设置打印工作表的页面格式——页面方向、页边距、页眉页脚等；
2. 预览打印效果并能调整分页符；
3. 设置打印参数并打印工作表。

🕮任务实施

一、页面设置

页面设置主要包括纸张的大小、纸张方向、页边距、页眉页脚、背景、打印区域等选项。这些操作都可以应用“页面布局”选项卡“页面设置”面板的相关按钮进行设置，如图 4—62 所示，或单击“页面设置”组右下角的对话框启动器按钮，打开“页面设置”对话框进行设置，如图 4—63 所示。

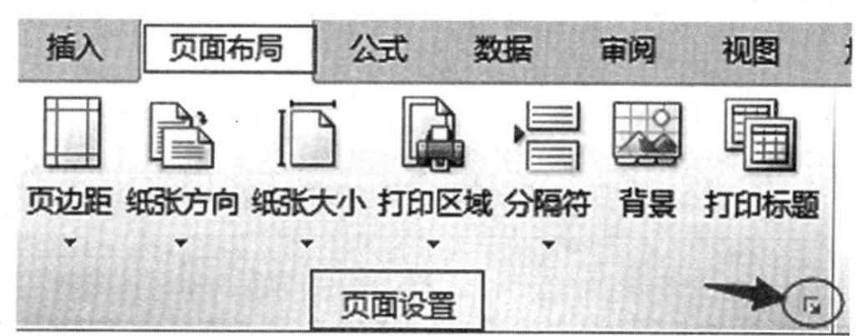

图 4—62　页面布局选项卡

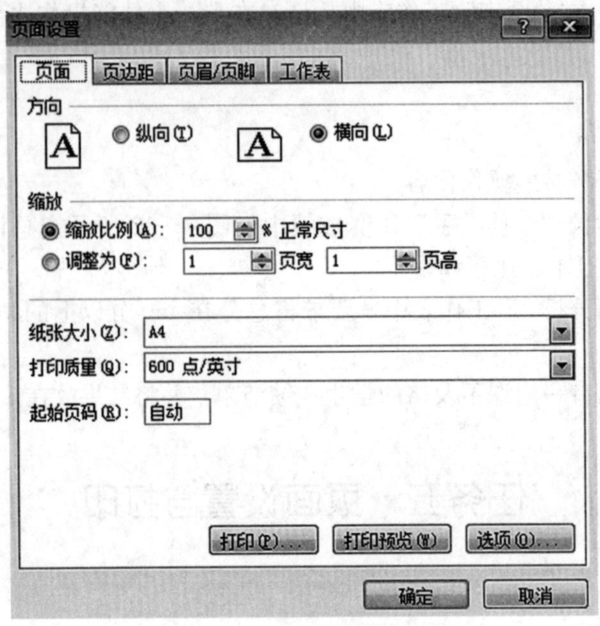

图 4—63　页面设置对话框

【技能操作】打开“电子商务 152 班信息表”，将工作表“通信录”进行页面设置。

(1) 如图 4—64 所示，在“页面设置”对话框中选择“页面”选项卡，设置纸张的大小和方向，在此处还可设置缩放等。

图 4—64　设置纸张大小和方向

(2) 如图 4—65 所示，在“页面设置”对话框中选择“页边距”选项卡，设置页边距及页眉页脚的高度。

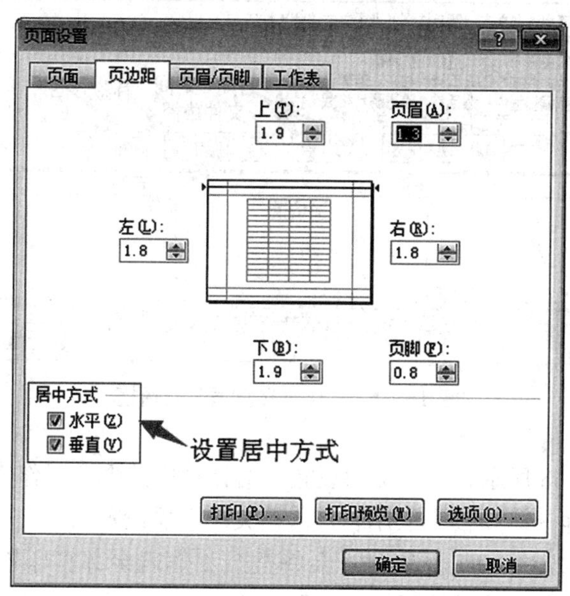

图 4—65　设置页边距

(3) 如图 4—66 所示，在“页面设置”对话框中选择“页眉页脚”选项卡，点开页眉处下拉菜单选择自动生成的页眉。也可以根据需要点击“自定义页眉”和“自定义页脚”按钮设置个性化的页眉页脚，如图 4—67 所示。

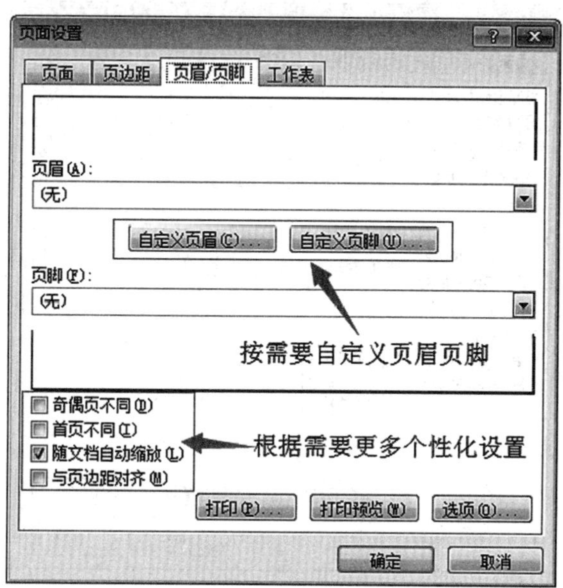

图 4—66　设置页眉/页脚

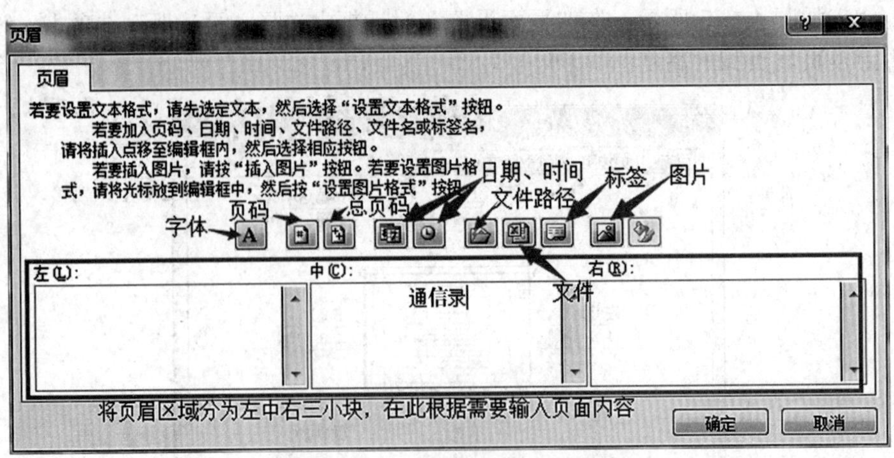

图 4—67 “自定义页眉”对话框

(4) 如图 4—68 所示，在“页面设置”对话框中选择“工作表”选项卡，设置打印区域以及其他一些和整个工作表打印相关的选项设置。

默认情况下选定打印工作表时，会将整个工作表全部打印输出。如果只需要打印部分区域，可以在此处用鼠标框选要打印的区域。

比如勾选“行号列标”之后可以在每一页上打印出行号列标，以标识被打印的文件，用于定位工作表中的信息所在的位置。

默认情况下，打印工作表是不打印网格线的，而是打印设置的边框线。如果想要打印工作表中的网格线，则可在此处勾选“网格线”。

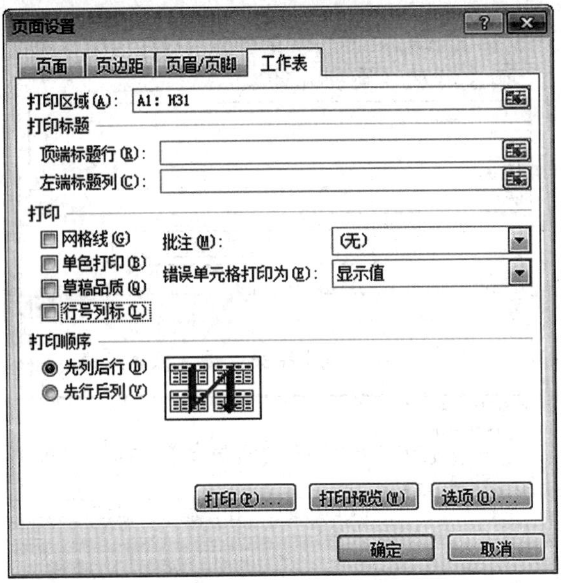

图 4—68 设置打印区域及其他选项

二、分页预览与打印输出

1. 分页符

【技能操作】打开“电子商务 152 班信息表”，将工作表“通信录”切换到“分页预览”视图模式，调整分页符。

当需要打印的工作表不止一页的时候，Excel 2010 根据用户的设置，自动在其中插入分页符，将需要打印的内容分为很多页。选择“视图”功能区→“工作簿视图”组中选择“分页预览”按钮如图 4—69 所示。

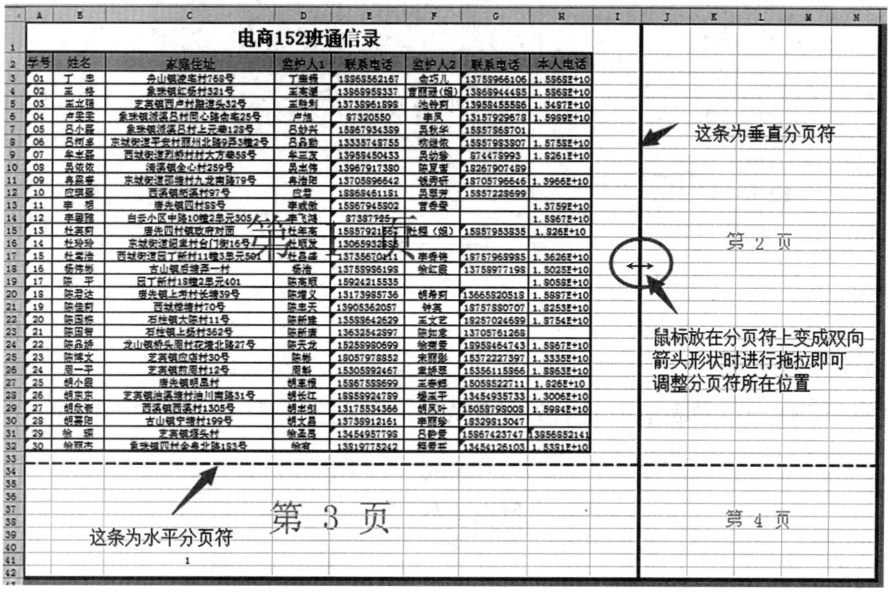

这条为垂直分页符

第 2 页

鼠标放在分页符上变成双向箭头形状时进行拖拉即可调整分页符所在位置

第 3 页

这条为水平分页符

第 4 页

图 4—69 “分页预览”视图下调整分页符

在分页预览中，用户可以通过鼠标拖动分页符改变分页符所在的位置，也可以将鼠标定位好以后，点击鼠标右键后在快捷菜单中选择“插入分页符”。

分页符主要起到强制分页的作用。

预览和打印时均会按有分页符的地方强制分页。

比如本来相邻的两个表格，上面一个表格只有半页，如果你不插入分页符，在预览和打印时它就会将上一个表和下一个表的一部分分在同一页。而你在第一个表的后面插入一个分页符以后，第一个表就单独成了一页，紧挨着的第二个表就会变成第二页。

这样就不需要在两个表格之间插入空行来调节分页了。

2. 打印输出

【技能操作】打开“电子商务 152 班信息表”，将工作表“通信录”打印输出。

经过了前面的页面设置、打印预览之后，就可以将表格打印输出了。单击

"文件"功能区→"打印"命令，如图 4—70 所示，单击"打印"按钮即可将表格打印输出。

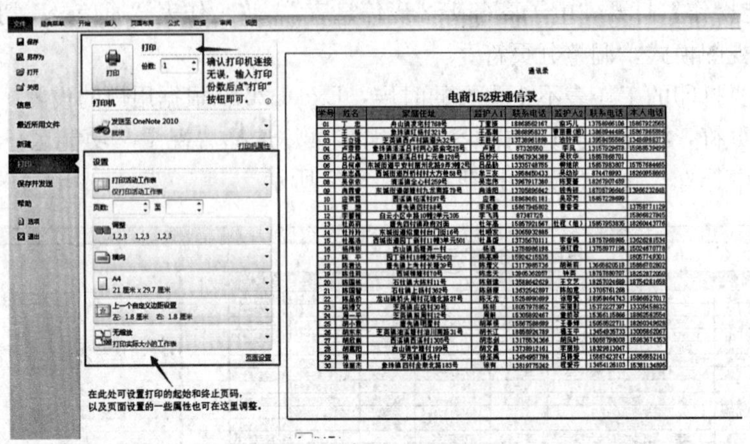

图 4—70　打印界面

📖任务实训

将班级的通信录表格和期中期末考试的工作表进行打印输出。

思考练习

一、单项选择题

1. Excel 2010 的工作窗口有些地方和 Word 2010 工作窗口是不同的，例如 Excel 2010 有一个编辑栏（又称为公式栏），它被分为左、中、右三个部分，左面部分显示出（　　）。

   A. 活动单元格名称　　B. 活动单元格的列标

   C. 活动单元格的行号　　D. 某个单元格名称

2. Excel 2010 所属的套装软件是（　　）。

   A. Lotus　　B. Windows 7　　C. Word 2010　　D. Office 2010

3. 在 Excel 2010 主界面窗口（即工作窗口）中不包含（　　）。

   A. "插入"选项卡　　B. "输出"选项卡

   C. "开始"选项卡　　D. "数据"选项卡

4. 在 Excel 2010 中，每张工作表示一个（　　）。

   A. 一维表　　B. 二维表　　C. 三维表　　D. 树表

5. Excel 2010 工作簿文件的默认扩展名为（　　）。

A. docx B. xlsx C. pptx D. mdbx

6. 启动 Excel 2010 应用程序后自动建立的工作簿文件的文件名为（ ）。

A. 工作簿 1 B. 工作簿文件 C. book1 D. bookfile1

7. Excel 2010 主界面窗口中编辑栏上的“fx”按钮用来向单元格插入（ ）。

A. 文字 B. 数字 C. 公式 D. 函数

8. Excel 2010 是（ ）。

A. 数据库管理软件 B. 文字处理软件

C. 电子表格软件 D. 幻灯片制作软件

9. 对于新安装的 Excel 2010，一个新建的工作簿默认的工作表个数为（ ）。

A. 1 B. 2 C. 3 D. 255

10. 在 Excel 2010 中，填充柄在所选单元格区域的（ ）。

A. 左下角 B. 左上角 C. 右下角 D. 右上角

11. 在 Excel 2010 中，电子工作表的列标为（ ）。

A. 数字 B. 字母

C. 数字与字母混合 D. 第一个为字母其余为数字

12. 在 Excel 2010 中，电子工作表的第 5 列标为（ ）。

A. C B. D C. E D. F

13. 在 Excel 2010 中，若一个单元的地址为 f5，则其右边紧邻的一个单元格的地址为（ ）。

A. F6 B. G5 C. E5 D. F4

14. 在 Excel 中，一个单元格的二维地址包含所属的（ ）。

A. 列标 B. 行号 C. 列标与行号 D. 列标或行号

15. 当向 Excel 2010 工作簿文件中插入一张电子工作时，默认的表标签中的英文单词为（ ）。

A. Sheet B. Book C. Table D. List

16. 在 Excel 2010“开始”选项卡的“剪贴板”组中，不包含的按钮是（ ）。

A. 剪切 B. 粘贴 C. 字体 D. 复制

17. 在 Excel 2010 中，输入数字作为文本使用时，需要输入的先导文字符（ ）。

A. 逗号 B. 分号 C. 单引号 D. 双引号

18. 在 Excel 2010 工作表中，按下 Delete 键将清除被选区域中所有单元格的（ ）。

A. 格式 B. 内容 C. 批注 D. 所有信息

19. 在 Excel 2010 中，删除单元格数据时，不能选择（ ）。

A. 右侧单元格左移 B. 左侧单元格右移

C. 下方单元格上移 D. 删除整行或整列

20. 在 Excel 中，被选定的单元格区域自动带有（ ）。

A. 黑色粗边框　　　　　　　B. 红色边框
C. 蓝色边框　　　　　　　　D. 黄色粗边框

21. 在 Excel 2010 中，若要选择一个工作标表的所有单元格，应鼠标单击（　　）。
A. 表标签　　　　　　　　　　　B. 左下角单元格
C. 列标行与行号列相交的单元格　　D. 右上角单元格

22. 在 Excel 2010 中，单元格名称的表示方法是（　　）。
A. 行号在前列标在后　　　　　B. 列标在前行号在后
C. 只包含列标　　　　　　　　D. 只包含行号

23. 在 Excel 中，在具有常规格式（也是默认格式）的单元格中输入数值（即数值型数据）后，其显示方式是（　　）。
A. 居中　　　B. 左对齐　　　C. 右对齐　　　D. 随机

24. 在 Excel 2010 的电子工作表中建立的数据表，通常把每一行称为一个（　　）。
A. 记录　　　B. 二维表　　　C. 属性　　　D. 关键字

25. 在 Excel 2010 的工作表中，最小操作单元是（　　）。
A. 一列　　　B. 一行　　　C. 一张表　　　D. 单元格

26. 若在 Excel 2010 的一个工作表的 D3 和 E2 单元格中输入了八月和九月，则选择并向后拖曳填充柄经过 F3 和 G3 后松开，F3 和 G3 中显示的内容为（　　）。
A. 十月、十月　　　　　　　B. 十月、十一月
C. 八月、九月　　　　　　　D. 九月、九月

27. 在 Excel 2010 中，若需要选择多个不连续的单元格区域，除选择第一个区域外，以后每选择一个区域都要同时按住（　　）。
A. Ctrl 键　　　B. Shift 键　　　C. Alt 键　　　D. Esc 键

28. 当按下 Enter 键结束对一个单元格的数据输入时，下一个活动单元格在原活动单元格的（　　）。
A. 上面　　　B. 下面　　　C. 左面　　　D. 右面

29. 在 Excel 2010 中，存储二维表数据的表格被称为（　　）。
A. 工作簿　　　B. 工作表　　　C. 文件夹　　　D. 图表

30. 在 Excel 2010 中，如果只需要删除所选区域的内容，则应执行的操作时（　　）。
A. “清除”——“清除批注”　　　B. “清除”——“全部清除”
C. “清除”——“清除内容”　　　D. “清除”——“清除格式”

31. 在 Excel 2010 中，所包含的图表类型共有（　　）。
A. 10 种　　　B. 11 种　　　C. 20 种　　　D. 30 种

32. 在 Excel 2010 中，对电子工作表的选择区域不能够进行操作的是（　　）。
A. 行高尺寸　　　B. 列宽尺寸　　　C. 条件格式　　　D. 文档保存

33. 在 Excel 2010 的自动筛选中，每个列标题（又称属性名或字段名）上的下三角

按钮对应一个（ ）。

A. 下拉菜单 B. 对话框 C. 窗口 D. 工具栏

34. 在 Excel 2010 中，单元格 D5 的绝对地址表示为（ ）。

A. D5 B. D$5 C. $D5 D. $D$5

35. 在 Excel 2010 的单元格中，输入函数 = sum（10，25，13），得到的值为（ ）。

A. 25 B. 48 C. 10 D. 28

36. 在 Excel 2010 中，只能把一个新的工作表插入到（ ）。

A. 所有工作表的最后面 B. 当前工作表的前面

C. 当前工作表的后面 D. 可以是 A，也可以是 B

37. 在 Excel 2010 中，右击一个工作表的标签不能够进行（ ）。

A. 插入一个工作表 B. 删除一个工作表

C. 重命名一个工作表 D. 打印一个工作表

38. 在 Excel 2010 的页面设置中，不能够设置（ ）。

A. 纸张大小 B. 每页字数

C. 页边距 D. 页眉、页脚

39. 在 Excel 2010 中，从工作表中删除所选定的一列，则需要使用“开始”选项卡中的（ ）。

A. “删除”按钮 B. “清除”按钮

C. “剪切”按钮 D. “复制”按钮

40. 在 Excel 2010 中，从工作表中删除所选定的一列，则需要使用“开始”选项卡中的（ ）。

A. “删除”按钮 B. “清除”按钮 C. “剪切”按钮 D. “复制”按钮

41. 在 Excel 2010，若要表示当前工作表中 B2 到 G8 的整个单元格区域，则应书写为（ ）。

A. B2：G8 B. B2@G8 C. B2&G8 D. B2 >G8

42. Excel 2010 中，在向一个单元格输入公式或函数时，则使用的前导字符必须是（ ）。

A. = B. > C. < D. %

43. 在 Excel 2010 中，假定单元格 B2 和 B3 的值分别是 6 和 12，则公式=2 x （B2+B3）的值为（ ）。

A. 36 B. 24 C. 12 D. 6

44. 在 Excel 2010 的工作表中，假定 C3：C6 区域内保存的数值依次为 10、15、20 和 45，则函数=max（C3：C6）的值为（ ）。

A. 10 B. 22.5 C. 45 D. 90

45. 在 Excel 2010 中，能够进行条件格式设置的区域（ ）。

A. 只能是一个单元格　　　　　B. 只能是一行
C. 只能是一列　　　　　　　　D. 可以是任何选定的区域

46. 在对 Excel 2010 中，对数据表进行排序时，在“排序”对话框中能够指定的排序关键字个数限制为（　　）。
A. 1 个　　B. 2 个　　C. 3 个　　D. 任意

47. 在 Excel 2010 的工作表中，行和列（　　）。
A. 都可以被隐藏　　　　B. 都可以不被隐藏
C. 都可以不被隐藏　　　D. 只能隐藏列不能隐藏

48. 在 Excel 2010 中，数据源发生变化时，相应的图表（　　）。
A. 手动跟随变化　　B. 自动跟随变化
C. 不跟随变化　　　D. 不受任何影响

49. 在 Excel 2010 中，进行分类汇总前，首先必须对数据表中的某个列标题（即属性名，又称字段名）进行（　　）。
A. 自动筛选　　B. 高级筛选　　C. 排序　　D. 查找

50. 基于 Excel 数据表可以建立图表，在建立图表后若选择了图表，Excel 2010 窗口中将自动出现“图表工具”，不是“图表工具”所具有的选项卡是（　　）。
A. “设计”　　B. “布局”　　C. “格式”　　D. “编辑”

二、填空题

1. 在 Excel 2010 中，日期和时间属于________。
2. 在 Excel 2010 工作表的单元格中，如想输入数字字符串 070615（学号），则应输入________。
3. 在 Excel 2010 中，表示逻辑值为真的标识符为________。
4. 若在 Excel 2010 某工作表的 F1、G1 单元格中分别填入了 3.5 和 4，并将这两个单元格选定，然后向右拖动填充柄，在 H1 和 I1 中分别填入的数据是________、________。
5. 在 Excel 2010 中，若需要改变某个工作表的名称，则应该从右键单击“表标签”所弹出的菜单列表中选择________。
6. 在 Excel 2010 中，使用地址 \$D\$1 引用工作表第 D 列（即第 3 列）第一行的单元格，这称为对单元格的________地址引用。
7. 在 Excel 2010 中，若要表示“数据表 1”上的 B2 到 G8 的整个单元格区域，则应写书写________。
8. 在 Excel 2010 中，假定 B2 单元格的内容为数值 15，B3 单元格的内容为 10，则公式“=\$B\$2+B3*2”的值为________。
9. 在 Excel 2010 中，假定一个单元格所存入的公式为“=13*2+7”，则当该单元格处于非编辑状态时显示的内容为________。
10. 在 Excel 2010 的工作表中，假定 C3：C6 区域内保存的数值依次为 10、15、20

和 45，求函数＝AVERAGE（C3：C6）的值为________。

11. 假定单元格 D3 中保存的公式为“＝B3＋C3”，若把它复制到 E4 中，则 E4 中保存的公式为________。
12. 在 Excel 2010 中，若把单元格 F2 中的公式“＝sum（$B$2：$E$2）”复制并粘贴到 G3 中，则 G3 的公式为________。
13. 在 Excel 2010 中，若需要将工作表中某列上大于某个值的记录挑选出来，应执行数据菜单中的________。
14. 在 Excel 2010 中，假定存着一个职工简表，要对职工工资按职称属性进行分类汇总，则在分类汇总前必须进行数据排列，所选择的关键字为________。
15. 在 Excel 2010 中创建图表，首先要打开________选项卡，然后在“图表”组中操作。

项目五 PowerPoint 2010 演示文稿

项目情景：小张最近又接到了部门领导的新安排，即将接手新的工作任务，跟随领导洽谈业务。但是他也面临着新的问题，洽谈业务的时候要向对方介绍公司和产品，除了图册外，还要有 PPT 展示和讲解。小张又着手准备学习新的技能了。

任务一 认识 PowerPoint 2010

🕮任务引领

为产品发布、专题讲座做多媒体演示，最直接、最容易上手的是 PowerPoint，本项目引导读者学习 PowerPoint 2010 操作基础。

🕮任务目标

理解熟悉 PowerPoint 2010 的窗口界面和视图，会 PowerPoint 2010 演示文稿的创建、打开、关闭、保存。

🕮任务实施

一、PowerPoint 2010 的基本概念

我们通常说的“PPT”是 PowerPoint 的简称，PowerPoint 2010 和 Word 2010、Excel 2010 等应用软件一样，也是 Microsoft 公司推出的 Office 2010 办公系

列软件的组件之一，主要用于设计制作广告宣传、产品演示和教学课件等演示文稿，制作的演示文稿可以通过计算机屏幕或者投影仪播放。利用 PowerPoint 2010，不但可以创建演示文稿，还可以在互联网上召开远程会议或在网页上给观众展示演示文稿。

利用 PowerPoint 2010 制作的文件叫“演示文稿”，其文件扩展名为 .pptx。PowerPoint“演示文稿”以独立的文件形式存储在磁盘上。演示文稿中的每一页叫做一张幻灯片。一个演示文稿可以包括多张幻灯片，每张幻灯片在演示文稿中既相互独立又相互联系。

二、PowerPoint 2010 的特殊功能

除了添加和编辑文字，并制作动画效果之外，PowerPoint 2010 还引入了一些出色的新工具，使用这些工具可以有效地创建、管理并与他人协作处理演示文稿。

1. 在 Backstage 视图中管理文件

可以通过新增的 Microsoft Office Backstage 视图快速访问与管理文件相关的常见任务，例如，查看文档属性，设置打开、保存、打印和共享演示文稿。

2. 合并和比较演示文稿

使用 PowerPoint 2010 中的合并和比较功能，可以比较当前演示文稿和其他演示文稿，并可以立即将其合并。如果是与他人共同处理演示文稿，并使用电子邮件和网络共享与他人交流更改，此功能非常有用。合并和比较功能最大程度地减少了同步同一演示文稿的多个版本中的编辑内容所花费的时间。

3. 使用视频、图片和动画丰富演示文稿

PowerPoint 2010 引入了视频和照片编辑新增功能和增强功能。此外，切换效果和动画分别具有单独的选项卡，并且比以往更为平滑和丰富。

4. 在演示文稿中嵌入、编辑和播放视频

通过 PowerPoint 2010，在将视频插入演示文稿时，这些视频即已成为演示文稿文件的一部分。在移动演示文稿时不会再出现视频文件丢失的情况。

5. 对图片应用艺术纹理和效果

通过 PowcrPoint 2010，可以对图片应用不同的艺术效果，使其看起来更像素描、绘图或油画。某些新增效果包括铅笔素描、线条图、粉笔素描、水彩海绵、马赛克气泡、玻璃、水泥、蜡笔平滑、塑封、发光边缘、影印和图画笔画。

6. 删除图片的背景及其他不需要的部分

PowerPoint 2010 包含的另一高级图片编辑功能是自动删除不需要的图片部分（如背景）以强调或突出显示图片主题或删除杂乱的细节。

7. 新增的 SmartArt 图形图片布局

在 PowerPoint 2010 中，增加了一种新的 SmartArt 图形布局，在这种布局中可以使用图片进行阐述。更好的是，如果幻灯片上有图片，则可以快速将它们转换为 SmartArt 图形，就像处理文本一样。

8. 使用三维动画图形效果切换

借助 PowerPoint 2010，在幻灯片之间可以使用新增平滑切换效果来吸引观众，这些切换效果包括真实三维空间中的动作路径和旋转。

9. 向幻灯片中添加屏幕截图

快速向 PowerPoint 2010 演示文稿中添加屏幕截图，而无需离开 PowerPoint。添加屏幕截图后，可以使用“图片工具”选项卡上的工具来编辑图像和增强图像效果。

三、PowerPoint 2010 的窗口界面

启动 PowerPoint 2010 后，屏幕将出现如图 5—1 所示的窗口界面。

PowerPoint 2010 的工作界面主要由标题栏、快速访问工具栏、功能区、大纲/幻灯片窗格、编辑窗口、备注栏和状态栏等部分组成。

1. 标题栏

标题栏显示目前正在使用的软件的名称和当前文档的名称，其右侧是“最小化、最大化/还原、关闭”按钮。

2. 快速访问工具栏

快速访问工具栏是包含经常使用命令的工具栏，并确保始终可单击访问。

【技能操作】向快速访问工具栏中添加命令。

单击“自定义快速访问工具栏”按钮▾，在其下拉列表中选择相应的命令，即可向快速访问工具栏中添加命令，如图 5—2 所示。

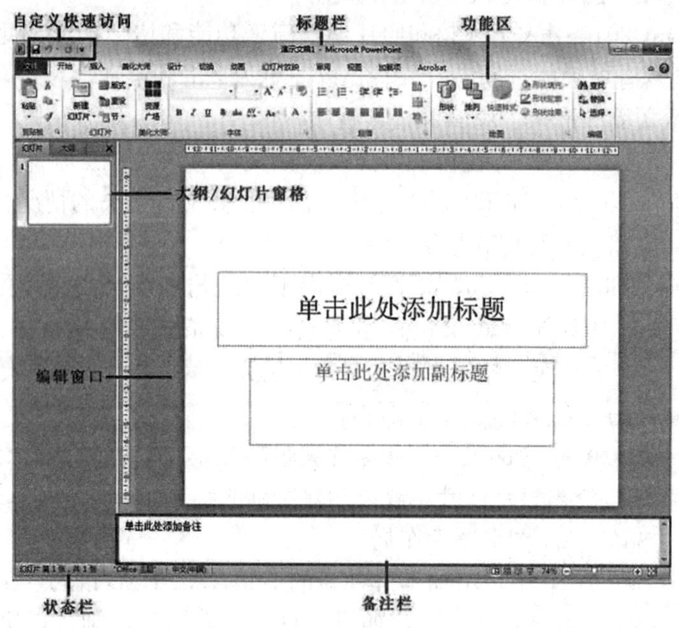

图 5—1 PowerPoint 2010 窗口界面

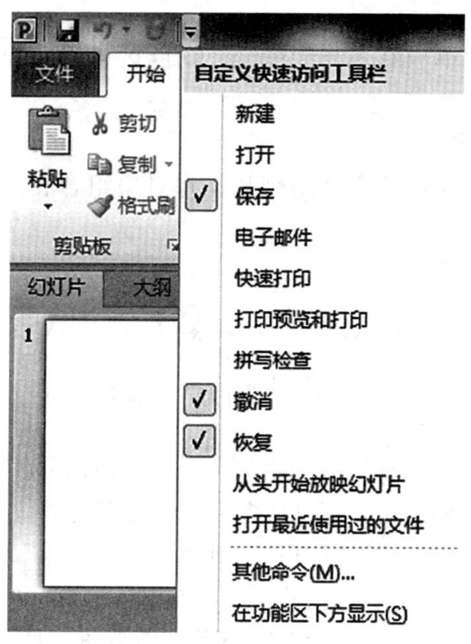

图 5—2　自定义快速访问工具栏

在下拉列表中执行“其他命令”命令，会弹出“PowerPoint 选项”对话框，可选择常用的命令加入快速访问工具栏，如图 5—3 所示。

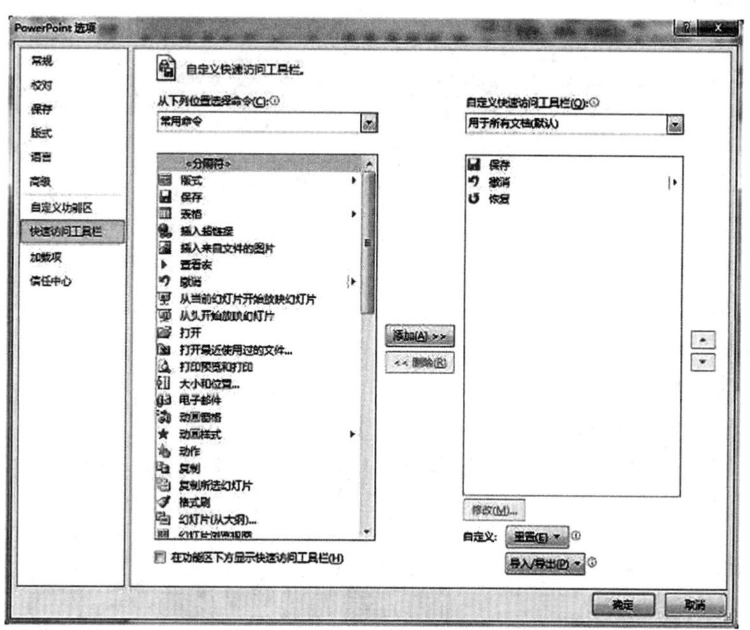

图 5—3　“PowerPoint 选项”对话框

3. 功能区

功能区包含很多菜单项和工具栏命令。功能区可以快速找到完成某任务所需的命令。

(1)“开始”选项卡。

使用“开始”选项卡可插入新幻灯片、将对象组合在一起以及设置幻灯片上的文本的格式，如图 5—4 所示。

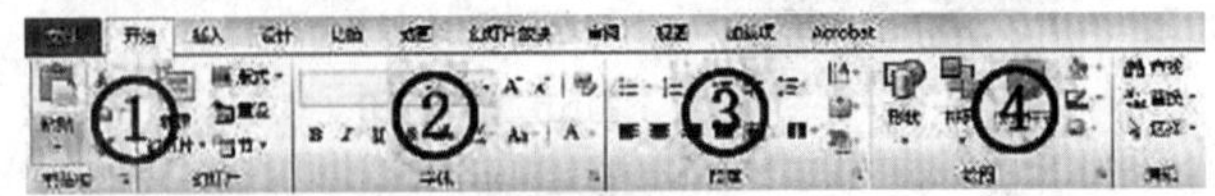

图 5—4 “开始”选项卡

1)“幻灯片”组包括“新建幻灯片”“版式”等按钮。若要新建幻灯片，请单击“新建幻灯片”旁边的箭头，则可从多个幻灯片布局进行选择。

2)“字体”组包括“字体”“加粗”“斜体”和“字号”按钮。

3)“段落”组包括“文本右对齐”“文本左对齐”“两端对齐”和“居中”。

4)“绘图”组中包括“形状”和“排列”。若要进行图形“组合”命令，请单击“排列”，然后在“组合对象”中选择“组合”。

(2)“插入”选项卡。

使用“插入”选项卡可将表、形状、图表、页眉或页脚插入到演示文稿中，如图 5—5 所示。

图 5—5 “插入”选项卡

1) 表格。

2) 图像、剪贴画、屏幕截图。

3) 形状、图表。

4) 页眉和页脚。

(3)“设计”选项卡。

使用“设计”选项卡可自定义演示文稿的背景、主题设计和颜色或页面设置，如图 5—6 所示。

图 5—6 “设计”选项卡

1）单击“页面设置”可启动“页面设置”对话框。

2）在“主题”组中，单击某主题可将其应用于演示文稿。

3）单击“背景样式”可为演示文稿选择背景色和设计。

(4)“切换”选项卡。

使用“切换”选项卡可对当前幻灯片应用、更改或删除切换，如图 5—7 所示。

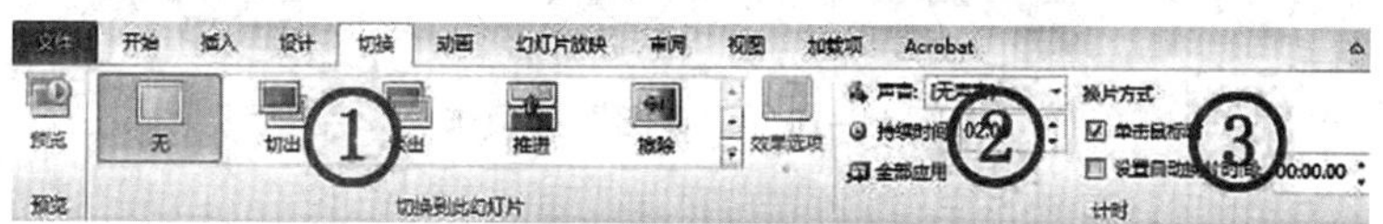

图 5—7　“切换”选项卡

1）在“切换到此幻灯片”组，单击某切换可将其应用于当前幻灯片。

2）在“声音”列表中，可从多种声音中进行选择以在切换过程中播放。

3）在“换片方式”下，可选择“单击鼠标时”以在单击时进行切换。

(5)“动画”选项卡。

使用“动画”选项卡可对幻灯片上的对象应用、更改或删除动画，如图 5—8 所示。

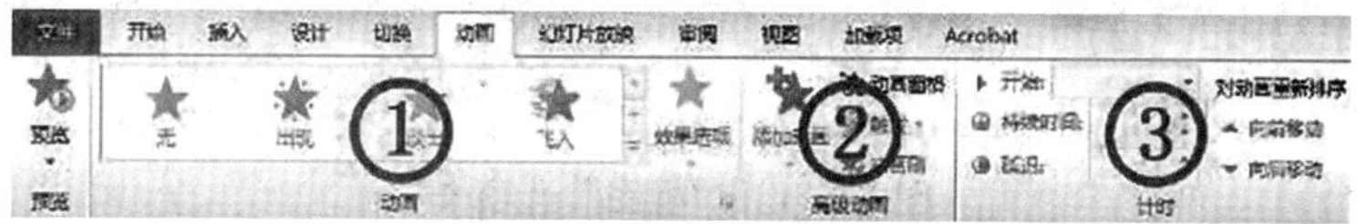

图 5—8　“动画”选项卡

使用“动画”选项卡可对幻灯片上的对象应用、更改或删除动画。

1）单击“添加动画”，然后选择应用于选定对象的动画。

2）单击“动画窗格”可启动“动画窗格”任务窗格。

3）“计时”组包括用于设置“开始”和“持续时间”的区域。

(6)“幻灯片放映”选项卡。

使用“幻灯片放映”选项卡可开始幻灯片放映、自定义幻灯片放映的设置和隐藏单个幻灯片，如图 5—9 所示。

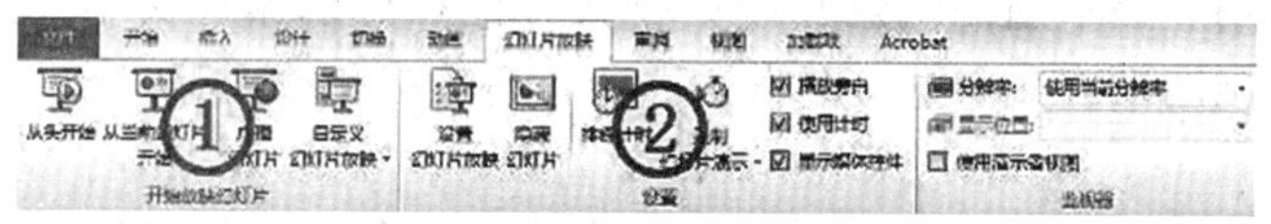

图 5—9　“幻灯片放映”选项卡

1）“开始幻灯片放映”组，包括“从头开始”和“从当前幻灯片开始”。

2）单击“设置幻灯片放映”可启动“设置放映方式”对话框。

(7)“审阅”选项卡。

使用“审阅”选项卡可检查拼写、更改演示文稿中的语言或比较当前演示文稿与其他演示文稿的差异，如图 5—10 所示。

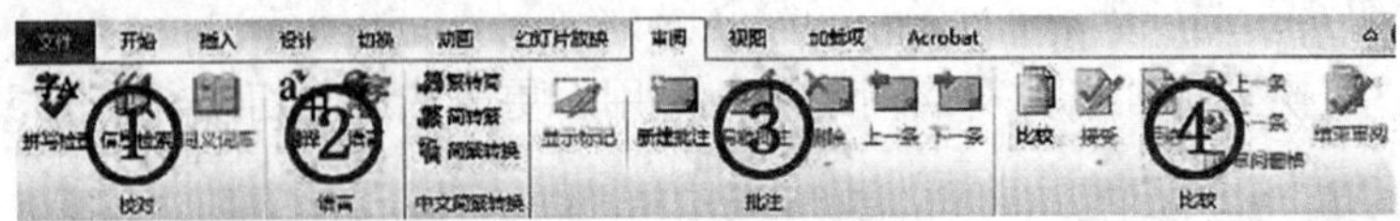

图 5—10 “审阅”选项卡

1)“拼写”，用于启动拼写检查程序。

2)“语言”组，包括“编辑语言”，在其中可以选择语言。

3)“批注”组，新建批注及编辑批注。

4)“比较”组，在这里可以比较当前演示文稿中与其他演示文稿的差异。

(8)“视图”选项卡。

使用“视图”选项卡可以查看幻灯片母版、备注母版、幻灯片浏览。还可以打开或关闭标尺、网格线和绘图指导，如图 5—11 所示。

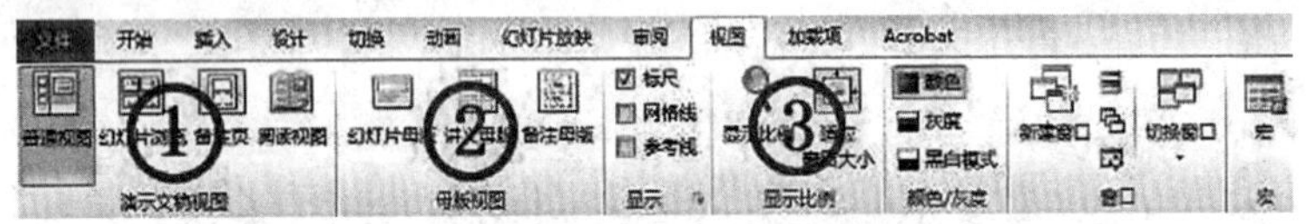

图 5—11 “视图”选项卡

1)“演示文稿视图方式”组，可切换各种视图方式。

2)“母版”组，包括幻灯片母版的编辑。

3)“显示”组，包括“标尺”和“网格线”，“显示比例”组，设置显示比例。

4. 大纲/幻灯片窗格

幻灯片窗格由每一张幻灯片的缩略图组成。此窗格中有两个选项卡，一个是默认的“幻灯片”选项卡，另外一个是“大纲”选项卡。当切换到“大纲”选项卡时，可以在幻灯片窗格中编辑文本信息。

5. 编辑窗口

编辑区是用来显示当前幻灯片的一个大视图，可以添加文本，插入图片、表格、图表、绘制图形、文本框、电影、声音、超链接和动画等。

6. 备注栏

在备注栏可以添加与每张幻灯片的内容相关的备注，创建希望让观众以打印形式或在 Web 页上看到的备注。

7. 状态栏

状态栏显示与演示文稿相关的信息。如：总共有多少张幻灯片，当前是第 几张幻灯片等。

四、PowerPoint 2010 的视图种类

PowerPoint 2010 中有 4 种不同的视图，包括普通视图、幻灯片浏览视图、备注页和阅读视图。在 PowerPoint 窗口底部有一个视图快捷方式栏，提供 4 个主要视图的切换按钮，如图 5—12 所示。将鼠标悬停在这些按钮上，会自动出现对应的视图切换按钮名称。

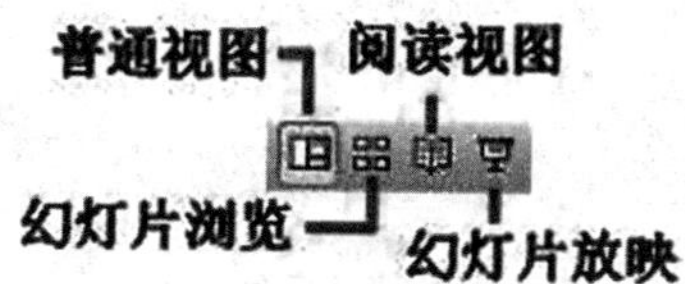

图 5—12 视图切换按钮

1. 普通视图

默认情况下，打开 PowerPoint 2010 时会显示普通视图。普通视图是主要的编辑视图，可用于撰写设计演示文稿，如图 5—13 所示。

图 5—13 普通视图

2. 幻灯片浏览视图

幻灯片浏览视图是以缩略图形式显示幻灯片。在此视图中，演示文稿中所有的幻灯片以缩略图的形式按顺序显示出来，可以看到多张幻灯片的效果，可以在幻灯片和幻灯片之间进行移动、复制、删除等编辑，如图 5—14 所示。该视图下无法编辑幻灯片中的各种对象。

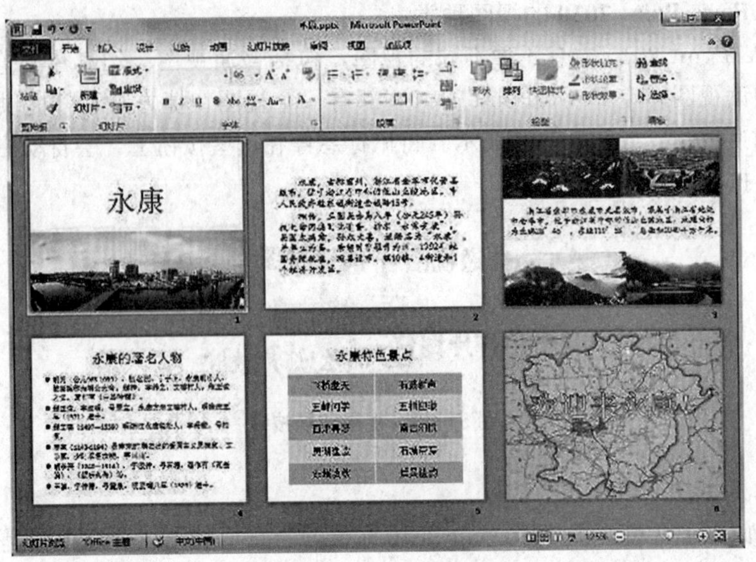

图 5—14　浏览视图

3. 备注页视图

在备注页视图中，上部分显示幻灯片，下半部分显示备注的内容（备注是演示者对幻灯片的注释或说明），备注信息只在备注视图中显示出来，在演示文稿放映时不会出现，如图 5—15 所示。

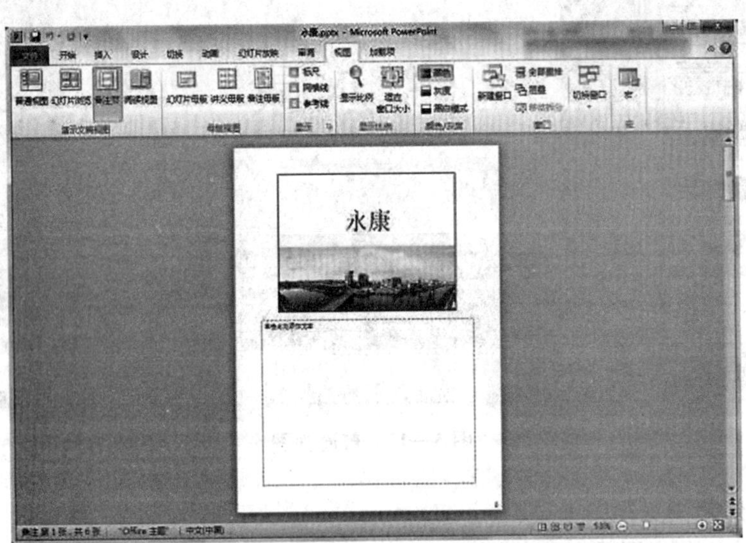

图 5—15　备注页视图

4. 阅读视图

阅读视图用于放映演示文稿，是在一个设有简单控件以方便审阅的窗口中查看演示文稿的视图方式。如果要更改演示文稿，可在右下角视图快捷方式栏中单击其他视图按钮切换至其他视图方式，如图 5—16 所示。

图 5—16 阅读视图

5. 幻灯片放映视图

幻灯片放映视图使幻灯片占据整个计算机屏幕，可以看到图形、图像、影片、动画元素以及切换效果。

任务实训

1. 新建演示文稿有哪些方法？
2. 启动、退出 PowerPoint 2010 分别有哪些方法？
3. 如图 5—1 所示的窗口界面由哪些几部分组成？
4. 功能区主要有哪些选项卡？
5. PowerPoint 2010 有哪 4 种不同的视图？各有哪些特点？
6. 保存演示文稿有哪些方法？

任务二 制作幻灯片

任务引领

应用 PowerPoint 2010 制作幻灯片，在幻灯片中可以添加文本、艺术字、图片、音频、视频、动画，把制作的幻灯片装扮得漂亮而又很实用。

📖任务目标

会添加新幻灯片，会在幻灯片中输入文本，插入图片、艺术字、多媒体对象、表格、图表，会创建按钮，会创建超链接，会幻灯片版面设计。

📖任务实施

一、幻灯片基本操作

在“幻灯片浏览”视图或“普通视图”下，能够比较直观地对幻灯片进行插入、复制、移动、删除等操作。

1. 添加新幻灯片

选定要添加新幻灯片的位置后，单击“开始”选项卡中的“新建幻灯片”按钮。

提示：添加幻灯片时，单击“开始”选项卡“幻灯片”中“新建幻灯片”中的向下三角形，将会显示幻灯片版式列表，如图 5—17 所示。单击列表中的版式，即可添加一张使用该版式的幻灯片。

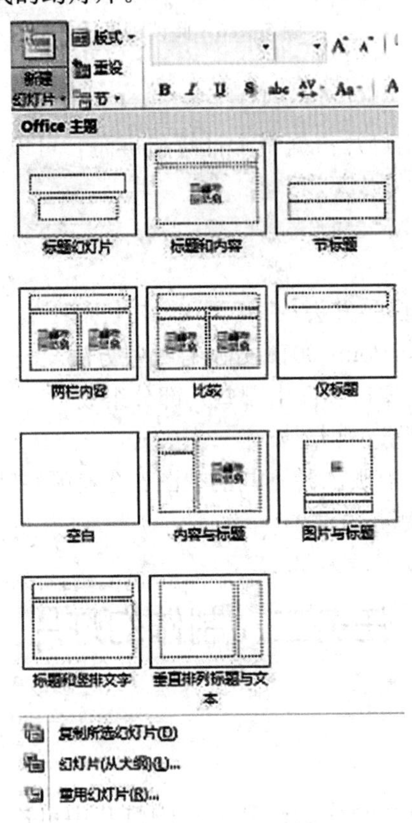

图 5—17　幻灯片版式列表

【技能操作】打开“项目 5/永康 . pptx”，在最后一张幻灯片后插入一 张新幻灯片（文字版式为“标题幻灯片”）。

2. 插入文件中已有的幻灯片

该方法可以将其他文件中比较适合的演示文稿应用到当前演示文稿中。

【技能操作】打开“项目 5/永康 . pptx”，在结尾处插入“项目 5/特产 . pptx”中的第 1 张幻灯片。

具体操作方法如下：

打开的“永康 . pptx”窗口左侧确定要插入幻灯片的位置（末尾）。单击“开始”选项卡“幻灯片”中“新建幻灯片”中的向下三角形，将会显示幻灯片版式列表，如图 5—18 所示。单击列表中的“重用幻灯片”，在编辑区右侧出现“重用幻灯片”任务窗格中，如图 5—19 所示。

图 5—18 选择“重用幻灯片”

图 5—19 选择要打开的文件

单击“浏览”，选择“浏览文件”，在弹出的对话框中单选择文件所在的文件夹。打开需要插入的 PPT 文件，所需插入的 PPT 文件中的所有幻灯片就显示在“重用幻灯片”任务窗格中了，如图 5—20 所示。

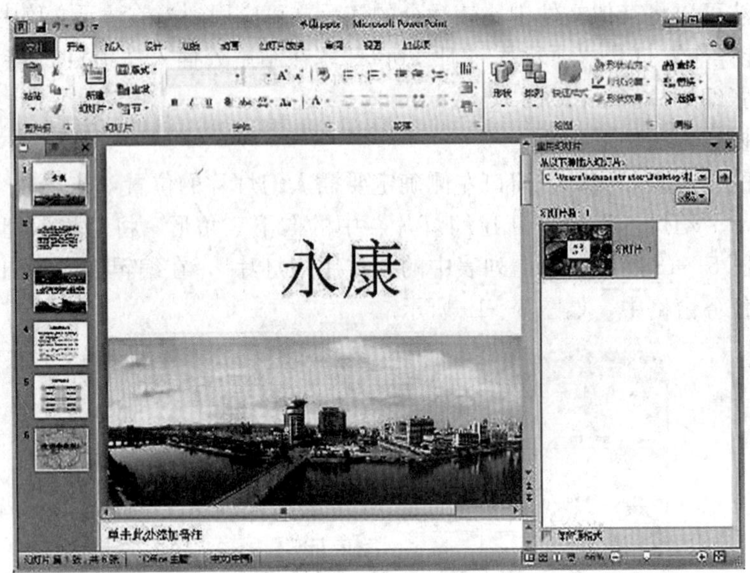

图 5—20　选择要重用的幻灯片

在编辑区左侧的窗格中选择插入的位置，“重用幻灯片”窗格选择需要的幻灯片，单击即可插入。

提示：要使插入进来的幻灯片保持原有的格式，必须选择“重用幻灯片”窗格下方的“保留原格式”复选框，这样，其他文件的幻灯片就“原汁原味”地插入进来了。

3. 复制幻灯片

【技能操作】打开“项目 5/永康 . pptx”，将第五张幻灯片复制到结尾处。

(1) 在幻灯片浏览视图或普通视图下，选择要复制的幻灯片（在窗口左侧选择第五张幻灯片），单击“开始”选项卡中的“复制”按钮。

(2) 将光标定位在要复制到的位置（在窗口左侧定位到最末一张幻灯片之后）。

(3) 单击“开始”选项卡中的“粘贴”按钮。

4. 移动幻灯片

【技能操作】打开“项目 5/永康 . pptx”，将第四张幻灯片移到第五张后面。

移动幻灯片的操作步骤如下：

(1) 在幻灯片浏览视图或普通视图下，选定要移动的幻灯片（第四张）。

(2) 按住鼠标左键不放，拖动所选定的幻灯片到合适的位置（第五张后面）松开鼠标左键即可。

也可以选定要移动的幻灯片后，选择“开始”选项卡中的“剪切”✂，再执行“粘贴”来实现幻灯片的移动。

5. 删除幻灯片

【技能操作】打开“项目 5/永康 . pptx”，删除第六张幻灯片。

删除幻灯片的操作步骤如下：

在幻灯片浏览视图或普通视图下，选定要删除的幻灯片（第六张幻灯片），单击右键在快捷菜单中选择“删除幻灯片”或直接按 Delete 键。

注意：若只选择一张幻灯片，只需用鼠标单击该张幻灯片即可；若要对多张连续的幻灯片进行选择，可用鼠标先单击第一张幻灯片，然后按住 Shift 键不放，将鼠标移至最后一张幻灯片单击。

二、演示文稿设计

演示文稿内容的创建与排版是幻灯片制作中的基本操作。这些操作包括幻灯片标题、文本、图表、表格、图像、组织结构图和剪贴画等。

1. 文本的输入与编排

(1) 在“占位符”中添加文本。

选择创建演示文稿建立幻灯片后，在右侧列出了各种版式，选择所需版式后在幻灯片工作区会看到各“占位符”，如图 5—21 所示。单击“占位符”中的任意位置，此时虚线框将被加粗的斜线边框代替。“占位符”的原始示例文本将消失，在其内出现一个闪烁的插入点，在插入点输入文本。

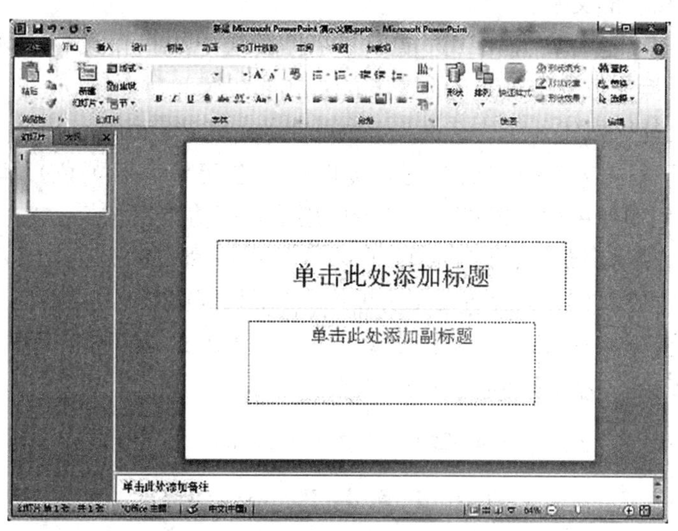

图 5—21 输入文字之前见到的“占位符”

输入文本时 PowerPoint 会自动将超出“占位符”的部分转到下一行，或者按回车键 Enter 开始新的文本行。

(2) 通过“文本框”输入文本。

如果选择了内容版式中的空白，或需要在幻灯片中的“占位符”以外的位置添加文本时，可以通过创建“文本框”来输入文本。单击“插入”选项卡上的“文本”组中的“文本框”即可插入文本框。

(3) 插入符号和特殊字符。

点击符号或特殊字符的位置，单击“插入”选项卡上的“符号”中的“符号”Ω，选择要插入的符号和特殊字符。

(4) 文本的排版。

幻灯片文本的排版包括字体、字号、颜色、效果等。文本格式化功能主要位于功能区“开始”选项卡中的“字体”下面，如图 5—22 所示。

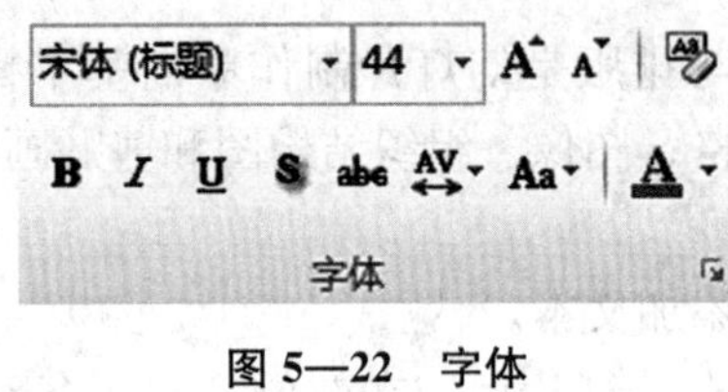

图 5—22 字体

功能区上显示的按钮的名称和功能与 Word 类似，在此不再赘述。文本排版的操作方法如下：

1) 选中相应的文字。

2) 根据需要选择“开始”选项卡“字体”组中的按钮设置字体、字形、字号、颜色等，操作方法与 Word 的操作方法相同。

提示：功能区按钮处于选定状态，也可能处于未选定状态。

对于用于设置文本格式的按钮，可以处于选定状态（黄色）和未选定状态（与功能区相同的颜色）选定状态意味着应用了相应功能。

【技能操作】打开“项目 5/永康 . pptx”，在第二张幻灯片插入文本框，输入文字“永康名称的由来”，并设置文字为黑体、40 号、红色。

提示：在 PowerPoint 2010 中选择文本时，会在文本的右上角显示小工具栏，如图 5—23 所示，它们使用起来非常方便。

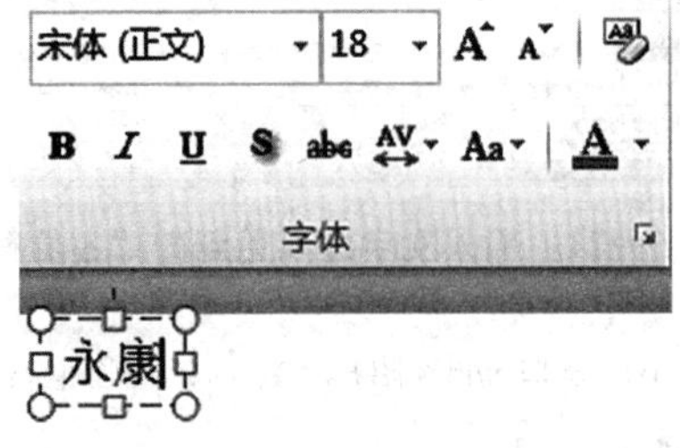

图 5—23 文本工具栏

2. 插入艺术字

在 PowerPoint 2010 中插入艺术字与 Word 相似。

【技能操作】打开“项目 5/永康 . pptx”，在第二张幻灯片中插入艺术字“永康市”。

操作步骤如下：

（1）将鼠标移动到要插入艺术字的位置（第二张幻灯片）。

（2）选择“插入”选项卡中的“艺术字”按钮下的小三角，出现“艺术字库”列表，如图 5—24 所示，选择第三行第二列“艺术字”样式。

艺术字
日期和时间
幻灯片编号
对象
公式
符号
视频
音频

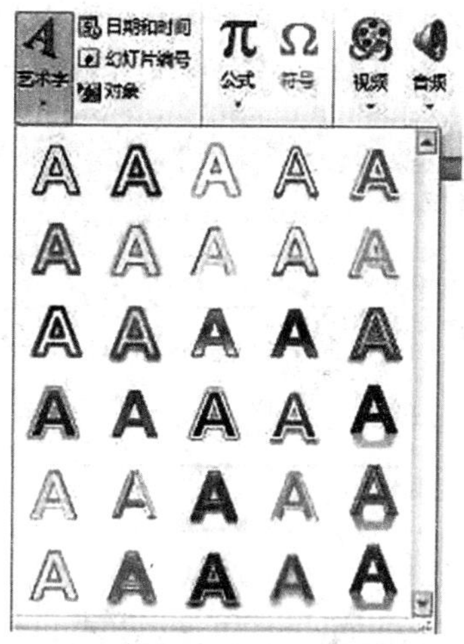

图 5—24　“艺术字库”列表

（3）在“请在此放置您的文字”文本框中输入文字“永康市”，设置字体为“黑体”，字号为 60，文字颜色为红色，效果如图 5—25 所示。

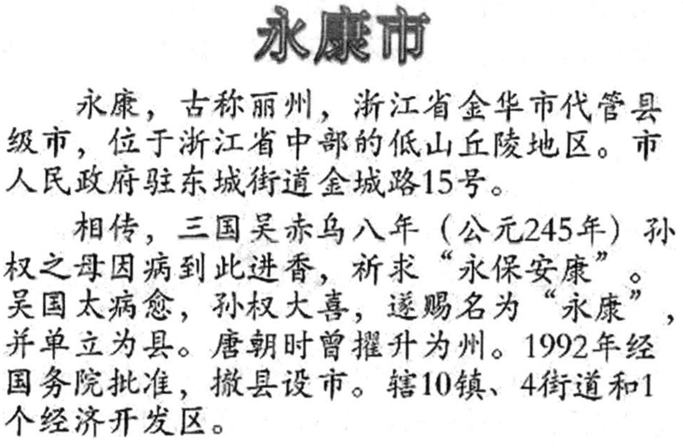

永康市
永康，古称丽州，浙江省金华市代管县级市，位于浙江省中部的低山丘陵地区。市人民政府驻东城街道金城路15号。
相传，三国吴赤乌八年（公元245年）孙权之母因病到此进香，祈求“永保安康”。吴国太病愈，孙权大喜，遂赐名为“永康”，并单立为县。唐朝时曾擢升为州。1992年经国务院批准，撤县设市。辖10镇、4街道和1个经济开发区。

图 5—25　插入艺术字效果

3. 绘制和编辑图形、图片

在 PowerPoint 2010 中可以插入一些适合演示文稿主题的图片，与 Word 一样，PowerPoint 2010 包含有大量的剪贴画，还可以应用 PowerPoint 2010 提供的“插图”组中的“形状”绘制图形，也可以创建组织结构图，同时也可插入用其他方式获取的图片。

（1）插入剪贴画。

1）选择“插入”选项卡，单击“图像”组中的“剪贴画”。

2）“剪贴画”工作窗口会显示在屏幕的右侧。

3）在“剪贴画”工作窗口的“搜索”框中，输入与剪贴画相关的关键字，然后单击“搜索”，随即会显示与关键字相关的插图和照片的列表，如图 5—26 所示。

图 5—26　剪贴画工作窗口

4）单击要使用的插图，插图即可插入到幻灯片中。

【技能操作】新建演示文稿练习插入剪贴画，调整大小，移动剪贴画位置，复制剪贴画，删除剪贴画。

（2）插入其他图片。

用其他方式获取的图片，包括从 U 盘、数码相机等。操作方式如下：

选择“插入”选项卡，单击“图像”组中的“图片”，弹出“插入图片”对话框，选择要插入的图片，单击“插入”，调整大小和位置直到合适。

（3）屏幕截图。

屏幕截图的出现为 PowerPoint 2010 增彩不少。可以快速而轻松地将屏幕截图插入到幻灯片中，以增强可读性或捕获信息，而无须退出正在使用的程序。

单击“屏幕截图”按钮时，可以插入整个程序窗口，也可以使用“屏幕剪辑”工具选择窗口的一部分。只能捕获没有最小化到任务栏的窗口。

【技能操作】选择“插入”选项卡，单击“图像”组中“屏幕截图”，打开的程序窗口以缩略图的形式显示在“可用窗口”库中，当鼠标指针悬停在缩略图上时，将弹出工具提示，其中显示了程序名称和文档标题，如图 5—27 所示，单击就可以将其以图片的形式添加到幻灯片中。

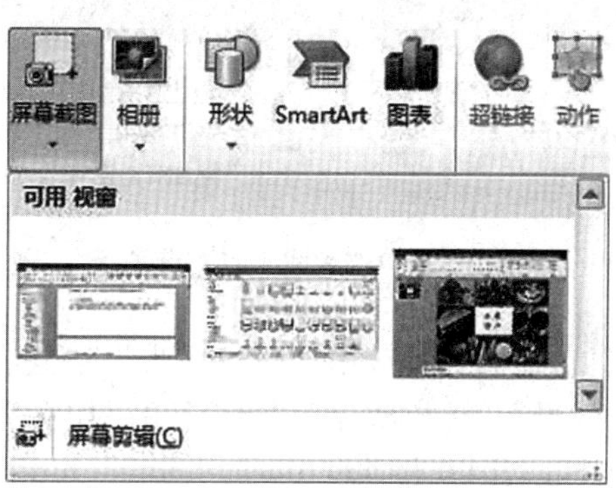

图 5—27　屏幕截图窗口

（4）绘制形状图形。

PowerPoint 2010 可以在文件中添加一个形状，或者合并多个形状以生成一个绘图或一个更为复杂的形状。可用的形状包括线条、基本几何形状、箭头、公式形状、流程图形状、星、旗帜和标注。

添加一个或多个形状后，可以在其中添加文字、项目符号、编号和快速样式。

【技能操作】绘制矩形形状。

1）在“插入”选项卡上的“插图”组中，单击“形状”按钮。

2）在弹出的下拉图形集中选择所需形状，这里选择“矩形”中的矩形，如图 5—28 所示。接着在幻灯片的任意位置拖动以放置形状。要创建规范的正方形或圆形（或限制其他形状的尺寸）在拖动的同时按住 Shift。用相同的方法，在拖动过程中按住 Shift 来创建水平线、垂直线以及其他宽度和高度相等的形状。

图 5—28　“形状”列表

提示：选择插入好的形状图形时，会出现新选项卡“绘图工具”，且会自动将“格式”选项卡添加到功能区。在“格式”选项卡中，用于更改形状的设计和位置的命令会分在一组，如图 5—29 所示。在形状外单击时，“绘图工具”将会隐藏。

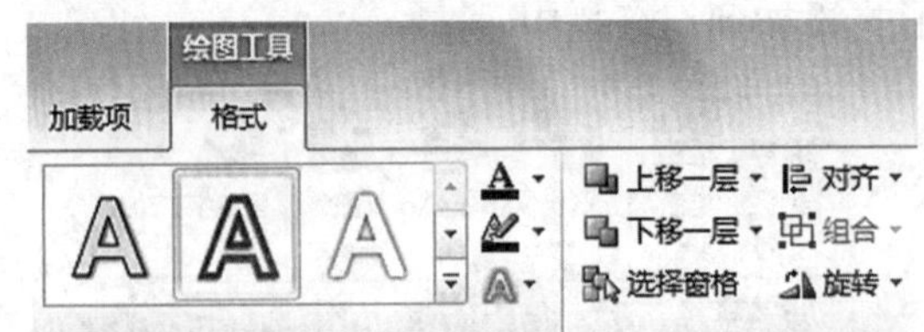

图 5—29 “绘图工具”选项卡

【技能操作】新建演示文稿练习应用“自选图形”创建各种图形，并设置“填充颜色”“阴影”“三维效果”“叠放次序”“组合”“添加文字”等。

4. 在幻灯片中插入 SmartArt 图形

SmartArt 图形是信息和观点的视觉表示形式。可以通过从多种不同布局中进行选择来创建 SmartArt 图形，从而快速、轻松、有效地传达信息。

创建 SmatArt 图形时，系统会提示选择一种类型，如“流程”“层次结构”或“关系”。类型类似于 SmartArt 图形的类别，并且每种类型包含几种不同布局。

【技能操作】在幻灯片中插入一个基本棱锥形的 SmartArt 图形。

(1) 选择“插入”选项卡，单击“插图”组中的“SmartArt”按钮上，弹出“选择 SmartArt 图形”对话框如图 5—30 所示。

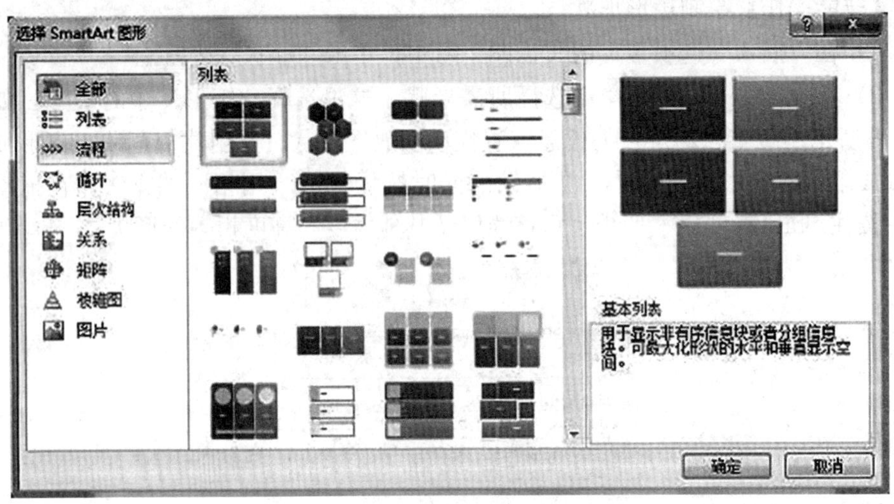

图 5—30 选择“Smart Art 图形”对话框

(2) 这里选择“流程”，然后单击“递增箭头流程”，如图 5—31 所示，最后单击“确定”。

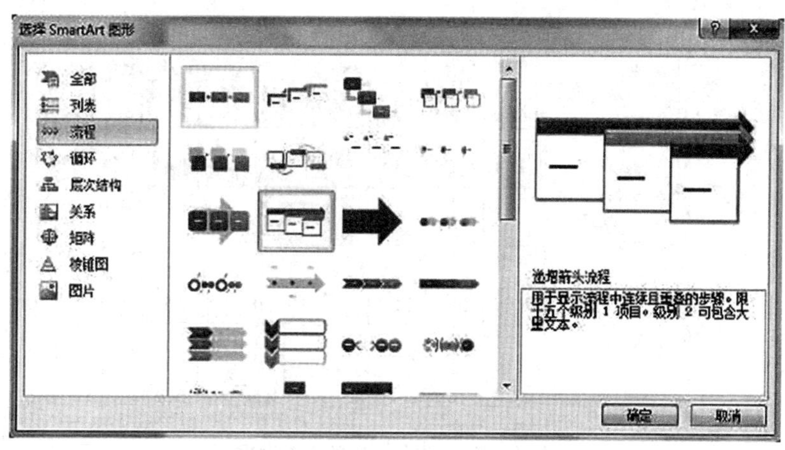

图 5—31　选择“流程”

(3) 幻灯片中将插入一个递增箭头流程的 SmartArt，如图 5—32 所示。

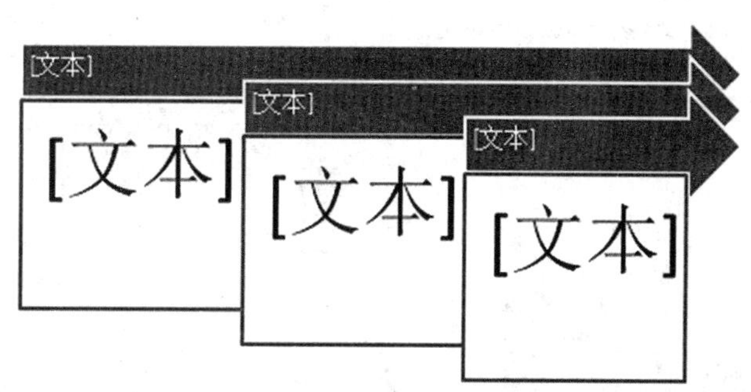

图 5—32　递增箭头流程的 SmartArt

5. 插入图表

图表是一种以图形显示的方式表达数据的方法，用图表来表示数据，可以使数据更加容易理解。在 PowerPoint 2010 中可以将 Excel 2010 中制作好的统计图表直接通过复制和粘贴应用到幻灯片中。对于简单的统计图可以直接在 PowerPoint 2010 中创建。

【技能操作】在演示文稿中创建饼形图表。

操作步骤如下：

(1) 打开需要插入图表的幻灯片。

(2) 选择“插入”选项卡，单击“插图”组中的“图表”按钮，在弹出的“插入图表”对话框左侧的列表框中选择图表类型，然后在右侧选择子类型，如图 5—33 所示，单击“确认”按钮。

(3) 此时，会自动启动 Excel，在单元格中直接输入数据，如图 5—34 所示。

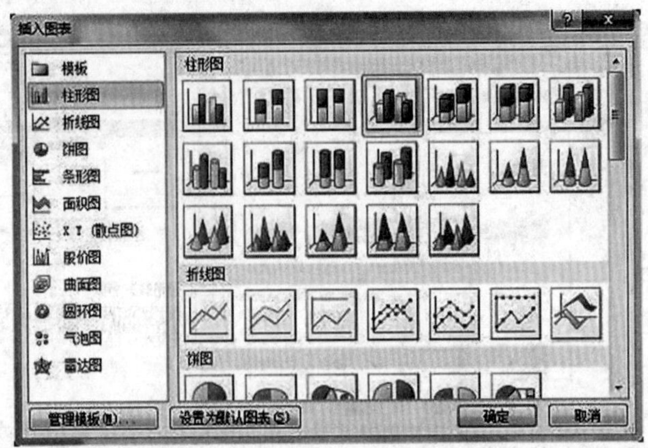

图 5—33 “插入图表”对话框

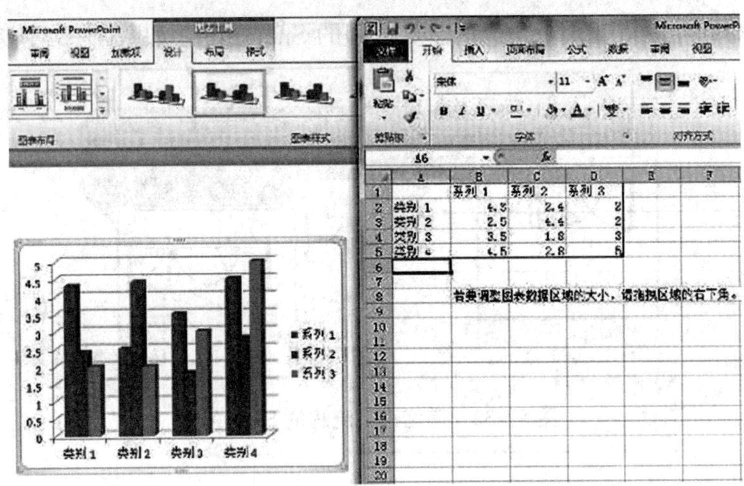

图 5—34 自动启动 Excel 工作窗口

(4) 更改工作表中的数据，PowerPoint 的图表会自动更新。

(5) 输入完毕后，关闭 Excel。

提示：可以利用“设计”选项卡中的“图表布局”工具与“图表样式”工具快速设置图表格式。

【技能操作】在演示文稿中编辑图表。

6. 插入多媒体对象

应用 PowerPoint 2010 制作幻灯片时可以插入动画，配置声音，添加影片等多媒体对象。

(1) 插入声音。

【技能操作】在演示文稿中插入声音。

1）选中需要插入声音文件的幻灯片。

2）选择“插入”选项卡，单击“媒体”组中的“音频”按钮下的小三角，选择“文件中的音频”命令，打开“插入音频”对话框，选中要插入的声音文件，单击“确定”。

3）幻灯片中出现了个“小喇叭”及播放条，如图 5—35 所示。插入声音后，功能区会出现新选项卡“音频工具”，并自动将“格式”和“播放”选项卡添加到功能区。

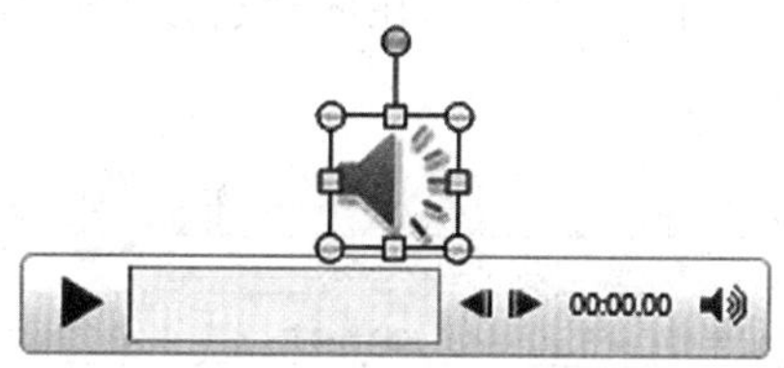

图 5—35 “小喇叭”及播放条

【技能操作】在演示文稿中插入声音，并设置为在多张幻灯片中连续播放或设置演示文稿的背景声音。

让已插入声音的文件在多张幻灯片中连续播放，或设置演示文稿的背景声音，操作步骤如下：

1）在第一张幻灯片中插入声音文件，选择“插入”选项卡，选择“媒体”→“音频”→“文件中的音频”命令，选择音频文件。

2）选择“音频工具”选项卡中的“播放”选项卡，设置开始为“单击时”，勾选“循环播放，直到停止”，如图 5—36 所示。

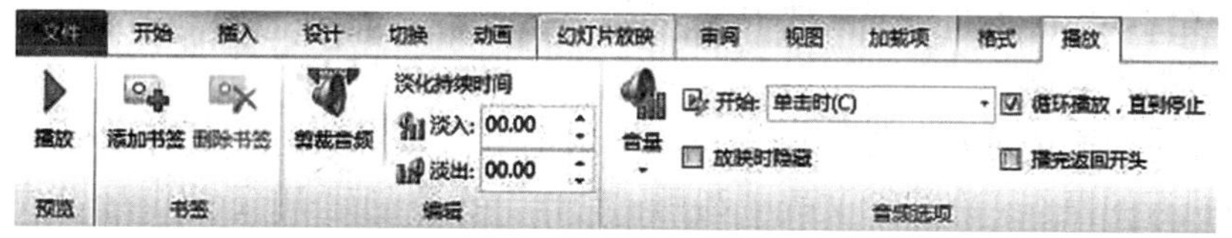

图 5—36 播放“音频选项”

(2) 添加影片。

选中需要添加影片的幻灯片，选择“插入”选项卡，选择“媒体”→“视频”→“文件中的视频”命令，将视频文件插入到幻灯片中，然后可以仿照“插入声音”的操作，对插入的影片设置播放控制操作。

7. 插入超链接

演示文稿创建超链接后可以方便地调用外部文档。通过超链接的方式，当单击幻灯片中的某对象时，能跳转到预先设定的任意一张幻灯片或其他演示文稿或 Word 文档或 Excel 文档，甚至还可以跳转到某个 Web 网页上或是电子邮件地址等。

用于创建超链接的对象可以是文本、形状、表格、图形和图片等。

(1) 为幻灯片中的对象设置超链接。

【技能操作】

1) 选择要制作超链接的对象。

2) 选择“插入”选项卡，单击“链接”组中的“超链接”按钮，在弹出的“插入超链接”对话框中，左侧框选中“本文档中的位置”，右侧选中要链接的目标页，如图 5—37 所示，单击“确定”。在放映这张幻灯片时，在对象上单击鼠就会跳转到被链接的幻灯片上。

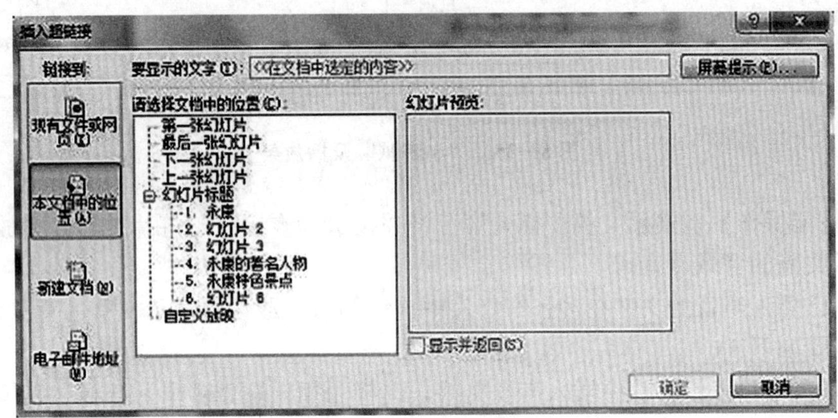

图 5—37 “插入超链接”对话框

幻灯片中的每个对象不仅可以链接到当前演示文稿中的其他幻灯片，而且还可以链接到其他演示文稿或文件中。

(2) 插入动作。

动作是为所选对象添加一个操作，以制定单击该对象时，或者鼠标在其上悬停时应执行的操作。在演示文稿中利用“动作”设置创建 PPT 超链接，放映时可通过按钮转到演示文稿的其他幻灯片上，也可以播放图像、声音等，还可以用于启动应用程序，链接到网站上。

【技能操作】打开“项目 5/永康 . pptx”，为第二张幻灯片中的文字“永康”设置超链接。

1) 打开第二张幻灯片，选择文字“永康”，选择“插入”选项卡，单击“链接”组中的“动作”按钮，打开如图 5—38 所示的对话框。

2) 在“动作设置”对话框中选择“超链接到”，此时其下拉列表框被激活，单击列表框打开一个下拉列表，在其中选择 URL 链接，输入“http://www. yongkang. gov. cn”，如图 5—39 所示，单击“确定”。

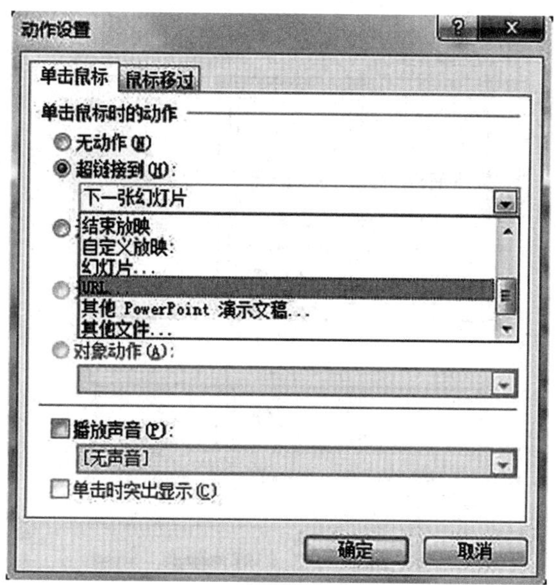

图 5—38 “动作设置”对话框

图 5—39 “链接到 URL”对话框

3）如果要取消 PPT 超链接只需要选中链接对象，然后右键单击，在快捷菜单中选中“取消超链接”即可。

三、幻灯片版面设计

设计演示文稿时可以很方便地应用系统自带的版式主题，若应用母版则可以快捷地管理不同幻灯片中的相同对象。

幻灯片版式包含要在幻灯片上显示的全部内容的格式设置、位置和占位符。幻灯片版式是由占位符组成的，在占位符中可输入文字（如标题、项目符号列表）和其他内容（如表格、图表、图片）。

设置幻灯片版式的方法：

选择“开始”选项卡，单击“幻灯片”组中的“版式”旁的小三角，在下拉列表中选择版式。PowerPoint 中包含 9 种内置幻灯片版式，也可以创建自义版式，如图 5—40 所示。

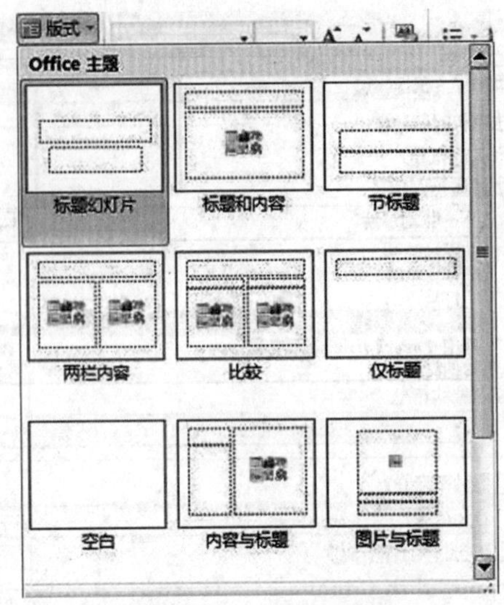

图 5—40　幻灯片版式

一般情况下，演示文稿中的第一张以后的幻灯片都会自动套用第一张幻灯片的版式。

四、变换幻灯片主题

使用 PowerPoint 2010 创建演示文稿的时候，可以通过使用主题功能来快速的美化和统一每一张幻灯片的风格。

换幻灯片主题的操作步骤：

"设计"选项卡，在"主题"组中选择幻灯片的主题样式，将鼠标移动到某一个主题上，就可以实时预览到相应的效果。单击某一个主题，就可以将该主题快速应用到整个演示文稿当中，如图 5—41 所示。

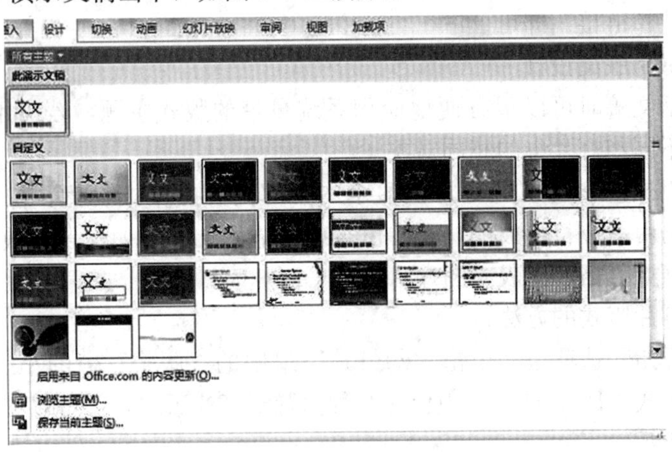

图 5—41　幻灯片主题

如果对主题效果的某一部分元素不够满意，可以通过颜色、字体或者效果进行修改。单击“主题”组中的“颜色”按钮，在下拉列表当中选择一种自己喜欢的颜色，如图 5—42 所示。

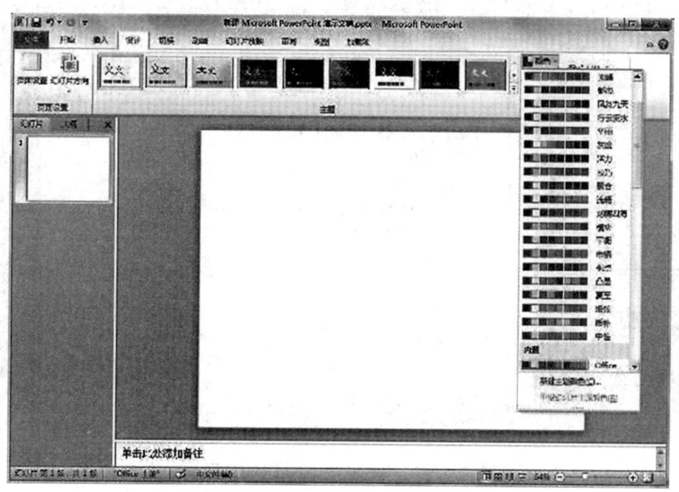

图 5—42 颜色列表

五、使用幻灯片母版

幻灯片母版用于幻灯片排版的整体调整。在普通视图模式中，可以很轻易地修改背景图片，但如果将背景图片放在母版里，在普通视图就无法修改了。通过幻灯片母版可以整体控制幻灯片的文本特征、背景色和特殊效果（如阴影和项目符号样式）。

【技能操作】应用“幻灯片母版”修改演示文稿中每张幻灯片标题的字体、字号、字体颜色、背景。

操作步骤如下：

(1) 新建空白演示文稿。

(2) 单击“视图”菜单“幻灯片母版”，即可进入幻灯片母版的编辑模式。

在母版视图下，从左侧的预览中可以看到 PowerPoint 2010 提供了许多默认幻灯片母版页面。其中第一张为基础页，对它进行设置，会自动在其业余页面上显示，如图 5—43 所示。

(3) 单击大标题区，使虚线框内的文字被选中，选择“开始”选项卡中的“字体”，设置字体、字号、字体颜色等。

(4) 如果修改其他部分（如，背景），选择相应的选项卡进行修改即可。

选择“插入”选项卡中的图片命令，为第一张幻灯片页面插入一张背景图片，如图 5—44 所示，不仅第一张背景图片换掉了，所有默认的幻灯片页面都被换掉，可见第一张幻灯片基础页是母版中的母版，一变全变。

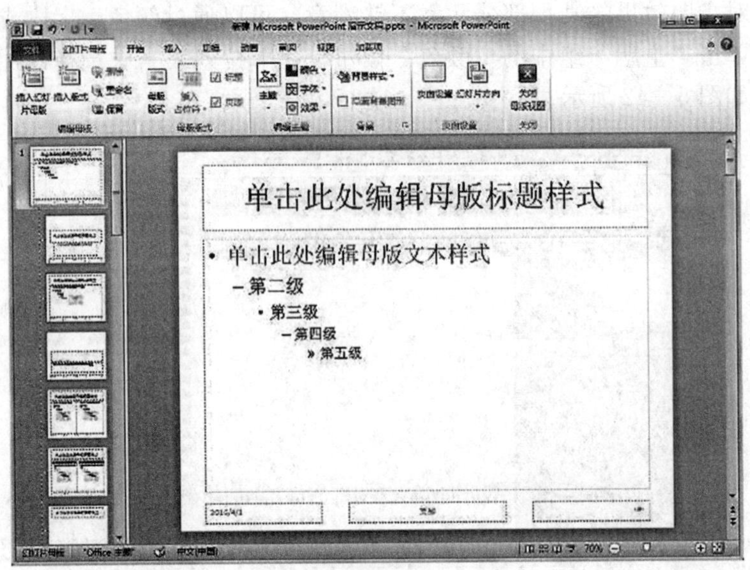

图 5—43　默认幻灯片母版页面

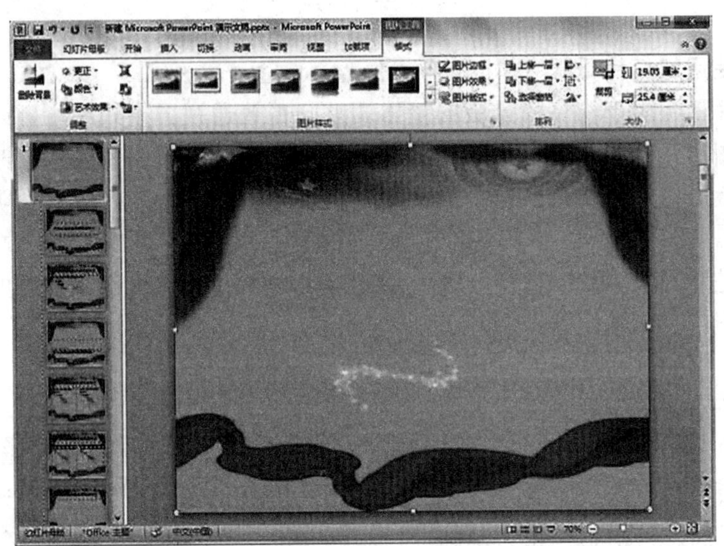

图 5—44　插入背景图片

在 PowerPoint 母版中，第二张一般用于封面，若要使封面不同于其他页面，可以在第二张母版页中插入一张图片覆盖封面，如图 5—45 所示，第二张发生了变化，其余保持原来的状态。

(5) 修改完成后，选择“幻灯片母版”选项卡，单击“关闭母版视图”按钮退出。回到普通视图，会发现 PowerPoint 已经默认添加了封面，如图 5—46 所示。

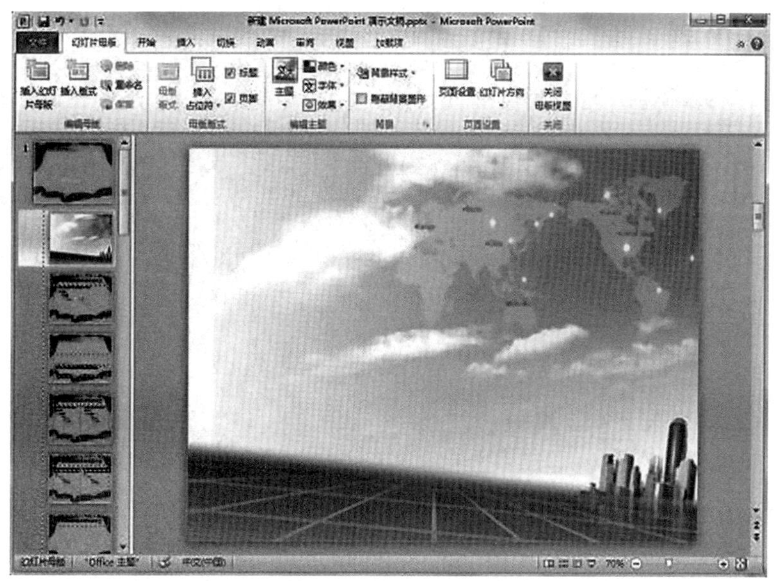

图 5—45　第二张母版页

图 5—46　普通视图添加的封面

再新建幻灯片增加内页，有两种方式：一是用鼠标单击左侧缩略图的任意地方，按 Enter 键。二是在左侧缩略图的任意地方右击，选择“新建幻灯片”命令即可。新增的 PPT 内页与母版背景图片相同，如图 5—47 所示。

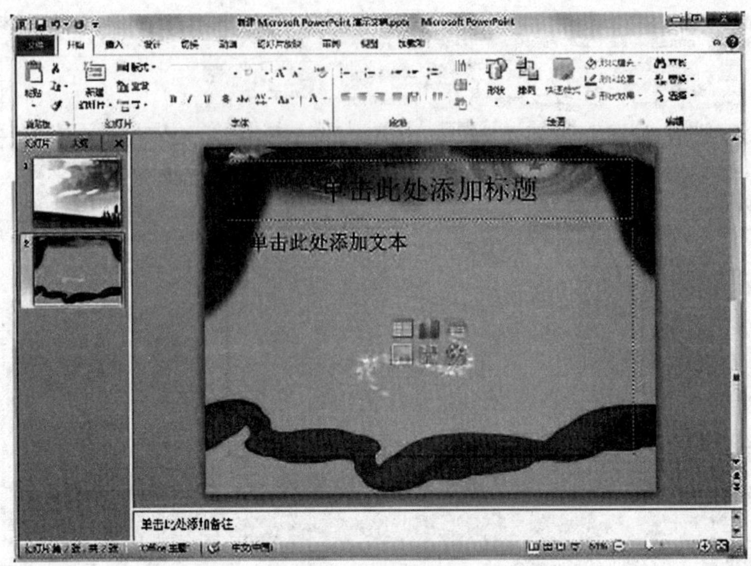

图 5—47　新建幻灯片

六、设置幻灯片背景

PowerPoint 2010 新建幻灯片之后，默认的背景色是白色的，幻灯片之所以能够吸引人们的眼球是因为它的图片精美，版式奇妙所致。背景是幻灯片外观设计中的一部分，包括阴影、模式、纹理和图片等。通过更改幻灯片的颜色、阴影、图案或者纹理，可以改变幻灯片的背景。此外还可以使用图片作为幻灯片背景。

【技能操作】新建演示文稿并设置背景。

选择“设计”选项卡，在“背景”组中选择背景样式，如图 5—48 所示，或右击白色背景，在弹出的快捷菜单中选择“设置背景格式”。

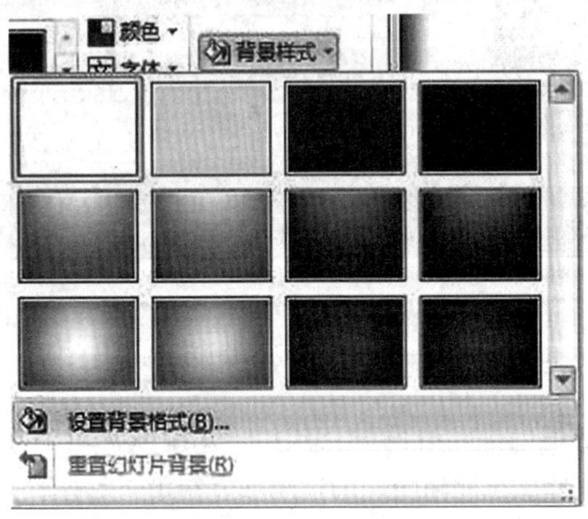

图 5—48　设置背景格式

在打开的“设置背景格式”对话框“填充”选项卡中选择“图片或纹理填充”，如图 5—49 所示，单击“文件”按钮。

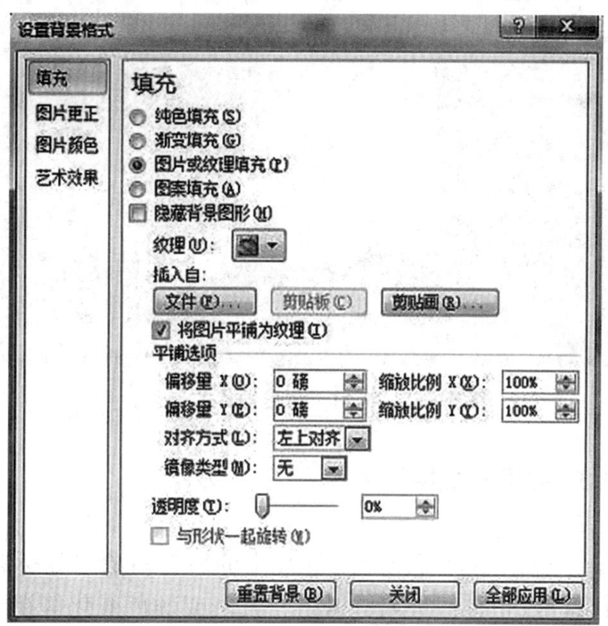

图 5—49　选择填充方式

在弹出的“插入图片”对话框中选取一张图片，如图 5—50 所示。

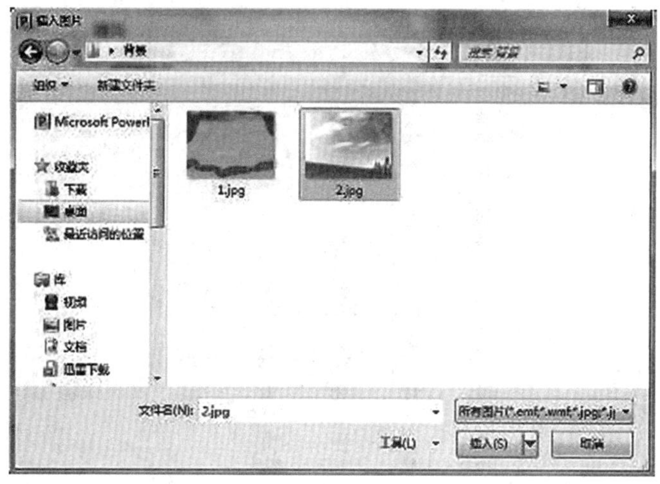

图 5—50　“插入图片”对话框

如果要将图片设置为所有幻灯片的背景，单击“全部应用”按钮。若要设为本张幻灯片背景，直接关闭即可。应用了背景图片的幻灯片如图 5—51 所示。

图 5—51　应用了背景图片的幻灯片

七、设置幻灯片动画和切换效果

1. 设置幻灯片动画

在 PowerPoint 2010 中，可以对幻灯片中的所有对象（如标题、文本和图片等）添加动画效果，赋予它们进入、退出、大小或颜色变化等视觉效果，制作出具有动感效果的演示文稿，从而提高演示文稿的趣味性。

选择“动画”选项卡，单击“添加动画”按钮，出现 4 种自定义动画效果，“添加动画”窗口如图 5—52 所示。

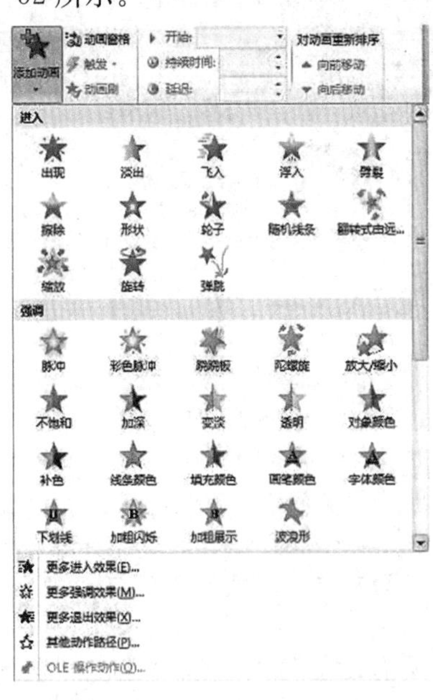

图 5—52　“添加动画”窗口

(1)“进入”效果，是定义对象的出现动画形式，比如可以使对象逐渐淡入焦点、从边缘飞入幻灯片或者跳入视图中等。

(2)“强调”效果，有“基本型”“细微型”“温和型”以及“华丽型”四种特色动画效果，这些效果包括使对象缩小或放大、更改颜色或沿着其中心旋转。

(3)“退出”效果，这个自定义动画效果的区别在于与“进入”效果类似但是相反，它是自定义对象退出时所表现的动画形式，如让对象飞出幻灯片、从视图中消失或者从幻灯片旋出。

(4)“动作路径”效果，这个动画效果是根据形状或者直线、曲线的路径对象游走，使用这些效果可以使对象上下、左右移动或者沿着星形或圆形图案移动(与其他效果一起)。

以上四种自定义动画，可以单独使用任何一种动画，也可以将多种效果组合在一起。

想知道一个文字或图片对象设置了什么动画，在“动画”选项卡上的“高级动画”组中，单击“动画窗格”，在右侧打开的动画窗格中可以观察已设置的动画，还可以对动画的顺序进行排序，如图 5—53 所示。

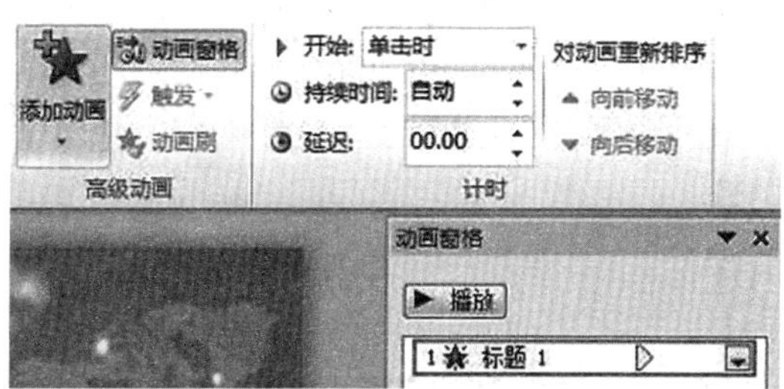

图 5—53 动画窗格

在“动画”选项卡上的“动画”组中，单击“效果选项”右侧的箭头，弹出下拉列表，可为动画设置效果选项。

“动画”选项卡的“计时”组中还可以为动画指定开始、持续时间或者延迟，如图 5—54 所示。在“计时”组中的“对动画重新排序”可对列表中的动画重新排序，“向前移动”使动画在列表中另一动画之前发生，或者选择“向后移动”使动画在列表中另一动画之后发生。

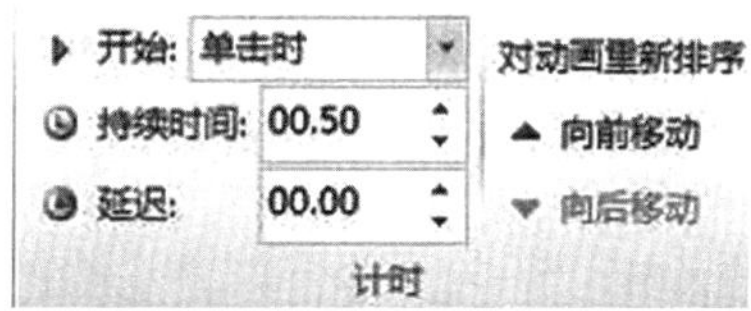

图 5—54 设置计时

若要在添加一个或多个动画效果后验证它们是否起作用，在“动画”选项卡上的“预览”组中，单击“预览”即可。

【技能操作】打开“项目 5/特产.pptx”，设置动画效果。

(1) 选中文本对象，在“动画”选项卡上的“高级动画”组中，单击“添加动画”，对所选文本应用“楔入”效果。

(2) 选中第一行的三张图片，分别应用三种不同的进入效果：“出现”“擦除”“轮子”。

(3) 选择“擦除”动画效果后，重新设置方向，如图 5—55 所示。

选择“动画”选项卡中的“计时”组中的“开始”按钮，设置为“上一动画之后”，如果该幻灯片页面的动画都需要自动播放，选中一个动画的同时，按键盘上的 Ctrl 或 Shift 键，将所有的动画全选，然后在“开始”中选择“上一动画之后”，如果要同步播放动画，选择“与上一动画同时”。

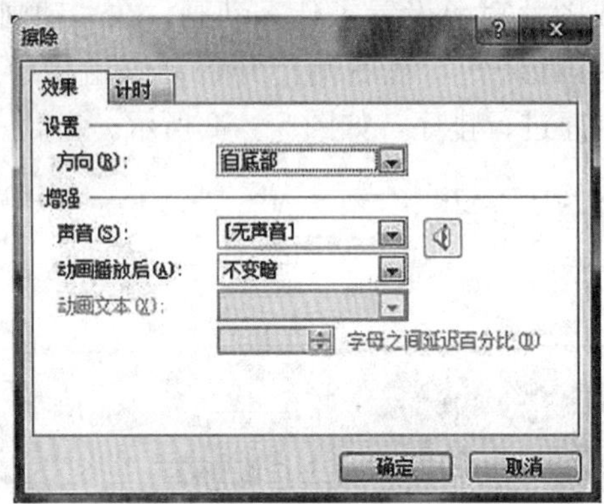

图 5—55 设置动画效果

在“计时”中有个“持续时间”和“延迟”，可以调节时间以及延时动画的播放时间，如图 5—56 所示。一般设置的格式“01：00”代表 1 秒。

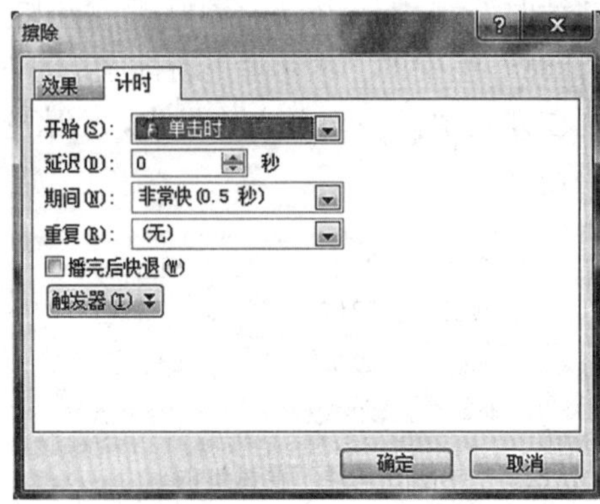

图 5—56 设置“持续时间”

在动画窗格中右击某个动画，选择“效果选项”，弹出的对话框中可设置动画的动画方向，也可以设置动画播放的时候配合的声音，声音还可以试听。

在 PowerPoint 2010 中新增了一个很有用的工具“动画刷”，如图 5—57 所示，应用它可以快速设置动画效果，动画刷的使用方法与格式刷类似。

图 5—57　动画刷

动画刷工具还可以在不同幻灯片或 PowerPoint 文档之间复制动画效果。当鼠标指针右边出现刷子图案时可以切换幻灯片或 PowerPoint 文档将动画效果复制到其他幻灯片或 PowerPoint 文档。

2. 设置幻灯片切换方式

切换是向幻灯片添加视觉效果的另一种方式。幻灯片切换效果是在演示期间从一张幻灯片移到下一张幻灯片时在“幻灯片放映”视图中出现的动画效果。可以控制切换效果的速度，添加声音，甚至还可以对切换效果的属性进行自定义。切换效果分为三大类：细微型、华丽型、动态内容，如图 5—58 所示。

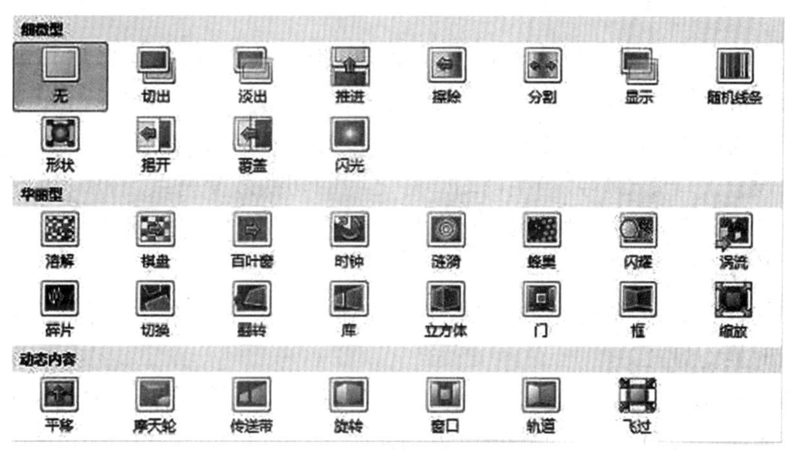

图 5—58　切换效果类型

(1) 设置切换声音效果。

在“切换”选项卡的“计时”组中，单击“声音”旁下拉列表，选择某一声音效果可向幻灯片切换效果添加声音效果，如图 5—59 所示。

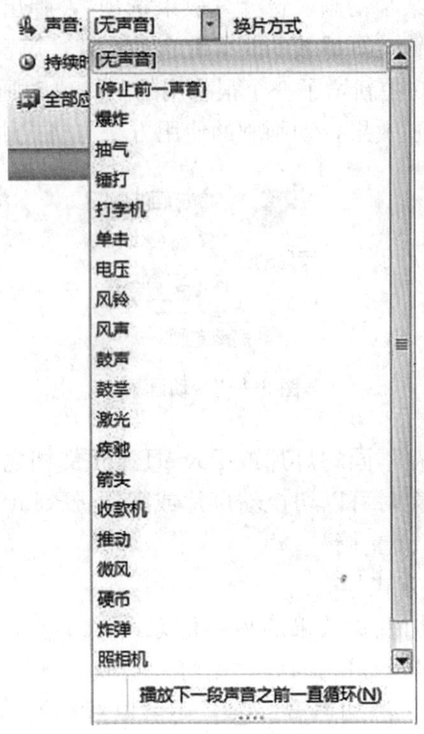

图 5—59　声音效果

若要添加列表中没有的声音，可选择“其他声音”，找到要添加的声音文件，然后单击“确定”即可。

(2) 设置切换效果持续时间。

若要设置上一张幻灯片与当前幻灯片之间的切换效果持续时间，可在“切换”选项卡上“计时”面板中“持续时间”框中键入或选择所需时间值。

(3) 设置换片方式。

在“切换”选项卡的“计时”组中，选择“单击鼠标时”复选框，设置为在单击鼠标时换幻灯片。

在“设置自动换片时间”框中键入所需的秒数，可指定当前幻灯片在多长时间后切换到下一张幻灯片。如图 5—60 所示。

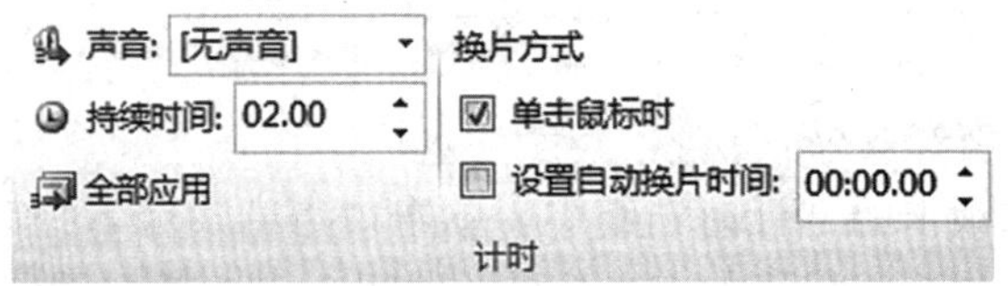

图 5—60　设置换片方式

(4) 删除切换效果。

在普通视图中的“幻灯片”选项卡上，单击要删除其切换效果的幻灯片的缩略图。在“切换”选项卡上的“切换到此幻灯片”组中单击“无”即可。

【技能操作】打开“项目 5/永康.pptx”，为幻灯片添加切换效果。

(1) 打开演示文稿“项目 5 /永康.pptx”，在包含“大纲和幻灯片”选项卡的窗格中单击“幻灯片”选项卡，选择第二张幻灯片。

(2) 在“切换”选项卡的“切换到此幻灯片”组中，单击要应用于该幻灯片的幻灯片切换效果。

(3) 为此幻灯片切换时的添加“风铃”声音效果，为此幻灯片选择“单击鼠标时”的换片方式。

(4) 为演示文稿中的其他幻灯片设置不同的切换效果。

📖任务实训

1. 添加新幻灯片有哪些方法?
2. 举例说明复制、移动、删除幻灯片的基本操作。
3. 举例说明幻灯片插入文本框、图表、表格、图像、剪贴画、艺术字的基本操作。
4. 怎样在幻灯片中创建、设置自选图形?
5. 怎样在幻灯片中插入声音、影片?
6. 用于创建超链接的对象可以是哪些?
7. 超链接可以链接到哪些对象?
8. 制作一个幻灯片，要求在幻灯片中包括文本、图片、自定义动画、背景样式、SmartArt 图形等内容。
9. 应用 PowerPoint 2010 制作电子相册。

提示：打开 PowerPoint 2010，选择“插入”选项卡，单击“插图”组中的“相册”按钮，弹出“相册”对话框。单击“插入图片来自”中的“文件/磁盘……”按钮，插入图片，并设置每张图片的效果。

任务三　幻灯片的放映设置与打印输出

📖任务引领

在 PowerPoint 2010 中已制作了一些幻灯片，在幻灯片上设置了文本、艺术字、图片、音频、视频、动画等对象，还可以对这些对象设置动画，为幻灯片设置过渡效果，也可以将幻灯片打印到纸上或打包输出。

🕮任务目标

掌握设置幻灯片动画效果、过渡效果的基本操作，会设置放映时间，会设置共享演示文稿，会对演示文稿打包和发送到电子邮件，掌握打印幻灯片的方法。

🕮任务实施

一、幻灯片放映设置

1. 设置幻灯片放映

制作好演示文稿后，要查看制作的效果或让观众浏览，可通过幻灯片放映观看幻灯片的总体效果。

(1) 自动播放文稿。

演示文稿的放映，一般由演示者手动操作控制播放，如果要让其自动播放，使用排练计时。

【技能操作】打开“项目 5/永康 . pptx”，进行排练计时。

作步骤如下：

1）选择“幻灯片放映”选项卡，单击“设置”组中的“排练计时”按钮，进入“排练计时”状态。如图 5—61 所示。

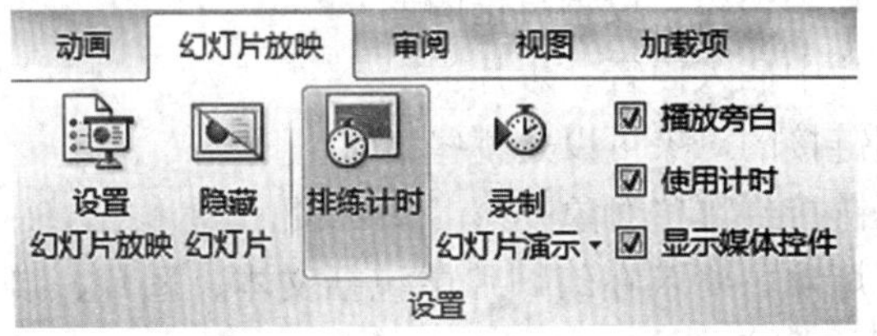

图 5—61 排练计时

2）此时，单张幻灯片放映所耗用的时间和文稿放映所耗用的总时间显示在屏幕左上角“录制”对话框中，如图 5—62 所示。

图 5—62 “录制”对话框

手动播放一遍文稿，并利用“预演”对话框中的“暂停”和“重复”等按钮控制排练计时过程，以获得最佳的播放时间。

播放结束后，系统会弹出一个提示是否保存计时结果的对话框，如图 5—63 所示，单击其中的“是”按钮即可。

图 5—63 系统提示

进行排练计时后，若需要手动播放，可选择“幻灯片放映”选项卡，单击“设置”组中的“设置幻灯片放映”按钮，打开“设置放映方式”对话框，如图 5—64 所示，在换片方式中选择“手动”选项，并单击“确定”。

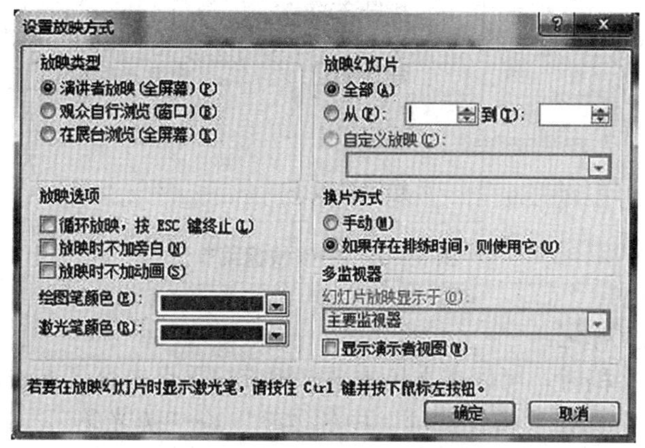

图 5—64 “设置放映方式”对话框

（2）循环放映演示文稿。

若演示文稿需要反复放映，则可设置为循环放映方式。

进行排练计时操作后，打开“设置放映方式”对话框，选择“循环放映，按 Esc 中止”和“如果存在排练时间，则使用它”两个选项，单击“确定”。

2. 演示文稿放映

（1）放映演示文稿。

演示文稿设计编辑完成后，可观看放映效果。

【技能操作】观看幻灯片的放映效果。

幻灯片放映效果编辑完成后，选择“幻灯片放映”选项卡，单击“开始放映幻灯片”面板中的“从当前幻灯片开始放映”按钮；若要从第一张幻灯片开始放映，可单击“开始放映幻灯片”组中的“从头开始”按钮，或者按 F5 键。

当屏幕正在处于幻灯片的放映状态时，单击一次鼠标左键，将切换到放映下一张幻灯片。单击鼠标右键可以打开幻灯片演示控制菜单，如图 5—65 所示。应用演示控制菜单可以进行演示文稿放映的过程控制。

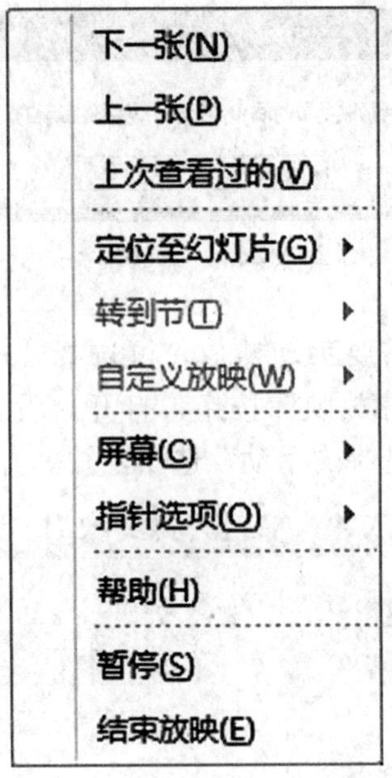

图 5—65 右键快捷菜单

(2) 文稿重点标记。

在放映演示文稿时，可以在文稿中画出相应的重点内容。方法是右击鼠标，在弹出的快捷菜单中选择“指针选项”中的“笔”或“荧光笔”，如图 5—66 所示，鼠标箭头变成一个小点或一个小方块，用户可以在屏幕上画出相应的重点内容。

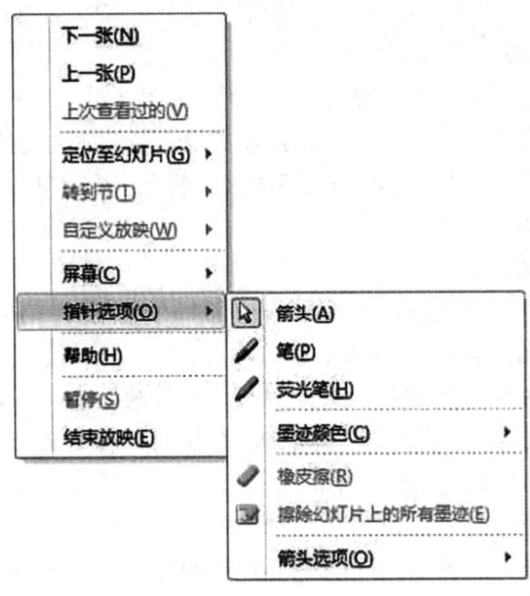

图 5—66 指针选项

若要选择绘图笔颜色，可在右击时弹出的快捷菜单中选择“指针选项”→“墨迹颜色”，在弹出的菜单中选择一种满意的颜色。

【技能操作】打开“项目 5/永康 . pptx”，设置并观看放映效果，选择指针和颜色标记重点。

二、演示文稿打印与打包

1. 共享演示文稿

要实现演示文稿的共享，可以通过电子邮件发送演示文稿，还可以将演示文稿打包后通过光盘或 U 盘传送。

(1) 使用电子邮件发送演示文稿。

在 PowerPoint 2010 中，演示文稿可以作为电子邮件的附件发送给他人。

在“文件”选项卡中选中“保存并发送”，右侧单击“使用电子邮件发送”，出现如图 5—67 所示界面。

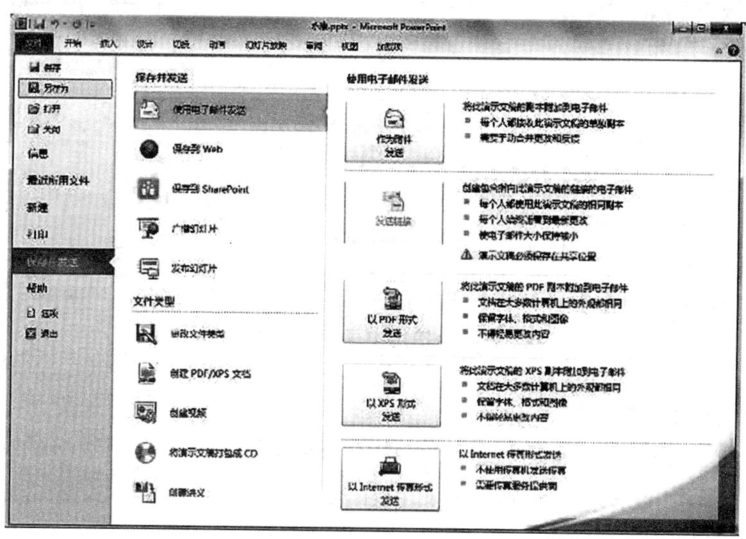

图 5—67　选择发送方式

单击“作为附件发送”将演示文稿附加到电子邮件中。

单击“发送链接”以创建包含指向演示文稿的链接的电子邮件。在单击“发送链接”之前，必须将演示文稿保存到共享位置，例如收件人有权访问的网站或文档库。

单击“以 PDF 形式发送”以将演示文稿另存为可移植文档格式（. pdf）文件，然后将 PDF 文件附加到电子邮件中。

单击“以 XPS 形式发送”以将演示文稿另存为 . xps 文件，然后将该文件附加到电子邮件中。

单击“以 Internet 传真形式发送”来以传真形式发送演示文稿，而无须使用传真机。

【技能操作】打开“项目 5/永康.pptx”演示文稿，作为电子邮件发送给朋友。

1）打开要发送的演示文稿“项目 5/永康.pptx”。

2）单击“文件”选项卡，单击“保存并发送”，然后在“保存并发送”下单击“使用电子邮件发送”，弹出 OUTLOOK 客户端，如图 5—68 所示。填写收件人的 E-mail，单击“发送”即可。

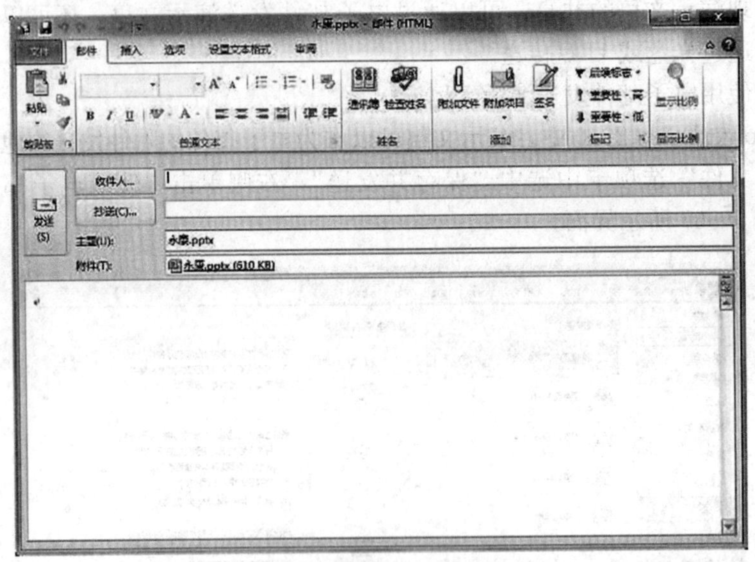

图 5—68　使用电子邮件发送 PPT

（2）将演示文稿打包。

PowerPoint 2010 提供的打包工具可以将演示文稿、其中所链接的文件、嵌入的字体以及 PowerPoint 播放器一起打包存入磁盘，打包后演示文稿可以在没有安装 PowerPoint 的计算机上播放。

【技能操作】打开“项目 5/永康.pptx”演示文稿，将演示文稿打包。

1）打开要打包的演示文稿“项目 5/永康.pptx”。

2）单击“文件”选项卡，依次单击“保存并发送”，“将演示文稿打包成 CD”，然后在右窗格中单击“打包成 CD”，如图 5—69 所示。

3）在弹出的“打包成 CD”对话框中给要刻录的 CD 命名，如图 5—70 所示。

4）若要添加其他演示文稿可以选择“添加”命令，在弹出的“添加文件”对话框中找到所需文件即可。

5）单击“选项”按钮，在弹出的“选项”对话框，如图 5—71 所示，在“选项”对话框可以决定打包文件中是否包含 PowerPoint 播放器、链接的文件和嵌入的字体。还可以对需要打包的 PowerPoint 文件设置打开密码和修改密码。

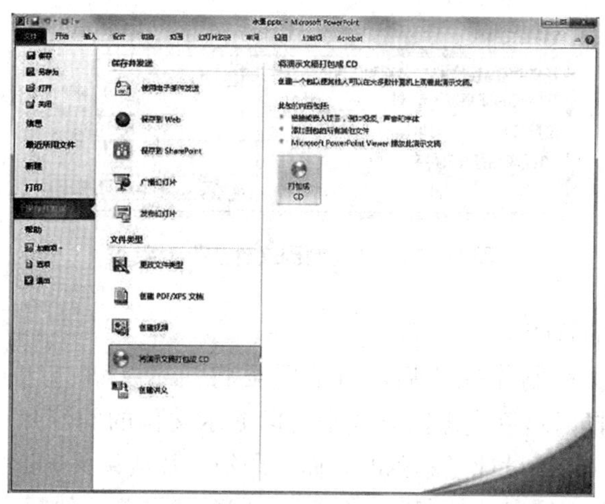

图 5—69　将演示文稿打包成 CD

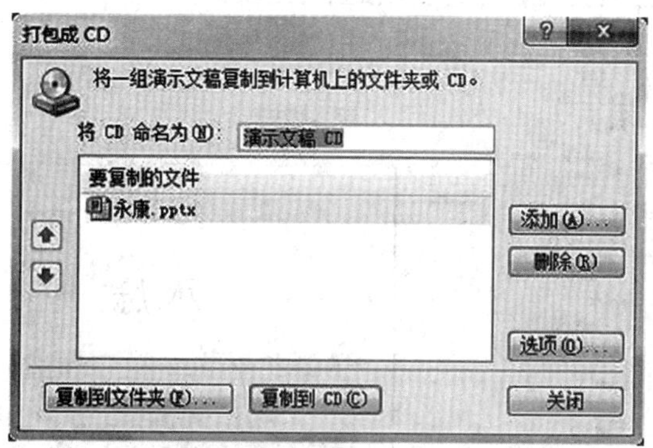

图 5—70　“打包成 CD”对话框

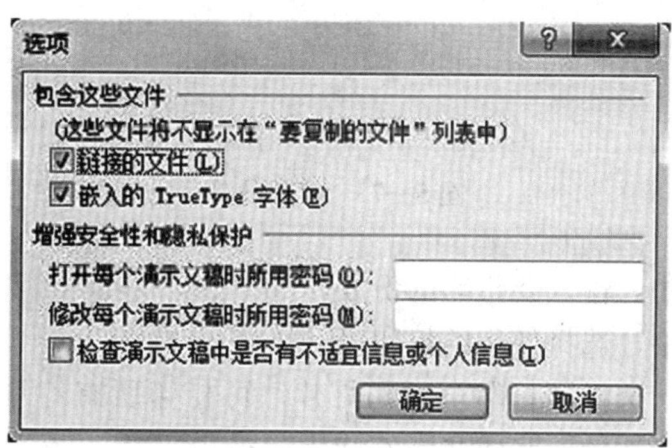

图 5—71　“选项”对话框

6）设置完成，如图 5—72 所示，单击“复制到文件夹”按钮将文件打包。

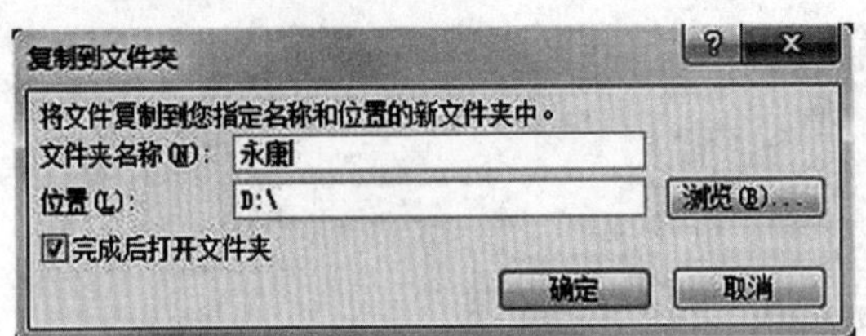

图 5—72 “复制到文件夹”对话框

2. 演示文稿的打印

当一份演示文稿制作完成后，可能需要将演示文稿打印出来。PowerPoint 2010 允许用户选择以彩色或黑白方式来打印演示文稿的幻灯片、讲义、大纲或备注页。大多数演示文稿设计是彩色的，而打印幻灯片或讲义时通常选用黑白颜色。

单击“文件”选项卡“打印”，将显示打印预览屏幕，如图 5—73 所示。

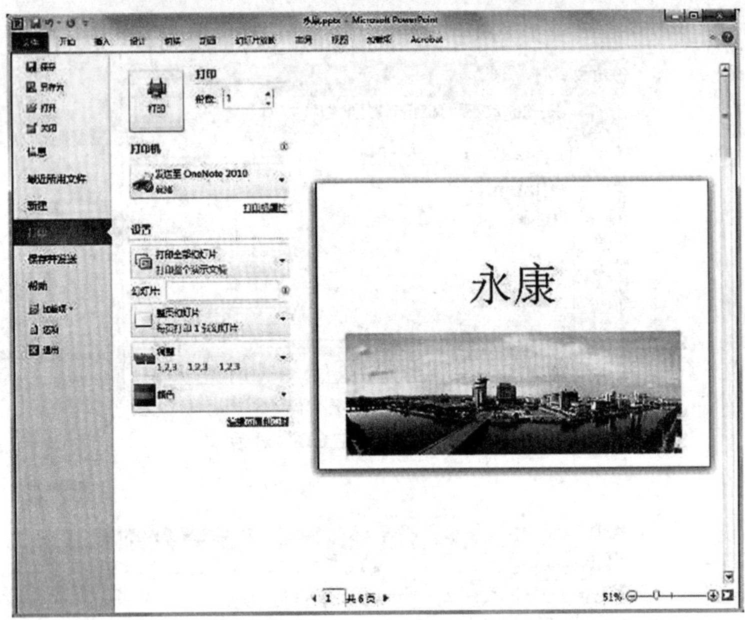

图 5—73 打印设置

在“份数”框中，输入要打印的份数。

在“打印机”中，选择使用的打印机。

在“设置”中，选择“打印全部幻灯片”可打印所有幻灯片，选择“打印所选幻灯片”可打印所选的一张或多张幻灯片。

选择“当前幻灯片”仅打印当前显示的幻灯片。

选择“幻灯片的自定义范围”按编号打印特定幻灯片，然后输入各幻灯片的列表或范围。使用无空格的逗号将各个编号隔开。例如：1，3，5—8。

设置好选项后，单击“打印”按钮开始打印。

📖任务实训

1. 在“添加效果”菜单中有哪几项？每项又包括哪些动画效果？
2. 幻灯片切换方式有哪些？举例说明幻灯片切换方式与动画效果有何区别？
3. 举例说明怎样删除已设置的自定义动画？
4. 在“设置放映方式”对话框中，放映类型有哪些？
5. “观看放映”的启动方法有哪些？
6. 举例说明进行文稿重点标记后，标记是否会保存在演示文稿中？
7. 打开“项目 5/永康 . pptx”，完成以下各项操作：

(1) 保存到 Web。

(2) 创建为 PDF。

(3) 将文件打包，包含 PowerPoint 播放器、嵌入的字体。

(4) 指定打印第 1、3、5 张幻灯片。

思考练习

一、单项选择题

1. PowerPoint 2010 是（　　）。

A. 数据库管理软件　　B. 文字处理软件

C. 电子表格软件　　D. 幻灯片制作软件

2. PowerPoint 2010 中，要隐藏某个幻灯片，则可在“幻灯片”选项卡中选定要隐藏的幻灯片，然后（　　）。

A. 单击“视图”选项卡→“隐藏幻灯片”命令按钮

B. 单击“幻灯片放映”选项卡→“设置”组中“隐藏幻灯片”命令按钮

C. 右击该幻灯片，选择“隐藏幻灯片”命令

D. 左击该幻灯片，选择“隐藏幻灯片”命令

3. 演示文稿的基本组成单元是（　　）。

A. 图形　　B. 幻灯片　　C. 超链点　　D. 文本

4. 若用键盘按键来关闭 PowerPoint 窗口，可以按（　　）键。

A. Alt+f4　　B. Ctrl+X　　C. Esc　　D. Shift+F4

5. 在 PowerPoint 2010 浏览视图下，按住 CTRL 键并拖动某幻灯片，可以完成的操作是（　　）。

A. 移动幻灯片　　B. 复制幻灯片　　C. 删除幻灯片　　D. 选定幻灯片

6. 在 PowerPoint 2010 幻灯片浏览视图中，选定多张不连续幻灯片，在单击选定幻

灯片之前应该按住（　　）。

A. Alt　　B. Shift　　C. Tab　　D. Ctrl

7. 在 PowerPoint 的普通视图左侧的大纲窗格中，可以修改的是（　　）。

A. 占位符中的文字　B. 图表　C. 自选图形　D. 文本框中的文字

8. PowerPoint 中主要的编辑视图是（　　）。

A. 幻灯片浏览视图　B. 普通视图　C. 幻灯片放映视图　D. 备注视图

9. 若将 PowerPoint 文档保存只能播放不能编辑的演示文稿，操作方法是（　　）。

A. 保存对话框中的保存类型选择为“PDF”格式

B. 保存对话框中的保存类型选择为“网页”

C. 保存对话框中的保存类型选择为“模板”

C. 保存（或另存为）对话框中的保存类型选择为“PowerPoint 放映”

10. 当保存演示文稿时（例如单机快速访问工具栏中“保存”按钮），出现“另存为”对话框，则说明（　　）。

A. 该文件保存时不能用该文件的原来的文件名

B. 该文件不能保存

C. 该文件未保存过

D. 该文件已经保存过

11. PowerPoint 2010 演示文稿的扩展名是（　　）。

A. psdx　　B. ppsx　　C. pptx　　D. ppsx

12. 在 PowerPoint 中要选定多个图形或图片时，需（　　）然后用鼠标单击要选定的图形对象。

A. 先按住 Alt 键　　B. 先按住 Home 键

C. 先按住 Shift 键　　D. 先按住 DEL 键

13. 在 PowerPoint 中，停止幻灯片播放的快捷键是（　　）。

A. End　　B. Ctrl+E　　C. Esc　　D. Ctrl+C

14. 在 PowerPoint 2010 的普通视图中，隐藏了某个幻灯片后，在幻灯片放映时被隐藏的幻灯片将会（　　）。

A. 从文件中删除

B. 在幻灯片放映时不放映，但仍然保存在文件中

C. 在幻灯片放映时仍然可放映，但是在幻灯片上的部分内容被隐藏

D. 在普通视图的编辑状态中被隐藏

15. 在 PowerPoint 2010 的普通的视图下，若要插入一张幻灯片，其操作为（　　）。

A. 单击“文件”选项卡下的“新建”命令

B. 单击“开始”选项卡→“幻灯片”组中的“新建幻灯片”按钮

C. 单击“插入”选项卡→“幻灯片”组中的“新建幻灯片”按钮

D. 单击“设计”选项卡→“幻灯片”组中的“新建幻灯片”按钮

16. 在 PowerPoint 2010 中，若要更换另一种幻灯片的版式，下列操作正确的是（　　）。
A. 单击“开始”选项卡→“幻灯片”组中“新建幻灯片”按钮
B. 单击“插入”选项卡→“幻灯片”组中“新建幻灯片”按钮
C. 单击“设计”选项卡→“幻灯片”组中“新建幻灯片”按钮
D. 以上说法都不正确
17. 在 PowerPoint 2010 中插入图表中是用于（　　）。
A. 演示和比较数据　　B. 可视化地显示文本
C. 可以说明一个进程　　D. 可以显示一个组织结构图
18. 对于幻灯片中文本框的文字，设置项目符号可以采用（　　）。
A. “格式”选项卡中的“编辑”按钮
B. “开始”选项卡中的“项目符号”按钮
C. “格式”选项卡中的“项目符号”按钮
D. “插入”选项卡中的“符号”按钮
19. 在 PowerPoint 2010 中，下列说法正确的是（　　）。
A. 不可以在幻灯片中插入剪贴画和自定义图像
B. 可以在幻灯片中插入声音和视频
C. 不可以在幻灯片中插入艺术字
D. 不可以在幻灯片中插入超链接
20. 在 PowerPoint 2010 中，格式刷位于（　　）选项卡中。
A. 设计　　B. 切换　　C. 审阅　　D. 开始
21. 将 PowerPoint 2010 幻灯片中的所有汉字“电脑”都更换为“计算机”，应使用的操作是（　　）。
A. 单击“开始”选项卡→“替换”命令按钮
B. 单击“插入”选项卡→“替换”命令按钮
C. 单击“开始”选项卡→“查找”命令按钮
D. 单击“插入”选项卡→“查找”命令按钮
22. 在 PowerPoint 2010 中，下列关于幻灯片版式说法正确的是（　　）。
A. 在“标题和内容”版式中，没有“剪贴画”占位符
B. 剪贴画只能插入到空白版式中
C. 任何版式中都可以插进入剪贴画
D. 剪贴画只能插入到有“剪贴画”占位符的版式中
23. 在“文本框”占位符（或文本框）中输入文字，以下不属于 PowerPoint 2010 字体格式的是（　　）。
A. 双删除线　　B. 颜色　　C. 下划线　　D. 阳文
24. 在 PowerPoint 2010 中，不可以插入（　　）文件（选项中给出的是不同类型

的扩展名）。

A. AVI　　B. WAV　　C. EXE　　D. BMP（或 PNG）

25. 在幻灯片中插入声音元素，幻灯片播放时（　　）。

A. 用鼠标单击声音图标，才能开始播放

B. 只能在有声音图标的幻灯片中播放，不能跨幻灯片连续播放

C. 只能连续播放声音，中途不能停止

D. 可以按需要灵活设置声音元素的播放

26. 要为所有幻灯片添加编号，下列方法中正确的是（　　）。

A. 执行“插入”选项卡中的“幻灯片编号”按钮即可

B. 在母板视图中，执行“插入”菜单的“幻灯片编号”命令

C. 执行“视图”选项卡的“页眉和页脚”命令

D. 以上说法全错

27. 在 PowerPoint 2010 中，若想设置幻灯片中“图片”对象的动画效果，在选中“图片”对象后，应选择（　　）。

A. “动画”选项卡下的“添加动画”按钮

B. “幻灯片放映”选项卡

C. “设计”选项卡下的“效果”按钮

D. “切换”选项卡下“换片方式”

28. 下述关于插入图片、文字、自选图形等对象的操作描述，正确的是（　　）。

A. 在幻灯片中插入的所有对象，均不能够组合

B. 在幻灯片中插入的对象如果有重叠，可以通过“叠放次序”调整显示次序

C. 在幻灯片备注视图中无法绘制自选图形

D. 若选择“标题幻灯片”版式，则不可以向其中插入图像或图片

29. 在 PowerPoint 2010 的幻灯片切换中，不可以设置幻灯片切换的是（　　）。

A. 换片方式　　B. 颜色　　C. 持续时间　　D. 声音

30. 在 PowerPoint 2010 中，进入幻灯片母板的方法是（　　）。

A. 选择“开始”选项卡中的“母板视图”组中的“幻灯片母板”命令按钮

B. 选择“视图”选项卡中的“母板视图”组中的“幻灯片母板”命令按钮

C. 按住 Shift 键同时，在单击“普通视图”按钮

D. 以上说法都不对

31. 在 PowerPoint 2010 中，下列有关幻灯片放映叙述错误的是（　　）。

A. 可自动防御，也可人工放映

B. 放映时可只放映部分幻灯片

C. 可以将动画出现设置为“在上一动画后”

D. 无循环放映选项

32. 在 PowerPoint 2010 中，设置背景是，若使所选择的背景仅适用于当前所选的

幻灯片，应该按（ ）。

A. “全部应用”按钮 B. “关闭”按钮

C. “取消”按钮 D. “重置背景”按钮

33. 在 PowerPoint 2010 中插入的页面和页脚，下列说法正确的是（ ）。

A. 能进行格式化 B. 每一页幻灯片上都必须显示

C. 其中的内容不能是日期 D. 插入的日期和时间可以更新

34. 要使幻灯片中的标题、图片、文字等按用户的要求顺序出现，应进行的设置是（ ）。

A. 设置放映格式 B. 幻灯片切换

C. 幻灯片链接 D. 自定义动画

35. 在 PowerPoint 2010 中，插入组织结构图的方法是（ ）。

A. 插入自选图形

B. 插入来自文件的图形

C. 在“插入”选项卡中的 SmartArt 图形选项中选择“层次机构”图形

D. 以上说法都不对

36. PowerPoint 2010 提供的幻灯片模板（主题），主要是解决幻灯片的（ ）。

A. 文字格式 B. 文字颜色

C. 背景图案 D. 以上全是

37. 在 PowerPoint 2010 中，以下的说法正确的是（ ）。

A. 可以将演示文稿中选定的信息链接到其他演示文稿幻灯片中的任何对象

B. 可以对幻灯片中的对象设置播放动画的时间顺序

C. PowerPoint 演示文稿的缺省扩展名 . POTX

D. 在一个演示文稿中能同时使用不同的设计模板（或主题）

38. 在 PowerPoint 2010 中，下列有关幻灯片背景设置的说法，正确的是（ ）。

A. 不可以为幻灯片设置不同的颜色、图案或者纹理的背景

B. 不可以使用图片作为幻灯片背景

C. 不可以为单张幻灯片进行背景设置

D. 可以同时对当前演示文稿中的所有幻灯片设置背景

39. 在 PowerPoint 2010 的页面设置中，能够设置（ ）。

A. 幻灯片页面的对齐方式 B. 幻灯片的页脚

C. 幻灯片的页眉 D. 幻灯片编号的起始值

40. 在 PowerPoint 2010 中，在（ ）视图中，可以定位到某特定的幻灯片。

A. 备注页视图 B. 浏览视图

C. 放映视图 D. 黑白视图

二、填空题

1. 在 PowerPoint 2010 各种视图中，可以同时浏览多张幻灯片，便于重新排序、添

加、删除等操作的视图是________。

2. 放映当前幻灯片的快捷键是________。
3. 在 PowerPoint 2010 中，插入一张新幻灯片的快捷键是________。
4. 在 PowerPoint 2010 中，能够将文本中字符简体转换为繁体的设置在________选项卡中。
5. 在 PowerPoint 2010 的浏览视图下，选定某幻灯片并拖动，可以完成的操作是________。
6. 在 PowerPoint 2010 中，要设置幻灯片循环放映，应使用的是________选项卡，然后选择“设置幻灯片放映”命令按钮。
7. 在 PowerPoint 2010 中，若需将幻灯片从打印机输出，可以使用下列快捷键________。

项目六　畅游网络世界

项目情境： 为了满足学习需要，小张的爸爸给他买了笔记本电脑和智能手机，但是家里的网络只有一个端口，这些设备不能同时上网，使用起来很不方便。小张通过给家里组建了一个小型无线网络，现在所有设备都可以同时上网，随时可以畅游网络了。

任务一　Internet 基础

📖任务引导

要使用 Internet 服务，首先需要了解因特网的相关知识，掌握 IP 地址、子网掩码、域名、DNS 等网络知识与技能，同时也要处理一些简单的网络故障。

📖任务目标

了解 Internet 相关知识；掌握 TCP/IP 协议、域名、WWW 知识等；学会本地连接的设置方法；了解 Internet 的接入方式。

📖任务实施

一、Internet 概念

Internet 中文正式译名为因特网，又叫做国际互联网。它是由各种网络组成的一个全球信息网，以相互交流信息资源为目的，把成千上万个不同的计算机通过各种通信线路，按照共同的协议，把地理位置不同的网络在物理上连接起来的网络。它是全球性的网络，是大众传媒的一种，具有快捷性、普及性，是现今最流行、最受欢迎的传媒之一。

Internet 的前身是 20 世纪 60 年代末由美国国防部主持研制完成的 ARPAnet。

Internet 主要提供资源共享、数据通信、分布式数据处理等功能，随着网络技术的不断更新，网络除了具有以上的功能外，还能实现远程登录、传送电子邮件、数据交换等。

二、Internet 的相关知识

1. TCP/IP 协议

TCP/IP 协议，传输控制协议，是 Internet 最基本的协议，是国际互联网络的基础，由网络层的 IP 协议和传输层的 TCP 协议组成。TCP/IP 协议定义了电子设备如何连入因特网，以及数据如何在它们之间传输的标准。通俗地讲 TCP 负责发现传输的问题，一有问题就发出信号，要求重新传输，直到所有数据安全正确地传输到目的地，而 IP 是给因特网的每一台电脑规定一个地址。

下面通过实例来查看 IP 地址。

单击“开始”菜单，找到“运行”命令，或者同时按下 win 键和 R，打开如图 6—1 所示“运行”对话框，在文本框中输入“cmd”，按下 Enter 键。

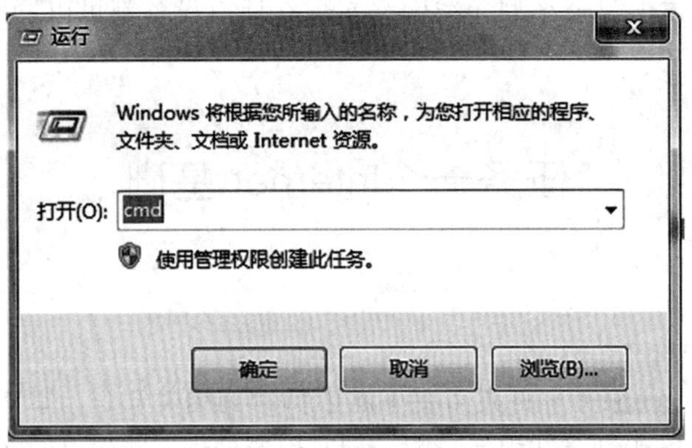

图 6—1 “运行”窗口

进入 DOS 环境，输入“ipconfig”，并回车，结果如下图 6—2 所示，可以看到电脑的 IP 地址为 10.189.9.25，子网掩码为 255.255.255.0，默认网关为 10.189.9.254。

IP 是英文 Internet Protocol 的缩写，意思是“网络之间互连的协议”，Internet 的每台主机（Host）都有一个唯一的 IP 地址。IP 协议就是使用这个地址在主机之间传递信息，这是 Internet 能够运行的基础。在因特网中，它是能使连接到网上的所有计算机网络实现相互通信的一套规则，任何厂家生产的计算机系统，只要遵守 IP 协议就可以与因特网互联互通。

```
管理员: C:\Windows\system32\cmd.exe
   节点类型 . . . . . . . . . . . . : 混合
   IP 路由已启用 . . . . . . . . . . : 否
   WINS 代理已启用 . . . . . . . . . : 否

以太网适配器 本地连接:

   连接特定的 DNS 后缀 . . . . . . . :
   描述. . . . . . . . . . . . . . . : Broadcom NetLink (TM) Gigabit Ethernet
   物理地址. . . . . . . . . . . . . : 00-23-AE-B2-97-77
   DHCP 已启用 . . . . . . . . . . . : 是
   自动配置已启用. . . . . . . . . . : 是
   本地链接 IPv6 地址. . . . . . . . : fe80::e9b3:b81c:bab5:d289%11(首选)
   IPv4 地址 . . . . . . . . . . . . : 10.189.9.25(首选)
   子网掩码  . . . . . . . . . . . . : 255.255.255.0
   获得租约的时间  . . . . . . . . . : 2016年4月5日 10:38:41
   租约过期的时间  . . . . . . . . . : 2016年4月18日 10:39:16
   默认网关. . . . . . . . . . . . . : 10.189.9.254
   DHCP 服务器 . . . . . . . . . . . : 10.189.0.14
   DHCPv6 IAID . . . . . . . . . . . : 234890158
   DHCPv6 客户端 DUID  . . . . . . . : 00-01-00-01-1C-86-BD-60-00-23-AE-B2-97-77

   DNS 服务器  . . . . . . . . . . . : 10.189.0.14
   TCPIP 上的 NetBIOS  . . . . . . . : 已启用

C:\Users\Administrator>
```

图 6—2　Ipconfig 命令执行结果

IP 地址（Internet Protocol Address）是在 Internet 上的给主机编址的方式，用于在 TCP/IP 协议中标记每台计算机的地址，通常使用点式十进制来表示，如 192.168.1.1；一个 32 位 IP 地址由 1 个 8 位域组成。

IP 地址编址方案：IP 地址空间划分为 A、B、C、D、E 五类，其中 A、B、C 是基本类，D、E 类作为多播和保留使用。

常见的 IP 地址，分为 IPv4 与 IPv6 两大类。IPV4 由 32 位二进制数，分成 4 段，每一段最大不超过 255。由于互联网的蓬勃发展，IP 位址的需求量愈来愈大，使得 IP 位址的发放愈趋严格，地址空间的不足必将妨碍互联网的进一步发展。为了扩大地址空间，拟通过 IPv6 重新定义地址空间，IPv6 采用 128 位地址长度，可以一劳永逸地解决了地址短缺问题。

子网掩码是与 IP 地址结合使用的一种技术，它主要用来确定 IP 地址中的网络号和主机号，同时将一个大的 IP 地址网络划分为若干小的子网络。子网掩码也是由 4 个字节 32 位表示，如常见 C 类默认子网掩码 255.255.255.0。

2. 域名

由于 IP 地址是数字型的，难以记忆，也难以理解，因此 Internet 采用另一套字符型的地址方案，即域名地址。用一定意思的字符串来标识主机地址，IP 与域名地址两者相互对应，而且保持全网统一。如“百度网”的域名是 www.baidu.com，但其 IP 地址 115.239.210.27。

第一级域名往往表示主机所属的国家、地区或网络性质的代码，如中国（cn）、商业组织（com）、美国（us）等，第二、三级是子域。常见的一级域名如表 6—1 所示。

表 6—1　　　　常见一级域名与含义

域名	含义	域名	含义
Com	商业组织	net	网络技术组织
Edu	教育机构	org	非盈利性组织
Int	国际性组织	cn	中国
Mil	军队	hk	香港
Gov	政府部门	us	美国

DNS（Domain Name System）称为域名系统，它是一个分层的名字管理查询系统，主 DNS 是域名系统（Domain Name System）的缩写，是因特网的一项核心服务，要提供 Internet 上主机 IP 地址和主机域名相互对应关系的服务，能够使人更方便的互联网，而不用去记住能够被机器直接读取的 IP 数串。

3. WWW

WWW（World Wide Web）是一种集文本、声音、图像和影像为一体的超媒体系统，是一种新的媒体，简称 Web，也称为万维网，采用客户机/服务器工作方式。表现为多种形式，即超文本（hypertext）、超媒体（hypermedia）、超文本传输协议（HTTP）等。

超文本（hypertext）：超文本是一种用户接口范式，用以显示文本及与文本相关的内容。现时超文本普遍以电子文档的方式存在，其中的文字包含有可以链接到其他字段或者文档的超文本链接，允许从当前阅读位置直接切换到超文本链接所指向的文字。

超媒体（hypermedia）：超媒体是超文本（hypertext）和多媒体在信息浏览环境下的结合。它是超级媒体的简称。用户不仅能从一个文本跳到另一个文本，而且可以激活一段声音，显示一个图形，甚至可以播放一段动画。Internet 采用超文本和超媒体的信息组织方式，将信息的链接扩展到整个 Internet 上。Web 就是一种超文本信息系统，Web 的一个主要的概念就是超文本链接，它使得文本不再像一本书一样是固定的线性的，而是可以从一个位置跳到另外一个的位置。

超文本传输协议（HTTP）：HTTP 协议（超文本传输协议）是因特网上应用最为广泛的一种网络传输协议，所有的 WWW 文件都必须遵守这个标准，是 WWW 的核心。

统一资源定位器（URL）：HTML 的超链接使用统一资源定位器 URL（Uniform Resource Locators）来定位信息资源所在位置。URL 描述了浏览器检索资源所用的协议、资源所在计算机的主机名，以及资源的路径与文件名。Web 中的每一页，以及每页中的每个元素（如图形、热字或是帧等）也都有自己唯一的地址。标准的 URL 如图 6—3 所示。

http://www.icbc.com.cn/index.asp

图 6—3　标准域名

表明用户要连接到名为 www. icbc. com. cn 的主机上，采用 http 方式读取名为 index. asp 的超文本文件。

4. 本地连接设置

如果采用局域网上网方式，必须设置本地连接相关属性，主要有 IP 地址、子网掩码等，步骤如下：

（1）打开“控制面板”，找到“网络和共享中心”，打开“网络和共享中心”，如图 6—4 所示。

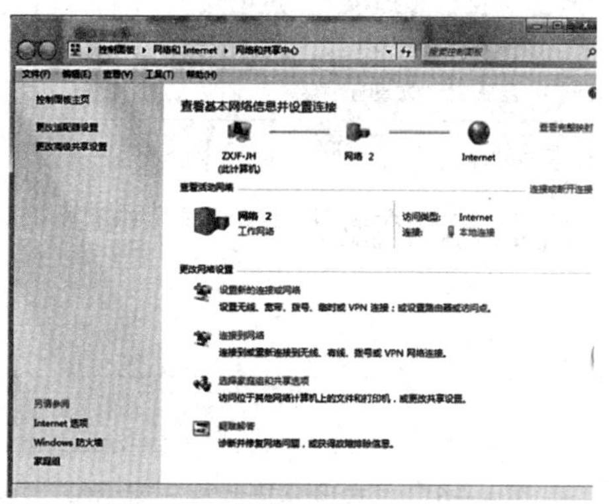

图 6—4　网络与共享中心

（2）打开“更改适配器设置”，如图 6—5 所示，在弹出的所有连接中找到“本地连接”，右击选择“属性”。

图 6—5　本地连接

（3）在弹出的“本地连接属性”窗口中“Internet 协议版本 4（Tcp/IPv4）”，如图 6—6 所示；按照要求设置好：IP 地址、子网掩码、默认网关、DNS 服务器等相关数据，如图 6—7 所示。

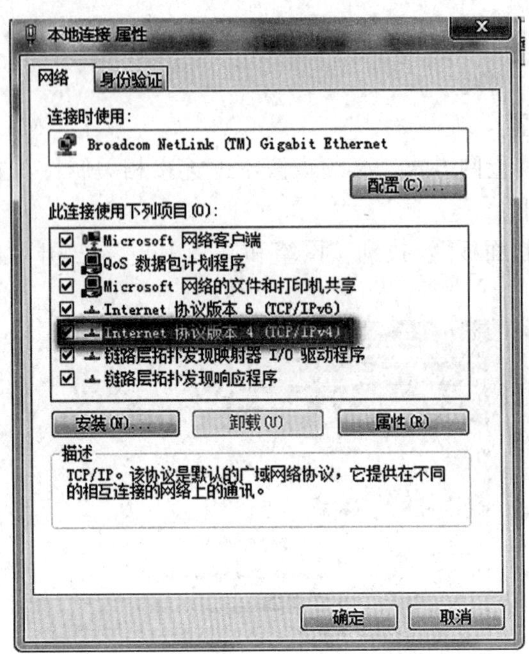

图 6—6　“本地连接属性”对话框

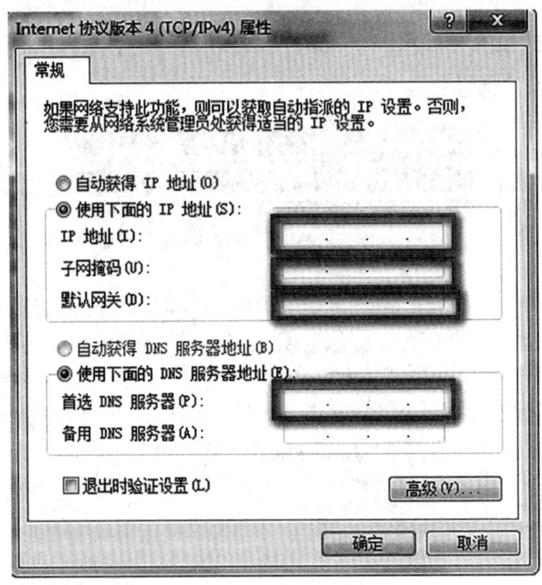

图 6—7　“TCP/IP 属性”对话框

【技能操作】查看本机与邻桌的 IP 地址，比较相同与不同之处。

三、Internet 的接入方式

接入网络的方式主要有拨号上网、ISDN、ADSL 和局域网接入等几种方式。

1. ADSL 拨号上网

采用电话拨号上网方式，最高速率为 56kbps，只要家里有电脑，把电话线接入 Modem 就可以直接上网，随着宽带上网的普及，这种接入方式已逐渐被淘汰。

2. ISDN 拨号

俗称“一线通”，就像普通拨号上网要使用 Modem 一样，用户使用 ISDN 也需要专用的终端设备，主要由网络终端 NT1 和 ISDN 适配器组成，比拨号上网速度快。

3. DDN 专线

利用光纤、数字微波、卫星信道，用户端多使用普通电缆和双绞线，提供了高速度、高质量的通信环境，可以向用户提供点对点、点对多点透明传输的数据专线出租电路，为用户传输数据、图像、声音等信息，DDN 主要面向集团公司等需要综合运用的单位，不适合社区住户的接入。

4. ADSL 宽带入网

ADSL（Asymmetrical Digital Subscriber Line，非对称数字用户环路）是一种能够通过普通电话线提供宽带数据业务的技术，也是目前使用最广泛的接入技术。

ADSL 支持上行速率 640kbps－1Mbps，下行速率 1Mbps－8Mbps，其有效的传输距离在 3－5 公里范围以内。在 ADSL 接入方案中，每个用户都有单独的一条线路与 ADSL 局端相连，它的结构可以看作是星形结构，数据传输带宽是由每一个用户独享的。

5. 局域网接入

LAN 方式接入是利用以太网技术，采用光缆＋双绞线的方式对社区进行综合布线，从社区机房敷设光缆至住户单元楼，楼内布线采用五类双绞线敷设至用户家里，用户家里的电脑就可以实现上网。社区机房的出口是通过光缆或其他介质接入城域网。采用 LAN 方式接入可以充分利用小区局域网的资源优势，为居民提供 10M 以上的共享带宽，这比现在拨号上网速度快的多。

接入方式还有宽带无线局域网络（WLAN）、蓝牙技术接入、无线 ATM 等无线接入技术，现在使用也越来越普遍。

🕮任务实训

1. 理解 IP 地址和域名之间的关系，完成下列任务：

（1）查看本机的 IP 地址；

（2）查看本机的网关和域名；

（3）网络聊天时获取对方的 IP 地址。

2. 上网时有时会发现输入的网址却无法浏览网页，但却能正常使用 QQ，请你上网搜索此类问题的原因及解决方法。

3. 请解释 www. sina. com. cn 这个域名的含义?

4. 调查一下你家里采用什么接入方式?

任务二　组建家庭无线网络

🕮任务引领

学了网络基础知识，现在就可以进行组建一个小型家庭无线网络。

🕮任务目标

了解组建网络的实施步骤，组建一个小型家庭无线网络需要的硬件设备，初步学会家用无线路由器的设置，学会无线网络安全设置。

🕮任务实施

一、家庭网络规划

（1）硬件设备：网卡/无线网卡、无线路由器、网线。

（2）绘制网络规划图。目前一般家庭有台式机、笔记本、平板电脑和智能手机等，绘制一个网络规划图，如图 6—8 所示。

二、无线路由器设置

无线路由器目前已被广泛使用，没有网线的束缚，可以自由上网。下面以 TP—link 无线路由器为例，设置无线上网的操作。

1. 硬件连接

（1）用网线将计算机直接连接到路由器 LAN 口，也可以将路由器的 LAN 口和局域网中的集线器或交换机通过网线相连，如图 6—8（②）所示。

（2）用网线将路由器 WAN 口和 xDSL/Cable Modem 或以太网相连，如图 6—8（①）所示。

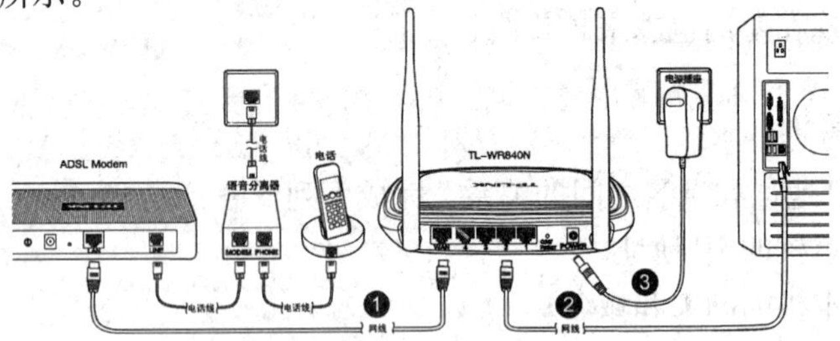

图 6—8　网络规划图

（3）连接好电源，路由器将自行启动。

2. 建立正确的网络连接

（1）计算机 IP 地址的设置。

打开“控制面板”，找到“网络和共享中心”，打开“网络和共享中心”，打开“更改适配器设置”，在打开的“网络连接”页面中，右键点击“本地连接”，选择属性，在打开的“本地连接属性”页面，选中“Internet 协议（TCP/IP）”点击属性，在“Internet 协议（TCP/IP）属性”页面，选中“自动获取 IP 地址”后点击确定即可。

（2）使用 Ping 命令测试与路由器的连通。

在 Windows 7 环境中，点击开始—运行，在随后出现的运行窗口输入“cmd”命令，回车或点击确定进入如图 6—9 所示界面。

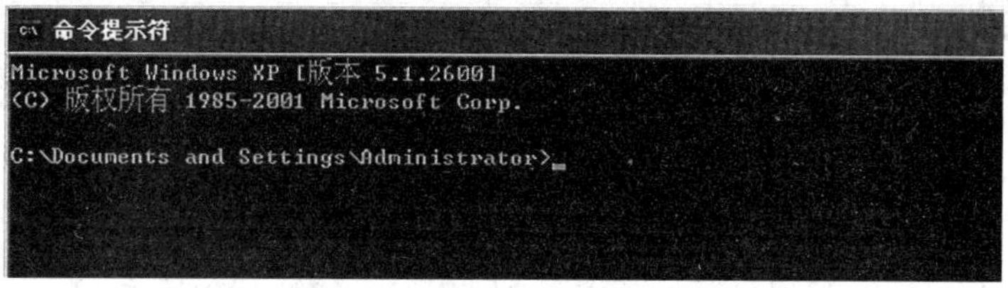

```
命令提示符
Microsoft Windows XP [版本 5.1.2600]
(C) 版权所有 1985-2001 Microsoft Corp.

C:\Documents and Settings\Administrator>_
```

图 6—9　测试网络

输入命令：Ping 192.168.1.1，回车。

如果屏幕显示为如图 6—10 所示的结果，说明计算机已与路由器成功建立连接。

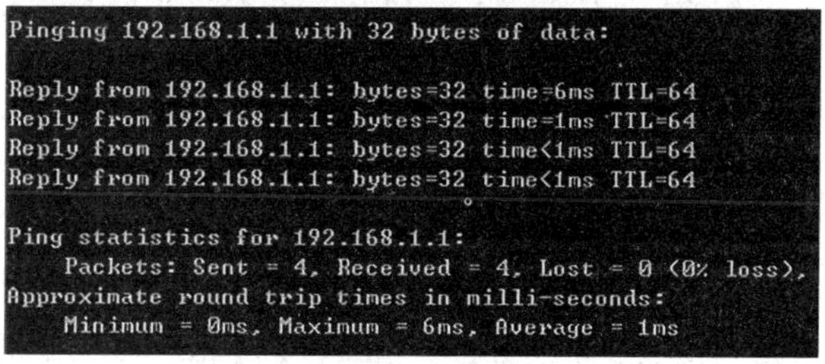

```
Pinging 192.168.1.1 with 32 bytes of data:

Reply from 192.168.1.1: bytes=32 time=6ms TTL=64
Reply from 192.168.1.1: bytes=32 time=1ms TTL=64
Reply from 192.168.1.1: bytes=32 time<1ms TTL=64
Reply from 192.168.1.1: bytes=32 time<1ms TTL=64

Ping statistics for 192.168.1.1:
    Packets: Sent = 4, Received = 4, Lost = 0 (0% loss),
Approximate round trip times in milli-seconds:
    Minimum = 0ms, Maximum = 6ms, Average = 1ms
```

图 6—10　测试结果

如果屏幕显示为如图 6—11 所示的结果，说明设备还未安装好，请按照下列顺序检查：

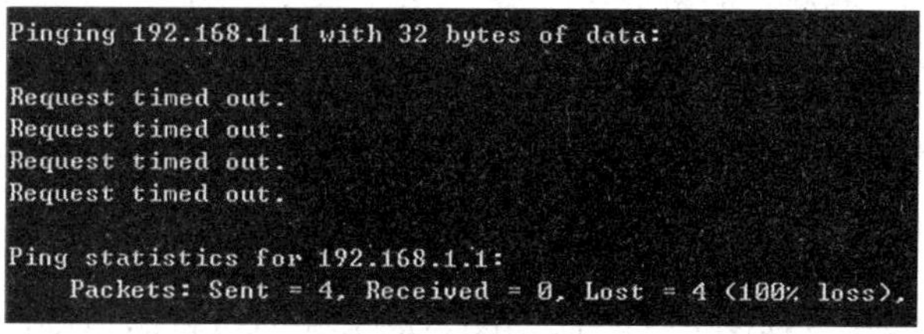

```
Pinging 192.168.1.1 with 32 bytes of data:

Request timed out.
Request timed out.
Request timed out.
Request timed out.

Ping statistics for 192.168.1.1:
    Packets: Sent = 4, Received = 0, Lost = 4 (100% loss),
```

图 6—11　测试结果

1）硬件连接是否正确？

路由器面板上对应局域网端口的 Link/Act 指示灯和计算机上的网卡指示灯必须亮。

2）计算机的 TCP/IP 设置是否正确？

若计算机的 IP 地址为前面介绍的自动获取方式，则无须进行设置。若手动设置 IP，请注意如果路由器的 IP 地址为 192.168.1.1，那么计算机 IP 地址必须为 192.168.1.X（X 是 2 到 254 之间的任意整数），子网掩码须设置为 255.255.255.0，默认网关须设置为 192.168.1.1。

3. 无线路由器的快速设置

打开网页浏览器，在浏览器的地址栏中输入路由器的 IP 地址：192.168.1.1，将会看到如图 6—12 所示登录界面，输入用户名和密码（用户名和密码的出厂默认值均为 admin），点击确定按钮。

图 6—12 登录界面

浏览器会弹出如下图所示的设置向导页面。如果没有自动弹出此页面，可以点击页面左侧的设置向导菜单将它激活，如图 6—13 所示。

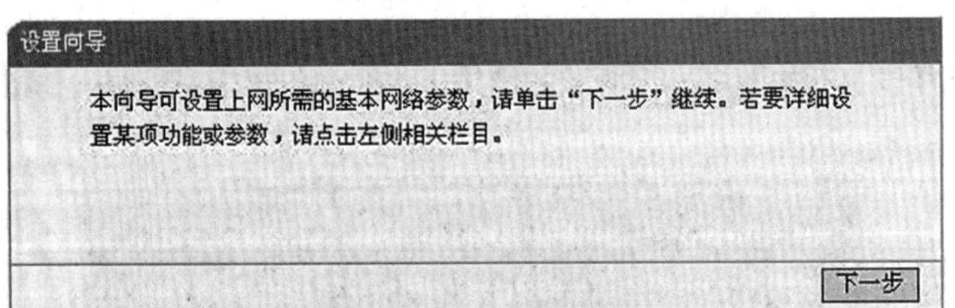

图 6—13 设置向导

点击下一步，进入如图 6—14 所示的上网方式选择页面，这里根据我们的上网方式进行选择，一般家庭宽带用户是 PPPoE 拨号用户。这里我们选择第一项让路由器自动选择，如图 6—15 所示。

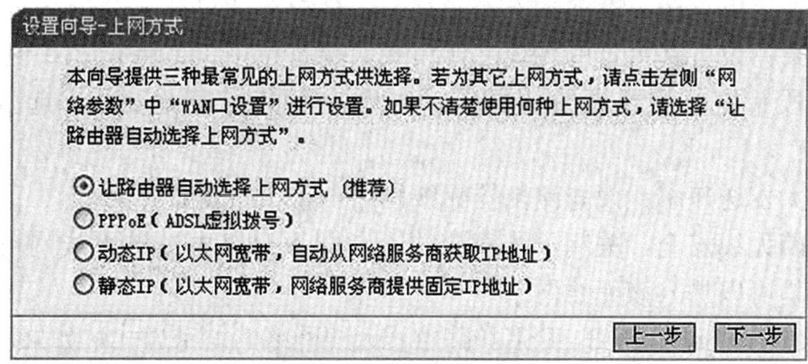

图 6—14　设置上网方法

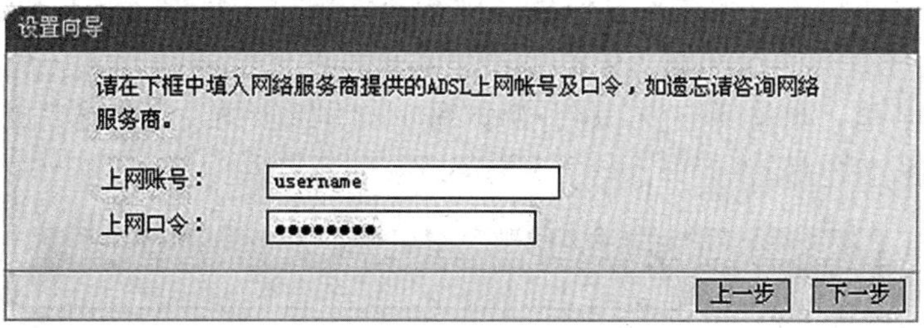

设置向导

请在下框中填入网络服务商提供的ADSL上网帐号及口令，如遗忘请咨询网络服务商。

上网账号：username

上网口令：●●●●●●●●●

上一步　下一步

图 6—15　宽带账号

设置完成后，点击下一步，将看到如 6—16 所示的基本无线网络参数设置页面。

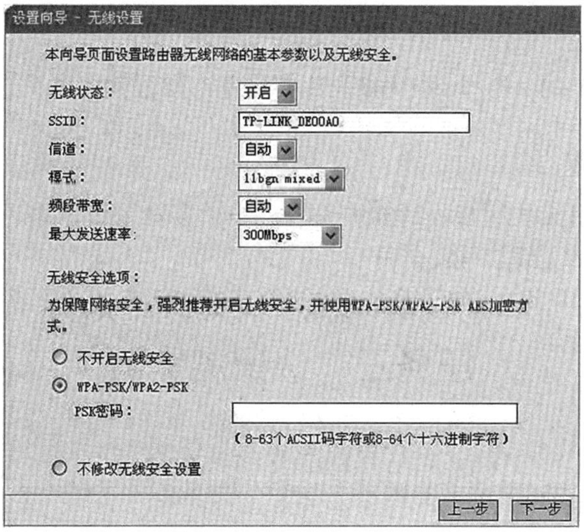

设置向导 - 无线设置

本向导页面设置路由器无线网络的基本参数以及无线安全。

无线状态：开启

SSID：TP-LINK_DE00A0

信道：自动

模式：11bgn mixed

频段带宽：自动

最大发送速率：300Mbps

无线安全选项：

为保障网络安全，强烈推荐开启无线安全，并使用WPA-PSK/WPA2-PSK AES加密方式。

不开启无线安全

WPA-PSK/WPA2-PSK

PSK密码：

（8-63个ACSII码字符或8-64个十六进制字符）

不修改无线安全设置

上一步　下一步

图 6—16　无线参数设置

（1）无线状态：开启或者关闭路由器的无线功能。

（2）SSID：设置任意一个字符串来标识无线网络。

（3）信道：设置路由器的无线信号频段，推荐选择自动。

（4）模式：设置路由器的无线工作模式，推荐使用 11bgn mixed 模式。

（5）频段带宽：设置无线数据传输时所占用的信道宽度，可选项有：20M、40M 和自动。

（6）最大发送速率：设置路由器无线网络的最大发送速率。

（7）关闭无线安全：关闭无线安全功能，即不对路由器的无线网络进行加密，此时其他人均可以加入该无线网络。

（8）WPA-PSK/WPA2-PSK：路由器无线网络的加密方式，如果选择了该项，请在 PSK 密码中输入密码，密码要求为 8-63 个 ASCII 字符或 8-64 个 16 进制字符。

（9）不修改无线安全设置：选择该项，则无线安全选项中将保持上次设置的参数。如果从未更改过无线安全设置，则选择该项后，将保持出厂默认设置关闭无线安全。

设置完成后，单击下一步，将弹出如图 6—17 所示的设置向导完成界面，单击重启使无线设置生效。

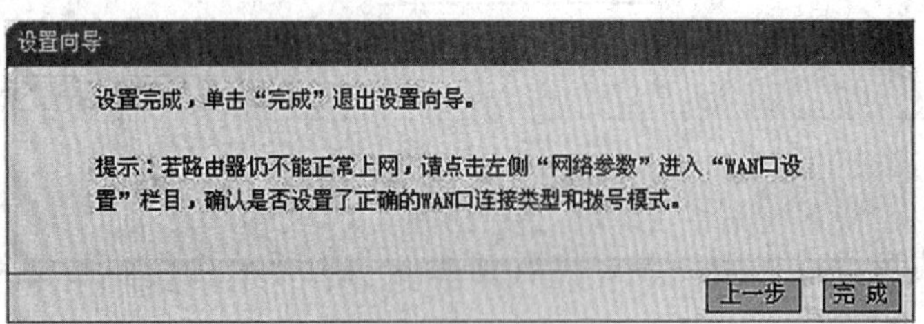

图 6—17　向导完成

重启以后我们的 TP-Link 无线路由器的基本设置就完成了。

📖任务实训

如果家里没有无线网络，请你试着组建一个家庭无线网络。如果家里已有无线网络，看看你的无线信号安全吗？

任务三　认识浏览器

📖任务引导

将电脑接入网络后，网上冲浪还需要浏览器，应用浏览器可以浏览网页、下载、保存图片和网页等。

📖任务目标

了解 IE 浏览器的界面、工具菜单等；熟悉 IE 浏览器设置；掌握使用 IE 浏览器 网页；掌握使用 IE 浏览器下载网络资源。

📖任务实施

一、IE 浏览器

1. 启动 IE 浏览器

在 Windows 桌面上双击 Internet Explorer 快捷图标。或者在任务栏的“快速启动栏”上单击“Internet Explorer”，可以启动 Internet Explorer，并自动打开默认主页的窗口。

在“我的电脑”→“资源管理器”窗口“地址”栏中输入网址并回车也可启动 Internet Explorer 打开网页。

如输入 http：//www. hao123. com 后，按 Enter 键，即可进入 haol23 首页，如图 6—18 所示。

图 6—18　在“我的电脑”窗口输入网址

2. 浏览和下载信息

启动 IE 浏览器后，可以在地址栏直接输入要访问的地址来浏览资源。浏览 Internet 资源的方法很多，下面再介绍几种方法及技巧。

（1）使用“地址栏”中的输入地址自动完成功能。

如果曾经在“地址”栏中输入某个网站地址，那么再次输入它的前一个或几个字符时，浏览器就会自动在“地址”栏的下面显示几个下拉列表，其中显示曾输入过的前面部分相同的所有网站地址，如图 6—19 所示。

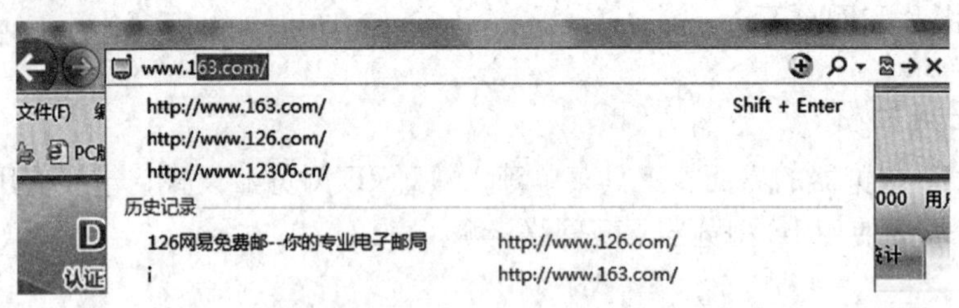

图 6—19　地址栏下拉列表

（2）使用“地址”栏的历史记录功能。

“地址”栏是一个文本输入框，也是一个下拉列表框，单击“地址”栏右侧的三角按钮，在弹出的下拉列表中保存着 Internet Explorer 浏览器记录的曾输入过的网站网址，单击列表中的地址即可进入相应网页。

（3）使用导航按钮浏览。

Windows 7 中默认的为 Internet Explorer 11，相比较以前的版本有较大的变化，浏览器的工具栏上最左侧的几个按钮是导航按钮，如图 6—20 所示。

图 6—20　浏览器导航条

下面简单讲述一下导航按钮的功能。

“后退”按钮：刚打开浏览器时，这个按钮呈灰色不可用状态。当访问了不同网页或使用了网页上的超链接后，按钮呈黑色可用状态，记录了曾经访问过的网页。单击此按钮可以返回到上一个网页。

“前进”按钮：同样，刚打开浏览器时，这个按钮呈灰色不可用状态。当使用了后退功能后，按钮呈黑色可用状态。单击此按钮，可返回到单击“后退”按钮前的网页。

“刷新”按钮如果仍想浏览停止载入的网页，单击此按钮，可以重新进入这个网页。另一个用途是有的网页内容更新很快，那么单击此按钮可以及时阅读新信息。

“主页”按钮：在 Internet Explorer 浏览器中，主页是指每次打开浏览器时所看到的起始页面，主页可以自行设置，在浏览过程中，单击此按钮可返回该页面。

“探索”按钮：可以在键入的历史记录中找到以前输入过的内容，便于二次输入网址。

（4）利用网页中的超链接浏览。

超链接就是存在于网页中的一段文字或图像，通过单击这一段文字或图像，可以跳转到其他网页或网页中的另一个位置。超链接广泛地应用在网页中，提供了方便、快捷的访问手段。

光标停留在有超链接功能的文字或图像上时，会变为小手形状，单击就可进入链接目标。

（5）下载和保存信息。

打开网页后，如果用户希望保存网页中的某些信息，可以直接在浏览器中保存，如要保存网中的图片，右击该图片，在弹出的菜单中选择“图片另存为”命令，然后保存路径，如图 6— 21 所示。

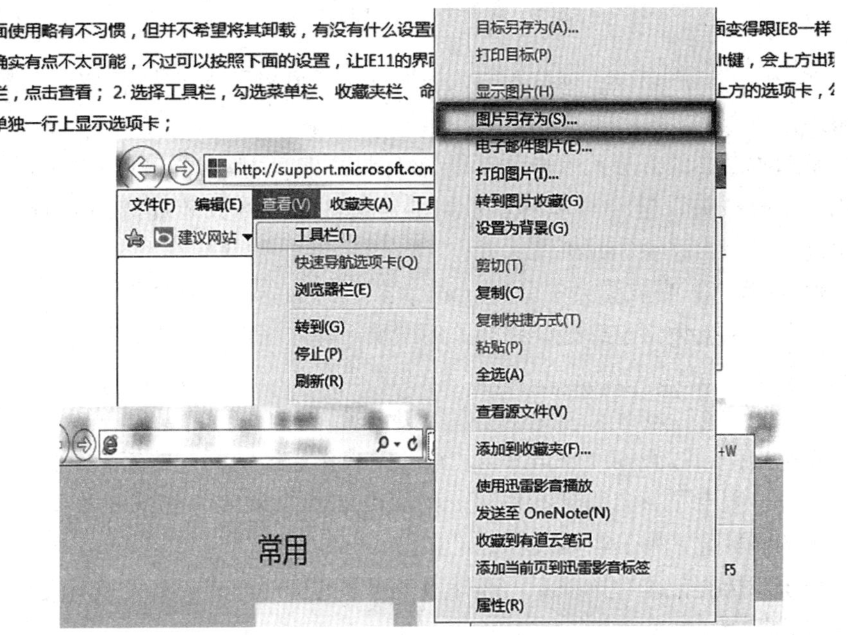

图 6—21　保存图片

如果要从网上下载程序或文件，可以在相关页面中单击链接进入下载页面，选择路径保存。

3. 收藏网页

浏览网页时，遇到有收藏需要的网页可以把它放到“收藏夹”，以后再打开该网页时，只需要单击“收藏夹”中的链接即可。添加网页“收藏夹”的具体操作步骤如下：

（1）打开要收藏的网页，然后单击“收藏夹/添加到收藏夹”命令，弹出“添加收藏”对话框。

（2）选择一个收藏网页的文件夹或是建一个新文件夹，若要新建，如图 6—22 所示单击“新建文件夹”按钮，在弹出的“新建文件夹”对话框输入新文件夹名称，然后单击“确定”即可创建该文件夹。

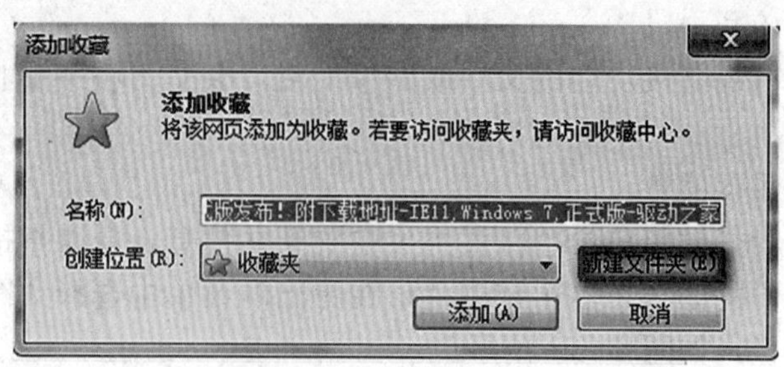

图 6—22　管理收藏夹

在 Internet Explorer 浏览器中，如果收藏了很多网页，就需要对“收藏夹”进行整理。

整理收藏夹的方法：单击“收藏/整理收藏夹”，弹出“整理收藏夹”对话框，可以对“收藏夹”进行多项管理，如创建文件夹、网页地址链接的删除和更名、网页地址链接的移动和脱机使用等。

【技能操作】在收藏夹中分别创建“学习”“游戏”“法律”“下载”等三个文件夹，并在网上搜索与这些类别相关的网址，将这些地址收藏到相应类别中。

4. 使用历史记录

在 Internet Explorer 浏览器中，历史记录记载了用户在最近一段时间内浏览过的网页标题。通过查询历史记录，可以快速找到曾经访问过的信息，步骤如下：

选择“查看”→“浏览器栏”→“历史记录”菜单命令，或者直接单击菜单栏右侧的☆标记，弹出收藏夹窗格，如图 6—23 所示。

单击“历史记录”选项卡，选择历史记录的排序方式，如“按日期”，方便按时间查找记录。

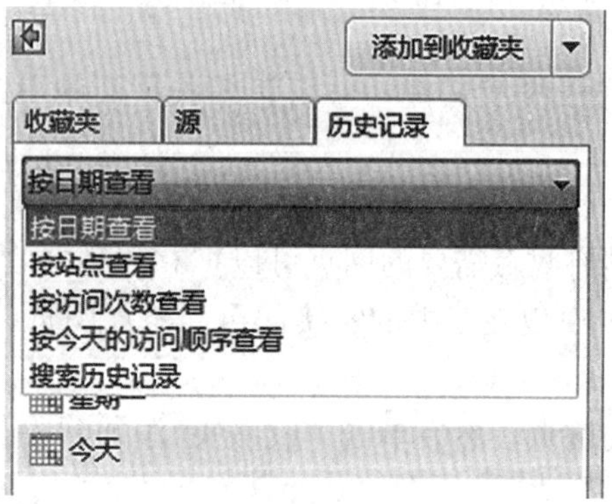

图 6—23　收藏夹内的历史记录

二、IE 浏览器设置

在启动 Internet Explorer 的同时，系统打开默认主页。主页就是打开浏览器时所看到的第一个页面。在默认设置下打开的主页是“微软（中国）首页”。为了使浏览更加快捷、方便，可以将访问频繁的站点设置为主页。

单击“工具”→“Internet 选项”命令，打开所示的“Internet 选项”对话框，如图 6—24 所示。

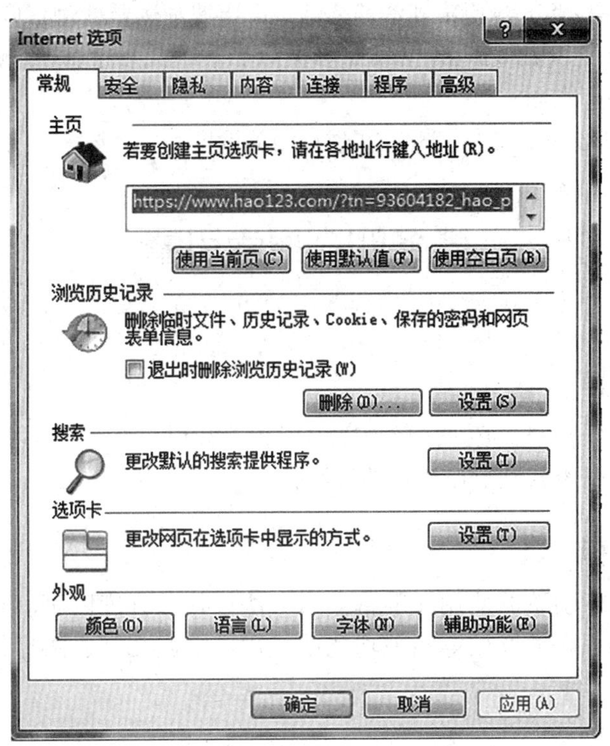

图 6—24　“Internet 选项”对话框

在“主页”选项组中设置作为主页的网页，如图 6—24 所示，设置方法有以下几种：

(1) 单击“使用当前页”按钮，可以将当前访问的主页设置为主页。如图 6—24所示，已将“hao123”设置为主页。

(2) 如果知道一个 Web 站点主页的详细地址，可以在“地址”文本框中直接输入要设置为默认主页的 URL 地址，例如：http：//www. baidu. com。

(3) 若要将主页还原为默认的“微软（中国）首页”，则可以单击“使用默认页”按钮。

清除历史记录的具体操作步骤如下：

(1) 打开“Internet 选项”对话框，默认为“常规”选项卡。

(2) 在“常规”选项，单击“删除”按钮，打开“删除历史记录”对话框。

(3) 单击“确定”按钮。

📖任务实训

1. 要浏览某网站，但又不知道它的完整地址或域名，怎么办?

2. 把主页设置为 www. sina. com. cn，并设置成随时删除使用痕迹。

3. 在网上查找并下载搜狗浏览器软件，应用搜狗浏览器浏览网页。

4. 在前程无忧网站（http：//www. 51job. com/）上注册一个账号，填写个人简历，尝试在网上求职。

5. 下载并安装 360 安全卫士，并进行相关设置。

任务四　搜索引擎

📖任务引导

学会使用搜索引擎，必须了解搜索引擎相关知识，熟悉搜索引擎的使用规则，才可以利用搜索引擎找到自己满意的答案。

📖任务目标

掌握百度搜索引擎的使用和准备搜索方法；熟悉百度网页、百度图片、百度知道、百度地图、百度音乐等相关功能的应用；掌握文字、图片、音乐等内容的下载方法。

📖任务实施

一、搜索引擎相关知识

1. 搜索引擎

搜索引擎（Search Engine）是指根据一定的策略、运用特定的计算机程序从互联网上搜集信息，在对信息进行组织和处理后，为用户提供检索服务，将用户检索相关的信息展示给用户的系统。搜索引擎包括全文索引、目录索引、元搜索引擎、垂直搜索引擎、集合式搜索引擎、门户搜索引擎与免费链接列表等。

2. 中文搜索引擎

当前主要的中文搜索引擎有，谷歌搜索（http：//www. google. cn)，百度搜索(http：//www. baidu. com)，以及雅虎中国（http：//www. yahoo. cn)，易搜（http：//yesou. com)，有道（http：//www. youdao. com)，SOSO（http：//www. soso. com)，爱问(http：//iask. com)，搜狗（http：//www. sogou. com)，盘古搜（http：//www. panguso. com)，等等。

二、百度搜索引擎使用

1. 百度搜索引擎

百度搜索引擎主要由文本框、搜索按钮和功能选项卡组成，如图 6—25 所示。

图 6—25　百度搜索引擎首页

(1) 文本框：在搜索时，输入与搜索相关的文字。

(2) 搜索按钮："百度一下"按钮就是搜索文字后，用鼠标单击该按钮，就可以开始搜索了。

(3) 功能选项卡：在百度图标的右上方有带下划线的黑色文字，代表不同的搜索类别。进入到搜索界面后，文本框的下方会显示常用的搜索引擎功能，如图 6—26 所示。如果单击最后的"更多»"选项就会弹出百度的所有功能。

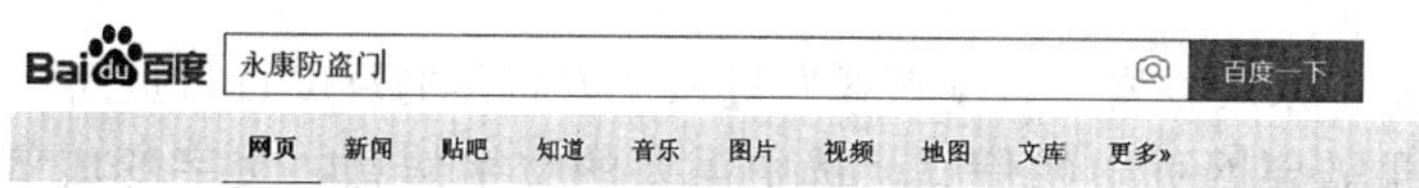

图 6—26　百度网页搜索页面

(4) 搜索技巧。

1) 用"+"或空格添加更多的关键字进行准确搜索。

搜索时，在关键字的中间添加一个"+"或空格，就表示输入的两个关键字间的关系是"和"的关系。

例如，"永康+防盗门"或"永康　防盗门"，如图 6—27 所示。

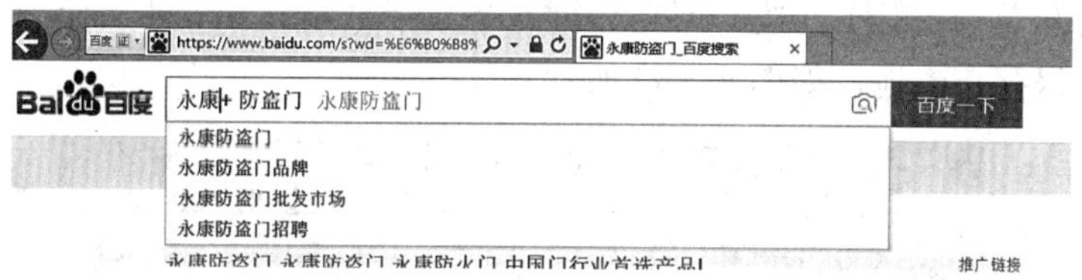

图 6—27　加号的使用

2) 用"－"去掉多余的搜索结果。

当要搜索的范围很广泛时，搜索结果就会非常繁杂，可以使用"－"语法来提高搜索效率，与加号相反，减号的作用是减去其中的某个部分。

例如，“唐朝诗歌-静夜思”，就是搜索除了静夜思之外的所有唐朝诗歌。

2. 百度网页搜索

（1）在百度网站的文本框中输入“永康方岩”，按回车键（或单击右侧“百度一下”按钮），即可得到符合查询要求的有关网页信息，如图 6—28 所示。

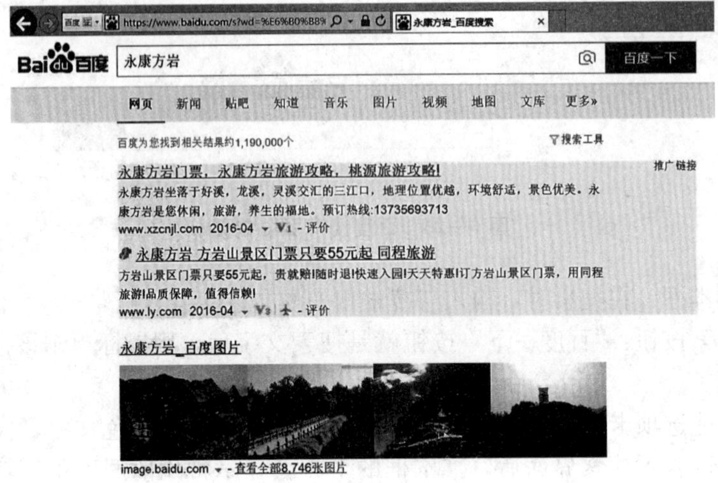

图 6—28 搜索“永康方岩”信息结果

（2）单击“永康方岩_百度百科”进入“方岩”的百度百科页面。

（3）如果需要网页中的信息，选中需要的文字信息，文字变成蓝底白字后，按 Ctrl+C 键复制文字内容，如图 6—29 所示。

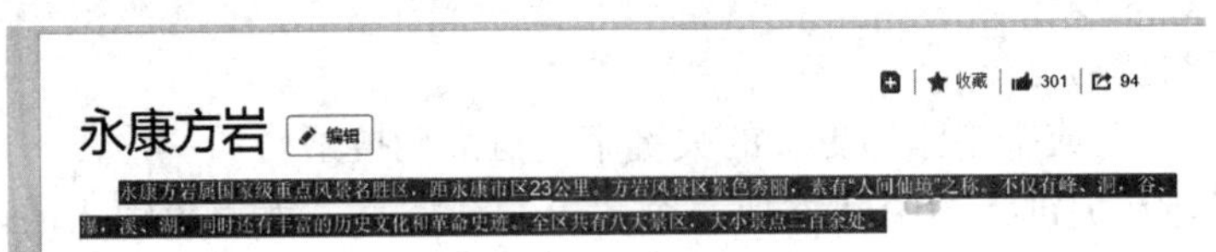

图 6—29 复制“方岩”信息

（4）打开 Word 程序，按 Ctrl+V 键，将文字粘贴到 Word 文档中，可进行编辑并将文字保存在本地，如图 6—30 所示。

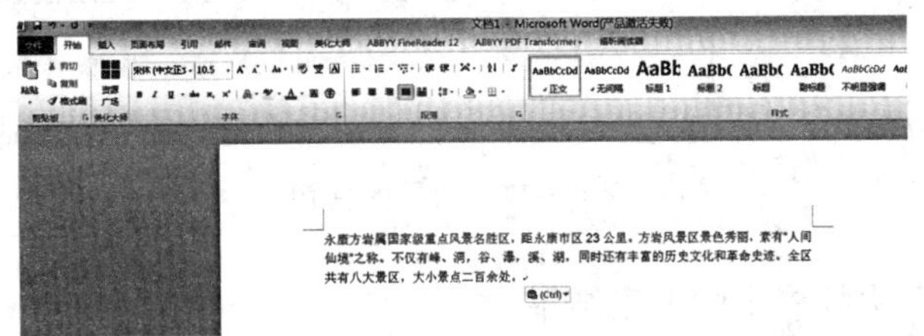

图 6—30 粘贴“方岩”信息到 Word 文档编辑

3. 百度图片搜索

搜索引擎还可以搜索图片。输入关键词，可以搜索到相关的图片资料。

（1）单击“图片”搜索选项，切换到“百度图片”搜索界面，在搜索框中输入“永康方岩”按回车键即可，如图 6—31 所示。

图 6—31 搜索“方岩”图片结果

（2）在搜索结果页面中，单击图片进入图片浏览模式。

（3）在图片上单击右键，在弹出的快捷菜单中选择“图片另存为”命令，可将图片保存在本地电脑中。

4. 百度知道搜索

百度知道是一个基于搜索的互动式知识问答分享平台，由用户提出问题，通过积分奖励式发动其他网友解决问题的一种搜索模式。

（1）单击“知道”搜索选项，进入“百度知道”页面。

（2）在百度知道的文本框中输入如“永康方岩主要景点”，单击“搜索答案”按钮。

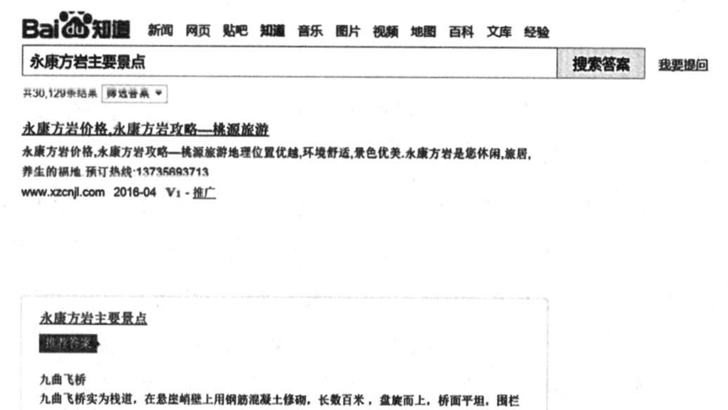

图 6—32 搜索“永康方岩主要景点”百度知道的结果

(3) 显示出涉及该问题的多个网页超链接，如图 6—32 所示。单击需要的超链接，在打开的网页中即可查看问题的具体答案。

(4) 如果搜索的答案中没有自己满意的，还可以去提问，让其他人来帮忙回答。

5. 百度地图查看

百度地图是百度提供的一项网络地图搜索服务，覆盖范围广，功能齐全，不仅可以查询具体的地理位置，还可以查询公交换乘、驾车导航路线，并提供完备的地图功能。

(1) 单击“地图”搜索选项，进入“百度地图”页面。

(2) 选择“驾车”选项，在百度地图的文本框中分别输入“永康市”和“方岩”，单击“百度一下”即可查看相关的行车路线，包括“推荐路线”“最短路程”“不走高速”三种驾车路线，如图 6—33 所示。

图 6—33 “永康”到“方岩”的驾车推荐路线

6. 百度音乐搜索

百度的音乐搜索为用户提供了多种方式的音乐服务，其中包含了音乐搜索、下载、在线听歌、百度随心听等服务。

(1) 单击“音乐”搜索选项，进入“百度音乐”页面。在百度音乐的文本框中输入“张国荣”，单击“百度一下”按钮，即可得到符合查询要求的音乐，该页面除显示出歌曲名外，还会显示演唱者和所属专辑，如图 6—34 所示。

(2) 若单击歌曲后的“播放”按钮，可在线播放歌曲；若单击“添加”按钮，可将此歌曲添加到播放列表；若单击“下载”按钮，可下载此歌曲。

(3) 单击歌曲名称，可进入该首歌曲的页面，还可以将歌曲通过不同方式下载到各类终端，同时可以查看该歌曲的 MV 和歌词，如图 6—35 所示。

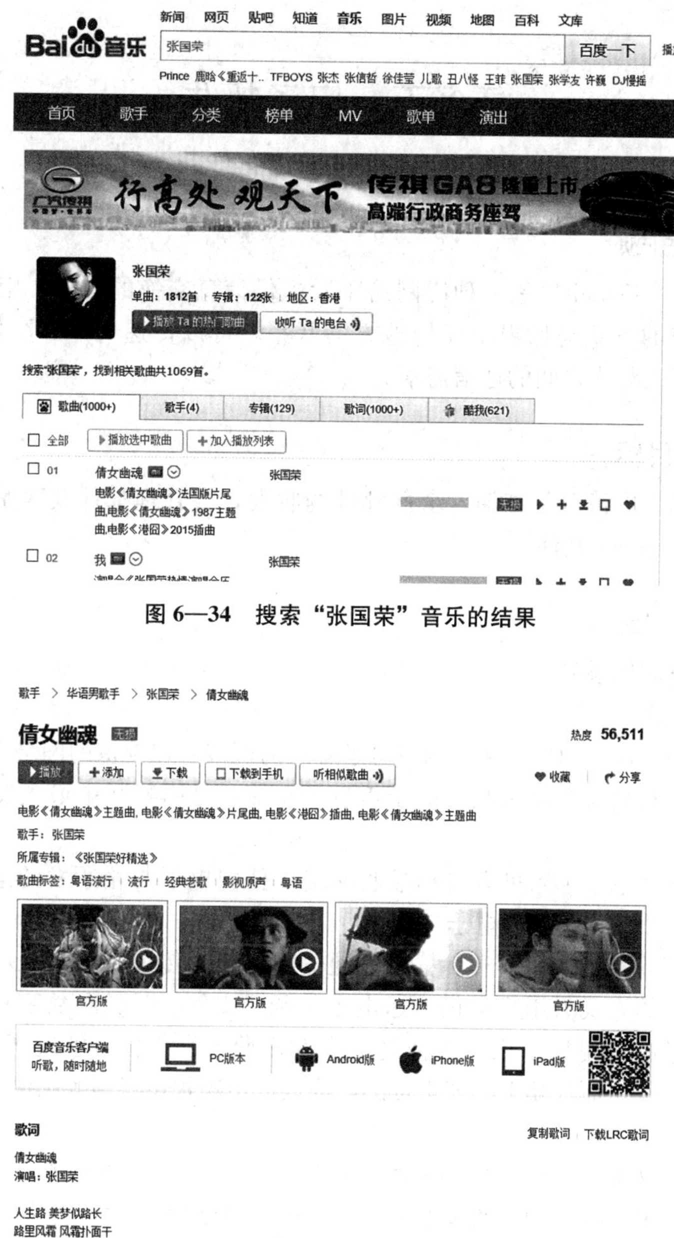

图6—34　搜索“张国荣”音乐的结果

图6—35　歌曲页面

📖任务实训

小李是武汉人，他想到杭州看西湖，请你帮他写一份有关西湖的介绍，并规划好出行路线图。

任务五 电子邮件

🕮任务引领

电子邮件（E-mail）是一种用网络手段提供信息交换的方式，用户可以低廉的价格、快速的方式与世界上任何地方的联系，可以传递文字、图像、声音等，极大地满足了人与人之间的通信需求。

🕮任务目标

会在网站上申请电子邮箱，掌握邮件的收发，会管理邮件及联系人。学会使用 Outlook Express 软件。

🕮任务实施

一、电子邮件基础

1. 电子邮箱

电子邮箱（E-Mail）是通过网络电子邮局为网络客户提供的网络交流电子信息空间。电子邮箱具有存储和收发电子信息的功能，是因特网中最重要的信息交流工具。

在网络中，电子邮箱可以自动接收网络中任何电子邮箱所发的电子邮件，并能存储规定大小的多种格式电子文件。

电子邮箱业务是一种基于计算机和通信网的信息传递业务，是利用电信号传递和存储信息的方式为用户提供传送电子信函、文件、图像和数字化语音等类型的信息，电子邮件可以使人在任何地方和时间收、发信件，解决了时空的限制，提高了工作效率，而且几乎不产生费用，为人们活动提供了很大的便利。

2. 电子邮件地址

E-mail 与普通的邮件一样，也需要地址，它与普通邮件的区别在于它是电子地址。所有的电子邮箱用户都有自己的一个或几个邮件，并且这些地址都是唯一的。邮件服务器就是根据这些地址，将每封电子邮件传送到各个用户的信箱中。

一个完整的 Internet 邮件地址由以下两个部分组成，格式如下：登录名@主机名．域名，如 hbzg007@163. com，中间用符号“@”分开，符号的左边是对方的登录名，右边是完整的主机名，它由主机名与域名组成。

3. 申请免费电子邮箱

邮件服务商主要分为两类，一类主要针对个人用户提供个人免费电子邮箱服务，另外一类针对企业提供付费的企业电子邮箱服务。常见的个人电子邮箱有163邮箱、126邮箱、新浪邮箱、yahoo邮箱、搜狗邮箱、QQ邮箱等。常见的企业电子邮箱有263邮箱、网易、腾讯等。

目前绝大多数门户网站都可以申请免费的邮箱，下面以网易为例注册免费电子邮箱，其操作方法如下：

启动IE浏览器，打开网易页面，在右边的“网易产品”中选择“免费邮”，或者直接在地址栏中输入网易邮箱 http：//www.126.com，按Enter键在打开的页面中单击“注册”链接，如图6—36所示。

图6—36 申请126免费邮箱

在打开的“注册字母邮箱”页面中设置用户名、密码、手机号码、验证码、短信验证码等信息，完成后单击“立即注册”按钮，如图6—37所示。

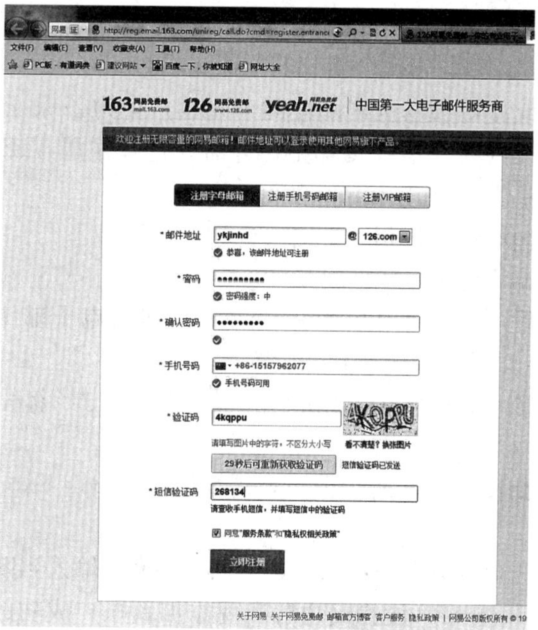

图6—37 注册页面

注册成功的信息如图 6—38 所示。

图 6—38 注册成功

如果要在手机上安装客户端，可以直接用微信的扫一扫的功能将图 6—38 的二维码扫入手机，安装客户端这样手机也可以登录你的邮箱了，否则可以按完成注册，进入邮箱跳过这一步，至此免费邮箱申请完成。

对于企业用户或需要收发机密邮件的个人用户，为了保证邮箱的安全，可申请收费电子邮箱。在网易申请收费邮箱，只需要选择注册 VIP 邮箱，如图 6—36 所示，根据提示一步步完成。

二、Outlook Express 的应用

1. 启动 Outlook Express 并添加账户

申请电子邮件后，可以应用 Outlook Express 进行电子邮件的收发和管理，使用 Outlook Express 之前先要进行相关设置。

启动 Outlook Express 2010：依次单击“开始”→“所有程序”→“Microsoft Office”。

启动时会弹出如图 6—39 所示窗口，需要对 Outlook Express 2010 进行账户设置。

输入前需要事先申请电子邮箱账号，将账号和密码输入到图 6—39 所示对应的对话框中，单击“下一步”，设置成功后出现添加新账户成功的消息，如图 6—40 所示。

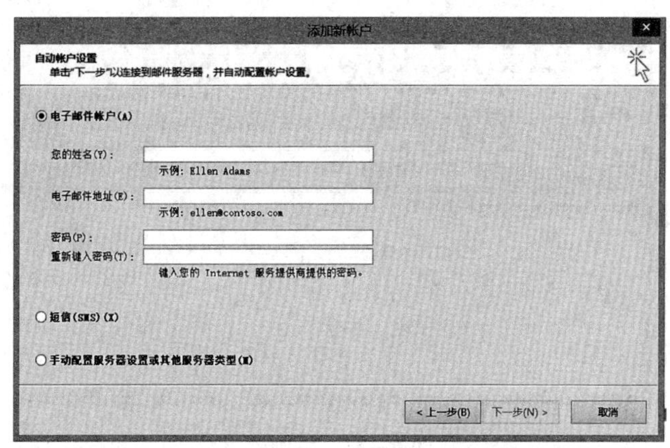

图 6—39　Outlook Express 2010 账户设置

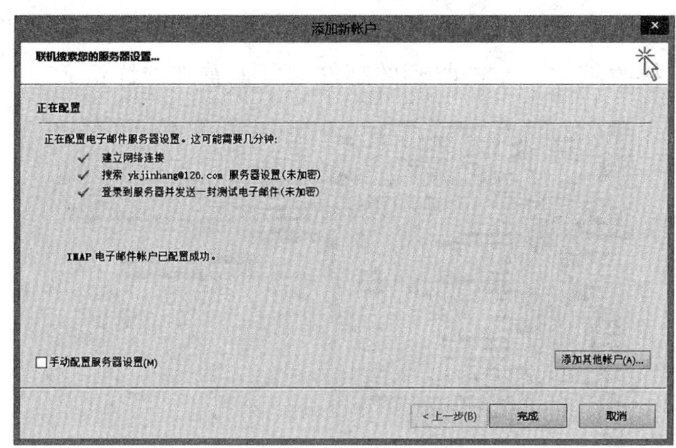

图 6—40　添加账户成功

2. 应用 Outlook Express 发邮件

如图 6—41 所示，单击“新建电子邮件”按钮，在弹出的窗口中分别输入收件人、主题、正文等信息。

“收件人”是必填项目，需要输入收件人的电子邮件账号，或单击“收件人”从通信簿获取收件人地址。

“抄送”是指同一封邮件可以同时传递给多人，多个邮件地址时中间用“，”隔开。

“主题”是指邮件内容的主题。

“附件”是指发送邮件时可以带上其他的文件。如果发送的邮件内容较多、较大时可添加附件，单击“附加文件”按钮图标，在弹出的菜单中选取需要添加的文件即可。

单击“发送”可以发送邮件。

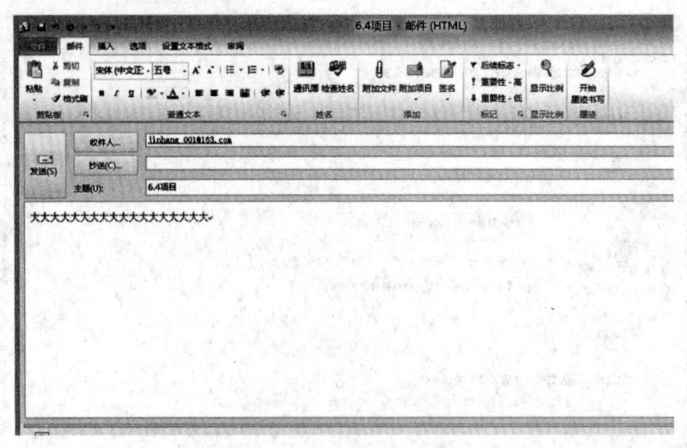

图 6—41　发邮件

3. Outlook Express 邮件的接收与回复

如图 6—42 所示，在 OutlookExpress 中依次选择“发送/接收”→“发送/接收所有文件夹”接收邮件。单击收到的邮件项可查看邮件详情。

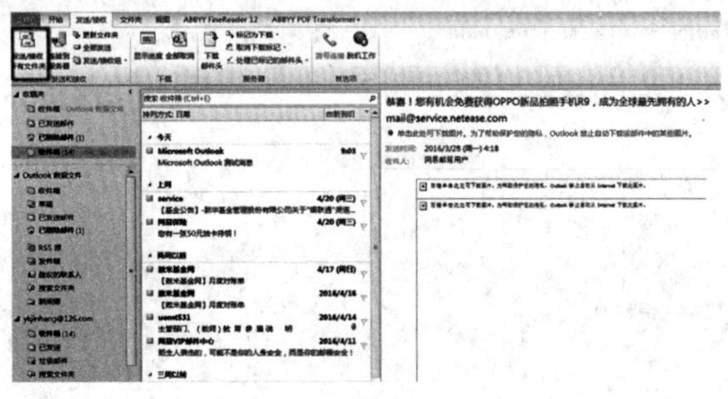

图 6—42　接收新邮件

收到邮件后，可以直接回复邮件。打开邮件选择“答复”，则弹出“答复”窗口，如图 6—43 所示，系统自动以原邮件的发送人为“收件人”地址，填写答复内容后，单击“发送”完成回复。

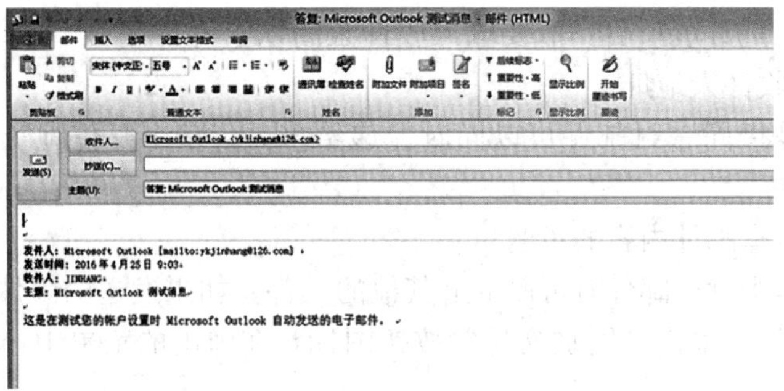

图 6—43　回复邮件

4. 应用 Outlook Express 自动接收邮件

在 Outlook Express 中可以设置自动接收邮件，依次单击菜单栏中的“文件”→“选项”→“高级”→“发送/接收”，如图 6—44 所示，在弹出的“发送/接收组”窗口中设置接收账户、时间间隔等选项。

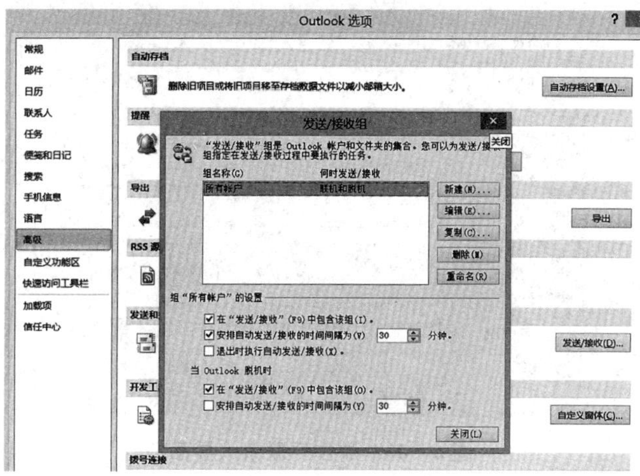

图 6—44　自动接收设置

5. 创建、管理联系人和分组

可以在 Outlook ExPress 中对联系人、联系人组进行添加、编辑、删除等操作，添加联系人后，再发送邮件时可直接在通信簿中选取联系人。

单击“开始”选项卡“通信簿”按钮，弹出如图 6—45 所示，在“文件”菜单中单击“添加新地址”，在“添加新地址”对话框中有两种类型的地址：“新建联系人”和“新联系人组”，单击“新联系人组”可创建联系人的分组，单击“新建联系人”可创建联系人。

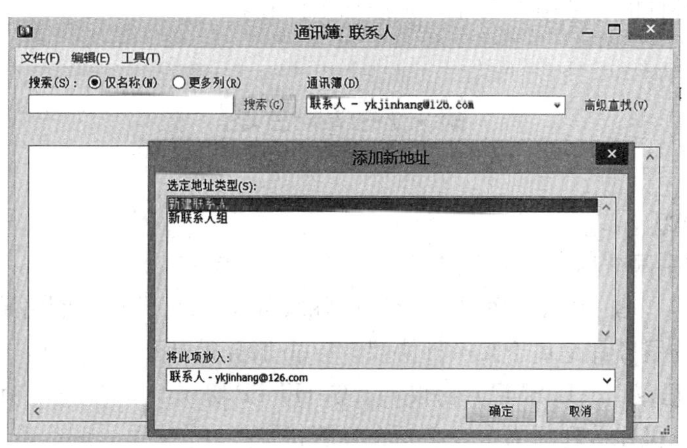

图 6—45　添加新地址

如图 6—46 所示，在弹出的窗口中输入联系人的“姓氏”“单位”“电子邮件”等信息并保存，则添加了一个新的联系人。

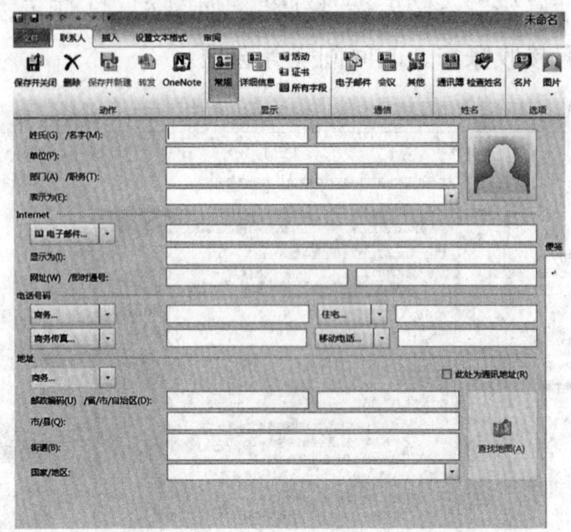

图 6—46　添加新联系人界面

对联系人分组，如创建“同学”“同事”“业务”等联系人组，将联系人分别放入这些组中，以便于更好地管理通信簿。

📖任务实训

1. 申请一个网易或者其他网站的免费邮箱。并在 Outlook Express 中创建邮件账号。
2. 创建同学、朋友联系人组，按组管理联系人。
3. 发送一封带附件的邮件给自己的老师。
4. 设置邮件的自动回复功能，并添加个性签名。

练习与思考题

一、单项选择题

1. Internet 在中国被称为因特网或（　　）。
   A. 网中网　　B. 国际互联网　　C. 国际联网　　D. 计算机网络系统
2. 因特网上的服务都是基于某一种协议，Web 服务是基于（　　）。
   A. SNMP 协议　　B. SMTP 协议　　C. HTTP 协议　　D. TELNET 协议
3. 若要使计算机连接到网络中，必须在计算机加上（　　）。
   A. 网络适配器（网卡）　　B. 中继器　　C. 路由器　　D. 集线器

4. Internet 网中不同网络和不同计算机相互通信的基础是（　　）。

A. ATM　　B. TCP/IP　　C. Novell　　D. X. 25

5. Internet 的域名中，顶级域名为 gov 代表（　　）。

A. 教育机构　　B. 商业机构　　C. 政府部门　　D. 军事部门

6. 如果一个电子邮件的地址为 xxxx@0415. com，则 xxxx 代表（　　）。

A. 用户地址　　B. 用户名　　C. 用户口令　　D. 主机域名

7. 在 http：//www. sina. com 中，http 代表（　　）。

A. 主机　　B. 地址　　C. 协议　　D. TCP/IP

8. 在 Internet 中，一个 IP 地址由（　　）位二进制数组成。

A. 32　　B. 16　　C. 8　　D. 64

9. TCP/IP 是一个完整的协议集，它的全称是（　　）。

A. 远程登录协议　　B. 传输控制/网际协议

C. 传输控制协议　　D. 应用协议

10. Internet 上许多不同的复杂网络和许多不同类型的计算机赖以通信的基础是（　　）。

A. ATM　　B. TCP/IP　　C. Novell　　D. X. 25

11. 拥有计算机并以拨号方式接入网络的用户需要使用（　　）。

A. CD-ROM　　B. 鼠标　　C. 电话机　　D. Modem

12. 以下统一资源定位器的写法正确的是（　　）。

A. http：\\www. sina. com \ que \ que. html

B. http：//www. sina. com \ que. html

C. http：//www. sina. com/que. html

D. http：//www. sina. com \ que/que. html

13. 以下哪一个选项是常用到的 Internet 浏览器（　　）。

A. Internet　Mail　　B. IE

C. Microsoft　Excel　　D. Windows 的网上邻居

14. 在 Internet 网中，用来进行数据传输控制的协议是（　　）。

A. IP　　B. TCP　　C. HTTP　　D. FTP

15. 下面哪一项不是 Internet 提供的服务（　　）。

A. 电子邮件　　B. 文字处理　　C. 电子公告板　　D. 新闻组

16. 在使用 IE 浏览器访问网页时，回到最近一次浏览过的页面应（　　）。

A. 单击“停止”按钮　　B. 单击“发送”按钮

C. 单击“刷新”按钮　　D. 单击“后退”按钮

17. 计算机网络中的所谓“资源”是指硬件、软件和（　　）资源。

A. 通信　　B. 系统　　C. 数据　　D. 资金

18. 根据域名代码规定，域名为 Katong. com. cn 表示的网站类别应是（　　）。

A. 教育机构　　B. 军事部门　　C. 商业组织　　D. 国际组织

19. 在计算机网络中，通常把提供并管理共享资源的计算机称为（　　）。

A. 服务器　　B. 工作站　　C. 网关　　D. 网桥

20. 域名与 IP 地址的关系是（　　）。

A. 一一对应　　B. 域名与地址没有任何关系

C. 一个域名对应多个 IP 地址　　D. 一个 IP 地址对应多个域名

21. （　　）是网络的心脏，它提供了网络最基本的核心功能，如网络文件系统．存储器的管理和调度等。

A. 服务器　　B. 工作站　　C. 网络操作系统　　D. 通信协议

22. 主机域名 netlab. fudan. edu. cn 由多个子域组成，其中表示主机名的是（　　）。

A. netlab　　B. fudan　　C. edu　　D. cn

23. 电子邮件是 Internet 应用最广泛的服务项目，通常采用的传输协议是（　　）。

A. SMTP　　B. TCP/IP　　C. CSMA/CD　　D. IPX/SPX

24. 直接接入因特网的每一台计算机、节点主机都必须有一（　　）。

A. IP 地址　　B. E-mail 地址　　C. 域名　　D. 用户名和密码

25. 因特网 E-mail 服务的中文名称是（　　）。

A. 电子邮件　　B. 网上交谈　　C. 网上浏览　　D. 网络下载

26. Internet 上，访问 Web 网站时用的工具是浏览器。下列（　　）就是目前常用的 Web 浏览器之一。

A. Internet Explorer　　B. Outlook Express　　C. Yahoo　　D. FrontPage

27. 与 Web 网站和 Web 页面密切相关的一个概念称“统一资源定位器”，它的英文缩写是（　　）。

A. UPS　　B. USB　　C. ULR　　D. URL

28. 关于电子邮件，下列说法中错误的是（　　）。

A. 发送电子邮件需要 E-mail 软件支持

B. 发送电子邮件必须有自己的 E-mail 账号

C. 收件人必须有自己的邮政编码

D. 必须知道收件人的 E-mail 地址

29. 有一域名为 bit. edu. cn，根据域名代码的规定，此域名表示（　　）机构。

A. 政府机关　　B. 商业组织　　C. 军事部门　　D. 教育机构

30. 将计算机与局域网互联，需要（　　）。

A. 网桥　　B. 网关　　C. 网卡　　D. 路由器

31. 下列各项中，不能作为 URL 的是（　　）。

A. http：//www. bit. edu. cn

B. http：//www. bit. edu. cn/dir/fi. html

C. ww. bit. edu. cn

D. http：//bit. edu. cn

32. 下列各项中，（　　）能作为电子邮箱地址。

A. L202@263. NET

B. TT202＃YAHOO

C. A112. 256. 23. 8

D. K201&YAHOO. COM. CN

33. 下列关于因特网内主机 IP 地址和主机域名的叙述中，错误的是（　　）。

A. 域名和 IP 地址都表示主机的地址　　B. 域名和 IP 地址在使用上是等效的

C. 一个 IP 地址对应多个域名　　D. 域名和 IP 地址可以相互转换

34. 根据 Internet 的域名代码规定，域名中的（　　）表示商业组织的网站。

A. . net　　B. . com　　C. . gov　　D. . org

35. 域名 MH. BIT. EDU. CN 中主机名是（　　）。

A. MH　　B. EDU　　C. CN　　D. BIT

36. 下列各项中，（　　）不能作为 Internet 的 IP 地址。

A. 202. 96. 12. 14　　B. 202. 196. 72. 140

C. 112. 256. 23. 8　　D. 201. 124. 38. 79

37. TCP/IP 协议的含义是（　　）。

A. 局域网的传输协议　　B. 拨号入网的传输协议

C. 传输控制协议和网际协议　　D. OSI 协议集

38. 正确的电子邮箱地址的格式是（　　）。

A. 用户名＋计算机名＋机构名＋最高域名

B. 用户名＋@＋计算机名＋机构名＋最高域名

C. 计算机名＋机构名＋最高域名＋用户名

D. 计算机名＋@ ＋机构名＋最高域名＋用户名

39. 主机域名 MH. BIT. EDU. CN 中最高域是（　　）。

A. MH　　B. EDU　　C. CN　　D. BIT

二、填空题

1. 计算机网络最突出的优点是________。

2. 配置 TCP/IP 参数的操作主要包括三个方面：________、________指定网关和域名服务器地址。

3. Internet 的发展由来________。

4. 要打开 IE 窗口，可以双击桌面上的图标________。

5. 网上共享的资源有________、________、________。

6. IP 地址能唯一确定 Internet 上每台计算机与每个用户的________。

7. 中国的顶级域名是________。

8. IPV4 地址由________位二进制数组成。

9. TCP 协议称为________。

10. HTML 是指________语言。

11. URL 的含义是________。

12. 要在 IE 中返回上一页，应该单击________按钮。

13. 在 Internet Explorer 常规大小窗口和全屏幕模式之间切换________。

14. 要想在 IE 中看到你最近访问过的网站的列表，可以单击“标准按钮”工具栏上的________。

15. 当你登录在某网站已注册的邮箱，页面上的“发件箱”文件夹一般保存着的是：________。

16. 在网页上看到你收到的邮件的主题行的开始位置有“回复:”或“Re:”字样时，表示：________。

17. 电子邮件地址的一般格式为：________。